完满的经验
与生活的艺术

——约翰·杜威美学思想研究

贾媛媛·著

中国社会科学出版社

图书在版编目（CIP）数据

完满的经验与生活的艺术：约翰·杜威美学思想研究／贾媛媛著 . —北京：中国社会科学出版社，2015.6

ISBN 978 - 7 - 5161 - 6421 - 1

Ⅰ.①完⋯　Ⅱ.①贾⋯　Ⅲ.①杜威,J.（1859～1952）—美学思想—研究 Ⅳ.①B712.51②B83 - 097.12

中国版本图书馆 CIP 数据核字（2015）第 146924 号

出 版 人	赵剑英	
责任编辑	张　红	
责任校对	周　昊	
责任印制	王　超	

出　　版	中国社会科学出版社	
社　　址	北京鼓楼西大街甲 158 号	
邮　　编	100720	
网　　址	http://www.csspw.cn	
发 行 部	010 - 84083685	
门 市 部	010 - 84029450	
经　　销	新华书店及其他书店	

印　　刷	北京明恒达印务有限公司
装　　订	廊坊市广阳区广增装订厂
版　　次	2015 年 6 月第 1 版
印　　次	2015 年 6 月第 1 次印刷

开　　本	710×1000　1/16
印　　张	14.25
插　　页	2
字　　数	241 千字
定　　价	55.00 元

目　　录

下　艺术理论篇

绪　　论

约翰·杜威（John Dewey，1859—1952）是现代最伟大的美国哲学家、教育家和社会活动家之一，于 1859 年 10 月 20 日出生于美国佛蒙特州柏林顿镇的一个杂货商家庭。他 16 岁时，进入佛蒙特（Vermont）大学学习，在大学期间，学校开设的 T. H. 赫胥黎的"生理学的要素"课程使他获得了一种相互联系的统一体的观念，开始对哲学发生兴趣。在大学毕业后的两年里，杜威阅读了大量的哲学著作，并决心终身以哲学为业。在霍普金斯大学哲学系学习期间，黑格尔哲学强调的普遍的统一性对杜威产生了深刻的影响。1884 年，杜威以一篇名为《康德的心理学》的论文在霍普金斯大学获得哲学博士学位。同年，他在密歇根大学担任讲师，在此期间，威廉·詹姆士（William James）的《心理学原理》一书使他深受启发，心理学作为一种哲学方法被吸取到杜威的哲学探求之中。同时，詹姆士的实用主义精神也在杜威那里得到了推广和发扬。1894 年，在芝加哥大学任教时，杜威对教育理论产生了浓厚的兴趣，并创办了实验学校（The Laboratory School）——就是广为人知的"杜威学校"——来实践他的教育理想。他与新型社会住宅区赫尔社区（Hull House）建立了联系，并担任了该社区的第一届理事。在此期间，杜威创建了"芝加哥学派"（也称为"芝加哥实用主义者"），组织具有不同哲学兴趣的学者发表重要的学术论文，促进了不同哲学观点之间的和谐发展。1905 年，他离开了芝加哥，来到了位于纽约的哥伦比亚大学哲学与心理学系，继续进行哲学和教育学研究，发表了一系列著作和论文，这些著作和论文已被列入 20世纪最重要的哲学著作中。

杜威不仅是一位哲学家和教育家，还是一位具有民主思想的社会活动家，并致力于推进民主进程。1924 年，他参加了拉福莱特（La Follette

Campaign）运动，支持进步党；他协助创立了美国大学教授联合会（American Association of University Professors），积极支持妇女争取选举权的斗争；他加入独立政治行动联盟（The League for Independent Political Action），并担任主席；他呼吁组建第三政党，为经济萧条时期的美国人民代言。1919—1921 年，杜威应胡适等人的邀请来到中国讲学，他在中国各地宣传科学、民主与教育思想，对中国的思想界和教育界产生了重大影响。1924 年和 1928 年，他应邀去土耳其和苏联访问，对两国的教育状况分别进行考察并提出了建议。1937 年，杜威作为控诉莫斯科对托洛茨基审判的调查委员会主席赴墨西哥考察，对当时苏联的政治形势进行了深入的研究，本着实事求是的精神，这个委员会最终提交了题为《无罪》的调查报告。历史证明杜威委员会的报告是正确的。

1952 年 6 月 1 日，杜威因患肺炎在纽约与世长辞。杜威一生笔耕不辍，著作颇丰，留下了 37 卷本的理论著作，其中的主要著作有：《我们怎样思维》《民主主义与教育》《哲学的改造》《人性与行为》《经验与自然》《公众及其问题》《确定性的寻求》《新旧个人主义》《一种共同的信仰》《艺术即经验》《逻辑：探求的理论》《经验与教育》《自由与文化》等。这些著作反映了杜威的思想及其发展变化历程，是研究杜威思想的重要资料。

杜威是 20 世纪西方最重要的哲学家之一，他的思想对 20 世纪后期的哲学产生了重要的影响，除了在美国兴起的以罗蒂（Richard Rorty）、普特南（Hilary Putnam）为代表的新实用主义思潮外，当代的逻辑学、美学、伦理学、科学哲学、社会哲学、政治哲学等都受到他不同程度的影响。因此，深入研究杜威哲学对于全面了解当代哲学具有重要意义。同时，杜威也是一位将理论付诸实践的哲学家，他将他的思想融入社会和生活领域，为促进社会的进步和发展，推进全世界的民主进程，引导一种成熟合理的生活方式做出了积极的贡献。从杜威的哲学中，可以汲取许多有益因素，以消除哲学与生活的隔膜，促进多元文化的和谐与统一。

一 杜威美学思想研究之缘起

当人类文明进入现代以后，西方文化发生了全面的危机：一方面，经济的发展并没有导致人类民主和自由的进步，人被自己所创造的工具系统支配，日益沦为单面的人或原子式的人；另一方面，事实与价值发生了严重的分裂，价值和意义的丧失导致了个人物质欲望的极度膨胀。在资本主义文化背景下产生的近代哲学也走入了困境：近代哲学所缔造的知识论传统以及由此而导致的主客体的二元分裂使哲学自身陷入了合法性危机之中。整个现代西方哲学就是对传统哲学的反思并在此基础上对传统哲学的二元论倾向以及日益独断的理性进行批判。但是，在许多现代西方哲学家那里，改造传统的二元论，实现人类生活的统一性并没有真正成为现实，其中最关键的问题在于其对美学和艺术问题的认识还有所局限。许多思想家把审美作为一个与经验世界相对的超越的世界，把艺术作为与日常生活割裂开来的否定性力量，审美和艺术的孤立化使文化的统一性无法真正实现，也使人类生活的意义无法真正开展。而杜威的美学思想以人类的全部生活为基础，建立了审美与经验、艺术与文化的亲密联系，实现了艺术与生活的统一，使艺术成为哲学最重要的表达方式，成为人类生活意义的最完整展开样式。

（一）审美意识批判

审美意识的产生与美学学科的独立有直接的关系。美学之所以能够作为一门独立学科存在是近代哲学不断发展的结果。在此之前，美学或者在哲学之中成为探索形而上学的工具，或者在艺术之中成为某种艺术学的代名词。美学研究的问题或者是美的本质和概念问题，或者是对艺术作品进行分门别类的研究，以掌握各种艺术门类的客观规律。但是，随着近代社会文化与价值的分化，审美逐渐成为与知识领域、政治领域、道德领域不同的独立的领域。在这一进程中，英国哲学家沙夫茨伯里首先赋予审美以全新的领域。在沙夫茨伯里看来，美的世界是一个超越的世界，在这个超越的世界中，不但主体与对象之间、自我与世界之间，而且在人与上帝之间实现了真正的统一。这个超越的世界只有那些具备特别能力的人才能洞见，只有在审美直觉中才能通达，而审美直觉是理性与经验之外的第三种力量，它是理性与经验的共同基础，同时也是高于理性和经验的力量。沙夫茨伯里的思想被鲍姆嘉通进一步发展。鲍姆嘉通在他的博士论文《诗的感想：关于诗的哲学默想录》中首次使用"Aesthetic"这个名称，"理性事物应该凭高级认识能力作为逻辑学的对象去认识，而感性事物（应该凭低级认识能力去认识）则属于知觉的科学，或感性学 Aesthetic。"①在这里，鲍姆嘉通区别了两种明确的认识，一种是逻辑，一种是审美。逻辑思维的目的是获得概念的确定性，为了达到这个目的，概念必须是普遍的，它们可以作为类或名称运用于许多个体之中；审美思维的目的是获得一个确定个体的表象，对象完满的确定性只能通过一个丰富的、生动的以及某种意义上不确定的意象来获得。鲍姆嘉通认为这两种都是明晰的认识，都属于知识的范畴。②逻辑思维获得的是确定的知识，审美思维获得的是不确定的知识，审美思维可以看作是逻辑思维的低级阶段，完美的审美思维甚至可以像逻辑思维一样发挥作用。诗人用的就是这种完美的审美思维，因此诗是一种感性完美的话语形式。鲍姆嘉通认为审美除了可以让人们获得知识之外，更重要的功能是激发人们的情感。从激发情感的角度来说，审美具有逻辑无法替代的功能。从人的知、情、意三种心理活动来划分的话，审美属于"情"的领域。至此，独立的美学学科被确立起来。

鲍姆嘉通只是使美学成为一门独立的学科，但没有确立美学的研究领域，这个任务是由康德来实现的。在《判断力批判》之前，康德出版了《纯粹理性批判》和《实践理性批判》。《纯粹理性批判》研究"知"的问题，即探讨人类知识在什么条件下才是可能的，属于认识论；《实践理性批判》研究"意"的问题，即探讨人凭借什么原则去指导道德行为。按照康德对人的心理功能知、情、意三方面的划分，还应该有一门研究"情"的学科，即美学。但是，美学的必要性不仅仅在于弥补情感研究的缺陷，在康德的哲学中，美学的必要性还在于它是弥合前面两大批判的桥梁，完整的哲学体系必须有美学的介入。因为《纯粹理性批判》只涉及知性和自然界的必然，《实践理性批判》只涉及理性和精神界的自由，二者之间有一条不可逾越的鸿沟，所以必须找到一架跨越自由与自然之间鸿

---

① ［德］鲍姆嘉通：《诗的感想》第116节，转引自蒋孔阳、朱立元《西方美学通史》（第三卷），上海文艺出版社1999年版，第784页。

② 这里用了莱布尼茨（G. von Leibniz）的术语，莱布尼茨认为，认识可以分为模糊的认识和明晰的认识，模糊的认识不可能成为知识，因此用不着去研究它。明晰的又可以进一步分为明确的认识和混乱的认识，明确的明晰认识即理性认识，是逻辑学研究的对象，而既混乱又明晰的认识研究起来非常困难，很难确定为一门学科来研究。鲍姆嘉通则认为这种既混乱又明晰的认识属于美学研究的对象。

沟的桥梁。康德最终找到的桥梁就是美学。因此，美学研究不仅是自身的需要，而且还是完善、沟通哲学与伦理学，最终建立完整的哲学体系的需要。康德的审美判断着重研究"快与不快的个别情感现象如何通过判断力上升为具有普遍性、必然性的美感的心理功能与机制。"① 他认为，审美并不是一种感性认识，而是一种判断力，即审美判断（judgment of taste），审美判断是主观的，它只涉及对象的某种形式，这些形式因为与主体的某种心理机能（知性与想象力）相符合，使人们从主观情感上感到某种合目的性的愉快，但实际上却与任何确定的目的（概念）无关，不涉及客体的感觉内容和实际存在，是一种无目的的合目的性。这里所说的主观，是要求普遍必然性的主观，这个普遍必然性不涉及任何概念和客观对象的存在，而只涉及客观对象的形式与主观感受（愉快或不愉快的情感）之间的协调关系。这样，康德通过严密的思辨，终于为审美找到了一个独立的领域，它不仅可以区别于科学认识和道德实践，而且还是联系认识和欲求的桥梁，这样美学就具有了真正的学科地位。于是，从沙夫茨伯里列鲍姆嘉通再到康德，独立的审美领域便逐渐建立起来了。

美学学科的逐渐独立也是审美作为一种意识形式逐渐形成的过程。美学是近代哲学抽象的主体主义的产物，它之所以能够成为独立的领域而存在，是通过对主体的抽象，撇开事物的生活背景和经验背景，将它作为一个纯粹的审美对象。审美对象与非审美对象的区别是：非审美对象是在生活之中的，而审美对象是超越于生活的。同样，审美经验也只意味着一种无功利、无目的、无概念的对待事物的审美态度，这种审美态度使它从日常的功利性的语境中独立出来。这样，审美领域就成为与知识和真理无关，与宗教和道德无关，与实际生活无关，而只与感性的愉快有关的孤立的、独立的领域，美学完全被视为培养审美趣味的学问。并且，从德国浪漫派开始，美学开始走向个人内心的情感和非理性的迸发，它与大众生活以及日常经验完全脱离开来。但是，事实上，审美并不局限于私人的审美意识之中，它与人的生存、人的经验息息相关。在现实中，当人们面临一片美丽的景色或一件伟大的艺术作品时，人们首先看到的不是形状、色彩、线条等审美形式的东西，而是一个生活世界，是一种美好的经验，是

① 蒋孔阳、朱立元：《西方美学通史》（第一卷），上海文艺出版社 1999 年版，第 27 页。

生命的丰富与充实。因此，将审美意识与人类的生活经验背景隔绝开来是不符合事实的。杜威的美学着重批判了这种将审美经验与其他经验区分开来的二元论的倾向。在他看来，将审美意识作为一个与其他人类生活完全不同的独立的领域是一个历史的偶然现象，并不具有永恒的意义。实际上，审美经验就在人们的日常经验中，只要善于发现，审美就在人们的生活之中。杜威的美学力图揭示的就是这一图景。

（二）艺术自律性批判

相应于近代美学理论对审美领域做出的区分和规定，艺术也被变成了一个只关形式不关内容的独特的对象。在康德的美学理论中，关键不在于美的概念和美的事物，而是审美判断，即一种无功利、无概念、无目的地对待事物的审美态度。这种审美态度要求人们将艺术从各种实用的语境中孤立出来，将艺术视为纯粹的艺术本身。在康德看来，艺术不同于科学，也不同于手工艺，不能按照某些既定的法则制作，也不能由逻辑推理产生，后天的学习无法创造出美的艺术产品，艺术的产生需要特殊的才能，即"天才"，"天才就是那天赋的才能，它给艺术制定法规。既然天赋的才能作为艺术家天生的创造机能，它本身是属于自然的，那么人们就可以这样说，天才是天生的心灵禀赋，自然通过它给艺术制定法规。"① 艺术成为天才的艺术使艺术成为脱离我们的日常生活的、高不可攀的和无法企及的东西。谢林继承了康德关于美和艺术的关系的一些理论，并继续向前发展。在谢林心目中，美与艺术密不可分，美是艺术要表现的观念，艺术是美的客观显现，所以美学就是艺术哲学。艺术创造活动也不同于其他的任何技艺活动，它是一种超功利的、无目的的、绝对自由的活动，它内在于艺术家天赋的本质之中，而其他的技艺活动则是外在于创造者的，都有自身之外的目的。艺术作品是神圣的、纯洁的、超功利的，而其他的产品是有功利目的的。因此，艺术只是天才的创造，天才不只是有意识的活动，也不只是无意识的活动，而是凌驾于两种活动之上的更高级的创造。在艺术创造中，有意识活动主要表现为形式技巧，它会经过深思熟虑而自觉地完成，是能学可教的能力。但艺术创造中还有无意识活动，它是教不

---

① ［德］康德：《判断力批判》（上卷），宗白华译，商务印书馆2000年版，第152页。

了学不到的，它是先天的恩赐，是在艺术中形成的那种称为"诗意"的东西。天才就是一种能把技巧和诗意统一起来的能力。黑格尔同样把艺术与美紧密联系起来，他认为艺术美是人类心灵的产物，是人的精神的产品，艺术是高于自然和现实的理想的美，艺术美提供了一种理想的境界，是心灵的自由王国。因此，黑格尔虽然认为艺术是感性与理性的统一、内容与形式的统一、有限与无限的统一，艺术通过有限的感性形式展现了无限丰富的精神世界，但是他仍把艺术限定于人类的审美意识之中。

由康德经谢林到黑格尔，德国古典美学对艺术进行的哲学研究使艺术本身获得了至高无上的地位，艺术是神圣的、纯洁的、超功利的，艺术自身具有自律性，艺术活动是少数天才或精英才能拥有的自由自觉的活动；艺术作为脱离了功利性的、想象的或创造性的精神活动，能与一种窒息心灵的环境相抗衡；艺术品也成为独立于人的现实生活之外的、本身能够表达真理的美的化身。这种对艺术的审美态度还与艺术的博物馆体制紧密相关。有了这种态度和相应的博物馆体制，我们就有了完全不同的看待艺术品的眼光。比如，旧石器时代的手斧在当时是人类的工具，它可以用来砍树、击杀野兽等，是人类战胜动物的重要标志；古希腊的雕塑作品，在当时被视为城市权力和荣耀的象征，或者被视为城市保护神的供奉，但在今天的博物馆中，它们通通被视为纯粹美的艺术作品，被视为艺术本身。

由于对艺术的审美态度和艺术的博物馆体制，艺术成为无关现实的自律性的艺术，它只是艺术而不是别的什么，艺术家也在"为艺术而艺术"的口号下进行创作，而不是将自己的作品视为对现实生活的描绘、颂扬或批判。于是，艺术家开始"让自己处于来自过去或现在的其他艺术家的绘画和雕塑作品面前。这种作品的生产的历史过程获得了某种自律：它是一种这样的序列，即在某种意义上，它总是首先与自身相关；它是一种这样的链条，它的单个连接单元，正是在它的独特性上，总是与它们之前的连接单元相连。印象派（impressionism）在与自然主义（naturalism）的对照中界定自己，野兽派（fauvism）在与印象派的对照中界定自己，立体派（cubism）在与塞尚绘画的对照中界定自己，表现主义（expressionism）在与印象派的完全对立中界定自己，几何抽象（geometrical abstraction）反对上述所有的东西，抒情抽象（lyrical abstraction）又反对几何抽象，波普艺术（pop art）反对所有的抽象，概念艺术（conceptual art）反对波普艺术和超级写实主义（hyperrealism），如此等等。"①

　　这种艺术的发展表明，艺术创造就是与自身之前的艺术不同，艺术的规定性只与自身相关，而和艺术之外的任何东西无关。现代艺术家都把艺术作为独立于日常生活之上的纯粹的理想，把艺术创造活动作为不同于人类其他活动的真正的自由，他们认为艺术和日常生活的根本不同就在于审美经验的特殊性和非世俗化，艺术世界的最高价值就在于它对现实世界的超越和否定，而艺术家应该具有一种理想主义的意识形态，始终在审美的意义上进行艺术探索。

　　但是这种割裂艺术与日常生活的联系，把艺术"孤独化"和"高贵化"的立场却没有使人们的现实世界更美好，反而带来了双重恶果：在艺术方面过分强调个性化，使艺术和生活分离，使艺术家从对社会的责任感中逃脱，最终导致了现代主义艺术远离生活、远离社会的所谓"贵族化"倾向；在文化方面则造成了文化的分裂，在艺术与生活、日常经验和审美经验之间划出了一道不可逾越的鸿沟，思想家、艺术家、哲学家普遍有一种"精英意识"，以自我为中心，无视人与自然、人与社会之间的关系，把自我的价值和理想凌驾于社会之上，最终导致人与自然和谐的破坏和人与人关系的紧张，人类陷入了前所未有的生存危机之中。

　　为了挽救艺术的危机，就必须重建艺术与生活的联系。杜威的美学思想不仅是以审美立场来理解艺术，而且更多的是把艺术与人们的日常生活联系起来加以思考。在他看来，传统的艺术理论是从公认的艺术作品出发来探讨艺术，但是艺术作品并非空中楼阁，它的根基在艺术作品之外。因此，为了理解艺术作品的意义，人们必须绕道而行。在这里，杜威提出了一个理解艺术和建构艺术理论全新视角，即对艺术理论研究必须进入到比审美活动更为根本的、无所不在的、活生生的日常生活之中，从普通经验出发来探讨艺术并建构艺术理论。于是，艺术不再是一个封闭而自律的领域，而是找到了一个新的方向，即：将艺术与历史、文化和现实生活紧密联系起来。

（三）哲学二元论批判

　　审美意识的出现以及艺术自律性的产生，其直接原因是美学学科发展

---

① 彭锋：《西方美学与艺术》，北京大学出版社 2005 年版，第 241 页。

的结果，而其根本原因则是西方传统的二元论哲学。西方哲学从柏拉图开始，就出现了理念世界与现实世界的对立，其后，亚里士多德有形式与质料的二元对立，奥古斯丁有上帝之城与人类之城的二元对立，笛卡尔有精神与肉体的二元对立，康德有本体与现象的二元对立。这些都表明，几千年的西方哲学史，二元论的哲学传统始终占据着主导地位。正是这种二元论的哲学导致了人类文化的一系列分裂：人与自然的分裂、精神与物质的分裂、理论与实践的分裂、知与行的分裂、主体与客体的分裂、事实与价值的分裂、科学与人文的分裂等，审美与非审美的分裂、艺术与生活的分裂只不过是这些全部的分裂中的一部分而已。杜威认为，为了解决文化中的分裂现象，建构文化的统一性，就要把握这种二元论哲学的成因以及它所导致的目前哲学的危机与处境，这些问题均要求人们首先要澄清哲学的起源。

在杜威看来，哲学并不是产生于人们固有的惊异或者求知心理，哲学也不是处于人类社会历史之外的孤立的事物，哲学是人类文明与文化史的一部分。哲学的产生是人生活的内在需要。因此，应该用人类学家的眼光考察作为人类生活中一种文化样式的哲学。哲学是人们对危险处境的回应，要在变动的世界中获得安全，就要获得认知的"确定性"，哲学就是对这种"确定性"的寻求。当柏拉图人为地将世界划分为理念世界与现实世界之后，这种二元论的哲学就在古希腊哲学、中世纪哲学、近代哲学、德国古典哲学中被确立起来，从而导致了一系列哲学问题的产生。杜威认为，二元论的哲学并不是哲学的必然，它不过是人类解决问题、应对境况的一种方式，人类完全可以选择建立另外一种哲学来处理问题。由此，杜威通过建立他的统一性哲学对传统哲学进行了彻底的改造。

杜威的美学思想是他对哲学的改造的重要环节。杜威所理解的审美经验并不是与日常生活经验相对立的特殊的经验，而是生活经验中本身具有审美性质的发展与强化；杜威所理解的艺术也不是那种由天才创造的供有闲阶层和精英人士消遣的审美对象，而是指一种蕴含于日常生活之中的生命活动，它既是经验的，是日常生活的一部分，同时也是完善的，体现为一种生活的理想。这种对审美和艺术的理解充分体现了杜威哲学改造的内涵以及实用主义对哲学和生活的探求方式。事实上，除了对审美和艺术进行重新阐释之外，杜威对经验、知识、科学、道德、宗教等领域都做出了自己的理解，使它们成为哲学改造中不可或缺的部分。这些领域环环相扣，犹如一个细密的蛛网，失去任何一部分都会影响其哲学理论的完整性及其对哲学改造的严密性。但是，杜威美学的重要性在于：艺术不仅是其改造哲学、改造社会的必不可少的一部分，而且其对哲学的改造和社会的改造通过艺术才能得以彻底地实现。因此，美学对于杜威哲学理想和社会理想的实现具有不可替代的价值和意义。荷兰学者菲利普·M.策尔特纳甚至认为："杜威的哲学就是他的美学，而所有他在逻辑学、形而上学、认识论和心理学中的苦心经营，在他对审美和艺术的理解中都被推向了顶点。"①

从这个意义上来说，杜威的美学思想在他对哲学的改造和构建文化的统一性方面发挥着不可替代的作用。因此，我们对于杜威美学思想的研究就不能仅限于审美的领域，而是要深入到杜威的整个哲学体系中进行考察。实际上，杜威本人也不是通常意义的学院派美学家，他对审美与艺术的理解也并没有受到传统美学的限制，他不会在传统美学争论的问题中打转，而是更清醒地看待各种美学争论，更自由地提出自己的观点。但是，这并不意味着杜威避开了传统美学的问题，相反，在他的《艺术即经验》和关于艺术的其他的如《经验与自然》《哲学的改造》《确定性的寻求》《哲学与文明》等经典美学著作中几乎涵盖了所有重要的美学问题与范畴，只不过他用全新的视角对这些问题进行了阐释。这一全新的视角就是人们的日常生活经验，杜威是从日常生活中无所不在的、活生生的"经验"出发来探讨审美和艺术，从而建构其美学思想的，"艺术"与"经验"成为杜威美学或者说艺术哲学中的首要的、基本的概念，正是"艺术"与"经验"之间构成的水乳交融的关系构成了杜威的整个美学思想。

对杜威美学的研究不仅有助于人们从美学的角度对杜威的整个哲学思想进行清晰的理解，同时也启发人们应研究如何通过对审美和艺术的全新演绎使美学与哲学摆脱当前的困境，从而避免出现类似目前西方的精神危机和文化危机，这对于当代中国的社会和文化建设具有重要的借鉴意义。

---

① Philip M. Zelther, *John Dewey's Aesthetic Philosophy*, Amsterdam：B. R. gruner, 1975. p. 3. 转引自［美］约翰·杜威《艺术即经验》译者前言，高建平译，商务印书馆 2005 年版，第 19 页。

二 研究的主要内容

本书主要探讨杜威的美学思想，但杜威的美学思想是其哲学思想的重要组成部分，因而如果离开了杜威的整个哲学思想，尤其是离开杜威对传统哲学的分析与改造的思想，我们就无法理解杜威美学的深刻内涵。本书的研究力图呈现这样一种系统性：首先要探讨传统哲学，特别是传统的经验理论与审美经验理论的弊端，并由此引出杜威的经验自然主义思想；其次考察杜威经验自然主义思想的哲学与科学渊源，将其哲学思想与整个西方文明史的发展进程联系起来，并在西方现代哲学和科学的背景下阐述杜威的经验自然主义的主要内容及重要意义；第三，以杜威经验自然主义思想为基础阐述他的审美经验理论，指出其审美经验与经验的密切关联及其对传统审美经验理论的颠覆意义。从经验与审美经验入手，本书可以进入杜威的艺术理论。在杜威看来，传统美学对艺术定义与艺术分类的做法都是片面的，真正的艺术不是物态化的存在物，而是经验。艺术只有作为经验才具有意义。由此，杜威探讨了艺术与生活的内在关联，艺术不是超越于生活之上的实体，而是内在于生活之中的经验。同时，艺术又不同于一般的经验，它是最完美的经验，是一般经验的强化和深化，只要调整人们的经验方式，任何经验都有发展成为艺术的潜力，任何普通的生活都能够向审美的生活推进。接着，本书探讨了艺术与文明世界中其他文化模式和文化领域的关系，指出艺术与其他文化现象在本质上是一致的，都是为了人们经验的不断丰富和生活的不断发展，这为当前分裂文化的统一提供了条件；本书的落脚点是杜威对于哲学以及社会的改造，指出艺术在哲学以及社会改造中的重要意义。杜威一直崇尚的统一性，与杜威哲学改造的目标是一致的。在结语中，本书试图阐述杜威的美学的深层意义，揭示杜威的美学思想作为当代西方实践哲学重要一脉所持有的哲学立场，这种哲学立场对于进一步理解当代的哲学倾向、美学理论以及文化的内在精神具有十分重要的价值和意义。

第一章主要探讨传统哲学的经验与审美经验理论。传统的经验论主要指 17 世纪以来以英国经验论为代表的经验主义传统，这种经验理论的显著特征是将经验囿于知识论视域之中。在传统的经验论看来，经验就是感觉经验，是人的感官与外物相接触而直接获得的。这样的观念导致了英国经验论的重大缺陷，即经验的主观性与静态性：经验的主观性使经验成为否定外部世界、否定自然、否定人的知识的心理感觉；经验的静态性使经验忽略了经验的进程，用一个个的感觉印象取代了活生生的经验过程。同样，传统的审美经验理论也存在重大缺陷，首先是过于注重审美经验的独特性导致了审美经验与普通经验的分裂，其次是将审美经验建立在心理学与主观化的理解上，由此导致了艺术与生活的分裂。杜威的经验与审美经验理论正是建立在对传统经验理论与审美经验理论批判的基础之上。

第二章阐述了杜威的经验自然主义思想。本章首先追溯了杜威经验自然主义的文化渊源：达尔文的科学理论、黑格尔的哲学思想、美国实用主义的实践思想，在此基础上，阐释了杜威的经验自然主义思想。在他看来，经验发生的基础在于生命体与既变动又稳定的环境的相互依赖关系，因而经验不是认识论限阈内的感觉经验，而是动态的、具有生存论意义的人类实践活动。经验是对人的生存状态的拓展，经验是发生在自然之内的，同时也是一种自然的转换力量，正是经验展示了人类确立文化应对自然的本质力量。经验是生命体与环境相互作用的结果，而这种互动所达到的平衡与和谐状态会给人带来审美的喜悦与幸福，但是，环境的变化使这种平衡与和谐总是短暂的，这就要求生命体与环境通过进一步互动来重新达到平衡。人的生活就是平衡与和谐不断失去又重建的过程，而生活的意义就在于在这一过程之中不断增长与丰富的经验。

第三章论述了杜威的审美经验理论。与传统美学将审美经验与普通经验分裂开来不同，杜威的审美经验与普通经验是紧密联系在一起的。在他看来，人类的所有经验没有质的分别，只有量的分别。人们日常生活中的经验虽然经常是不完满的、碎片化的，但是日常经验中也存在着完满的、持续的经验，完满的经验就是"一个经验"，就是弥漫着审美性质的经验。因此，杜威所说的审美性质并不是由静观的审美态度所产生的主体特殊的心理状态，也不是审美对象所带有的与普通对象不同的特殊性质，而是任何一个经验所带有的完整性和圆满性。当审美性质在一个经验中进一步发展和强化时，审美经验就产生了，也就是说，当一个经验的情感性和想象性在其中占主导地位并在人们的知觉中呈现出来时，一个经验就成为审美经验。但是，知觉、情感、想象这些审美性质并不是外在于经验并强加于经验之中的，而是一个经验本身具有的性质，它们产生的基础就在于生命体与环境相互构建、相互作用的过程之中。

第四章主要是考察杜威的艺术即经验的思想。首先考察了现代艺术概念的起源、传统的艺术定义以及对艺术进行分类的做法，并由此引出杜威与众不同的艺术观念。杜威将艺术与人类的生存实践紧密联系起来，在他看来，艺术就是经验，艺术的产生是生命体与自然的相互作用的结果，它是人类改造环境的有力工具，艺术不仅使自然界对人类的意义真正展现出来，同时也是生命体自身活动的扩展与完善。在艺术的现实存在上，艺术也与经验紧密联系在一起。杜威认为，艺术产品与艺术作品是不同的，艺术产品是物质性产品，但还没有进入到经验之中，只是潜在的艺术品，当艺术产品在每个人的个性化的经验中被知觉到时，就成为艺术作品。在艺术中真正重要的不是对象，而是艺术怎样在经验中起作用，怎样扩大和丰富我们的经验。当艺术成为经验的一种性质时，艺术批评就是对艺术经验的一种扩展，这种带有创造力的批评使批评自身成为艺术。由此，杜威批判了传统美学中对艺术定义和艺术分类的做法，认为这种做法只是一种人为的强制，并不是艺术自身的性质，因此也不具有永恒的意义。

第五章主要考察艺术与生活的关系。杜威认为，艺术与经验的亲密关系意味着艺术与生活不是分裂的，而是一个具有连续性的整体。杜威通过艺术品的经验与日常生活经验的连续性、高雅艺术与通俗艺术的连续性、美的艺术和实用艺术的连续性的恢复，告诉我们，艺术并不是超越于日常生活之上的神秘之物，它的根底就蕴含在日常生活之中。并且，艺术只有与生活经验联系在一起才能生发意义，艺术作品的魅力就在于它能够在不同的条件下永远带给我们不同于以往的、富于活力的、崭新的经验。但是，艺术也具有不同于日常生活的独特性，日常生活经验经常是断裂的、破碎的，但真正的艺术是实践与审美、手段与目的、内容与形式的高度统一，它作为最完美的经验体现了真正统一性的理想，因而它能够成为我们日常生活的典范和榜样，引导着我们的生活之流向更高更圆满的状态推进。

第六章阐述了艺术在重建文化的统一性方面具有的功能。在杜威看来，艺术经验是表现性的，因而也是交流性的。正是这种交流的功能，使艺术经验在日常生活中成为凝聚人群、打破隔阂的力量。艺术不仅是人类文明生活的轴心，更是人类文明得以传承的决定性力量。在人类历史的过程中，某一种文化会转变，某一种文明会消失，但只要有艺术作品存在，这种文化或文明就会被记录从而传递下来。同时，借助于艺术，不同的文化模式也会相互沟通，从而达到不同文化孕育下的人们的相互理解。艺术不仅是文明的传承与文化的理解的重要力量，而且能够与其他不同的文化门类实现融合与统一，从而消除现实社会中文化分裂的局面。杜威认为，所有的文化门类都有共同的基础——经验，之所以出现不同的文化门类，是人类文明化进程的结果。事实上，这些学科之间并非壁垒森严，它们是可以相通，可以融合的。科学、艺术、道德、宗教、教育等不同的学科门类仅仅代表经验的不同层面，它们有共同的结构，因而能够互相沟通。而艺术最大限度地显示了人类经验的圆满性和生活的理想性，因此，它能够将科学、道德、宗教、教育统一起来结合进一个完整的、有意义的经验之中，从而消除文化的分裂，重建文化的统一性。

第七章主要阐述艺术在哲学的改造与社会的改造中所具有的价值和意义。杜威在批判传统哲学的基础上重建了他的哲学观念，他认为，哲学起源于人对安全与稳定的内在需要，但传统哲学却将这种需求实体化了，通过人为设定一个不变的、永恒的世界满足这种精神需要，而哲学即是对这个高级实有领域的研究。这种二元论的思维模式造成了当代哲学的困境。哲学的改造就是使哲学不再对永恒的实体进行理性的思考，而是转向人们的日常生活。改造后的哲学就是批评，哲学批评使传统哲学中分裂的科学与道德、事实与价值实现了统一。这样的哲学活动实质上是一种艺术创造，它与人的实践和可控制的行为紧密联系起来。同时，艺术对于理想社会——"民主共同体"的构建也具有重要作用。艺术是最普遍而自由的交流形式，它可以促进"民主共同体"的形成，民主也通过艺术的途径实现了它作为广泛的生活方式的可能性。因此，在真正的哲学和理想的社会的生成过程中，艺术具有不可替代的价值与意义。艺术可以深入到人类文化和生活的各个领域中，它的最终指向是人的解放与自我完善，这样的艺术是生活的艺术。这是杜威对艺术的最终理解。

结语部分主要分析杜威的美学与实践哲学的关系。杜威不是在传统美学的领域中探讨艺术问题，而是走向了与生活有密切联系的实践哲学的视野内。实践哲学是把生活、行动与实践作为其基本观点的哲学，它代表了不同于传统理论哲学的新的哲学范式。杜威的艺术概念不是一个美学概念，而是一个指向生活、指向经验的概念，艺术作为一种经验，是一个实践的过程。因此，杜威的美学思想具有明显的实践哲学特征，它意味着实践哲学向美学领域的延伸。

综观杜威的整个美学思想，人们可以发现，杜威的美学思想的要旨在于建立审美经验与日常经验、艺术与生活的连续性，从而使普通人在日常生活中能够享受到艺术给人带来的愉悦感和丰富性。因此，具有持续生长力量的经验是对人的生存状态与生活的不断拓展，而艺术作为一种完满的经验又加强了人们的生活经验，它意味着生活与经验的无限丰富的可能性，增加了人们生活于其中的世界以及人生的意义。在这种意义上，杜威美学恢复了艺术的原初内涵，即艺术不是放置于博物馆之中仅供人观赏的艺术产品，也不是指示艺术家天才创造的标签，而是人们探究自然和生活的一种方式，并在这种探究中获得的意义和价值，艺术与生活是统一的。艺术与生活的统一使人们在日常生活中追求真善美的境界成为可能。在杜威看来，真蕴含于理论或观念通过它所规定的操作活动所取得的成功或圆满性的结果之中，真指的是通过检验已经证实的信念或是从探索过程中产生的命题，这种真不是永恒的，是可错的，是在未来的探究中可以修改的，它依赖于事物的工具性质，这种工具性质就是善。凡是能保证经验过程达到圆满终结的事物都是善的，行动与操作是善的，知识是善的，智慧是善的，科学方法也是善的。而美是一个完满经验的性质，任何一个完满的经验都具有审美的性质。通过这样的规定，真善美不再像传统哲学那样是分裂着的，它们同是经验的属性，共存于经验之中。在杜威的思想中，真善美的境界不是人类永远无法企及的虚无缥缈的境界，在我们的生活之中就蕴含着获得这种境界的可能性。只要人们的活动不是强制的，而是自愿的；在活动过程之中不是机械的和漫不经心的，而是在智慧的引导下有节奏地进行；并且这个活动有开端、有结果，有缺憾、有收获，是一个圆满的过程，是一个创造新经验的过程，而在这个过程之中人们又体验到人生的价值和意义，那么就可以说，人们进入了真善美的境界。因此，同艺术一样，真善美的境界不是超越于生活之上的、少数哲学家和艺术家才能达到的境界，它是人人都可以追求和享受的境界，只要人们真诚地热爱生活，在智慧的引导下完善自己的经验，在生动的交流中丰富自己的经验，并在经验的持续不断的生长中体验生活的意义，那么真善美的境界就永远为人们敞开。

上　审美经验篇

第一章 传统哲学的经验与审美经验理论

约翰·杜威的审美经验理论与其经验理论有密切关系，因此，探讨他的审美经验理论必须以其经验理论为源。而杜威对"经验"的理解与传统的经验观有很大差别，在探讨杜威的经验理论之前，让本书先梳理一下传统的经验论。

第一节 传统的经验论

传统的经验论主要是指英国的经验主义，它们致力于理解经验与知识的关系问题。英国经验论认为，要想获得真正的知识，必须从观察自然入手，以感觉经验为起点，通过循序渐进的方式来实现对自然及其规律的认识。这一思想的开启者是培根。

一 传统经验论的基本观点

近代经验观的确立者是培根，他将经验作为知识的基础并以此来反对经院哲学。培根认为，认识来源于感觉经验，并通过科学实验达到深入，"全部解释自然的工作是从感官开端，是从感官的认知经由一条径直的、有规则的和防护好的途径以达到理解力的认知，也即达到真确的概念和原理。"① 培根认为，经验是感官接触事物而自然发生的，它只能反映事物的表面现象，要想使认识达到深入，进一步探索自然的奥秘，还必须依靠科学实验。这样，培根在近代哲学史上第一次明确地提出了知识来源于直接经验的经验主义原则，为英国经验论奠定了思想基础。

---

① ［英］培根：《新工具》，许宝骙译，商务印书馆1984年版，第5页。

　　洛克继承了培根的经验论，并在此基础上继续发展。他认为，笛卡尔的"天赋观念"理论是不可能的，人的心中不存在任何天赋观念，心灵就像一块"白板"，上面没有任何符号，没有任何概念，一切观念和知识都来自于经验："在理性和知识方面所有的一切材料，都是从哪里来的呢？我可以用一句话答复说，它们都是从'经验'来的，我们的一切知识都是建立在经验上的，而且最后是导源于经验的。"①洛克将经验分为两种：感觉和反省，它们是观念的两个来源。感觉是感官对外界物象刺激的感受，人们从视觉、听觉、触觉、味觉等获得的观念都来自于感觉；反省则是人的各种心理活动，它使人们获得了知觉、思维、怀疑、信仰、推理、认识、意愿等观念。感觉是一种外在经验，它以外物为对象；反省是一种内在经验，它以心灵为对象。洛克认为，通过感觉和反省得到的都是简单观念，它们是由外物的性质或某一现象引起的、被心灵被动接受的、不可再分的观念，是一切知识的原始材料。简单观念主要有四种：第一种是只通过一个感官而进入人心中的观念，如光和颜色的观念是由眼睛进入心中的，声音是通过耳朵得来的，滋味和气味的观念是通过舌头和鼻子得来的，冷、热、硬、软等观念是通过触觉得来的；第二种是通过几个感官进入人心中的观念，如空间或广延、形相、静止、运动等观念就是通过眼睛和触觉得来的；第三种观念是通过反省得来的，如知觉观念和意欲得来的；第四种观念是通过感觉和反省两种途径提供给心灵的，如快乐或愉快，痛苦或不快，力量、存在、统一等。因为简单观念来自于外物的性质对人感官的作用，于是外物的性质就可分为两种：第一性质是指那些在任何情况下都不能与物体相分离的性质，如体积、广袤、形状、运动、数目等，它们反映了物体的客观状态；第二性质虽然也与物体有关，但却不是物体本身所具有的东西，而是物体由其体积、广袤、形状和运动等第一性质在我们心中产生诸如颜色、声音、滋味等观念的能力。色、声、香、味这些第二性质虽然也源于物体的刺激，但是它们却具有因人而异的相对性，因而具有主观性。洛克关于第一性质和第二性质的观点对近代的知识论与心理学产生重大影响。

　　除了简单观念之外，心灵还可以将简单观念作为材料和基础通过对简单观念的组合、比较和抽象而获得复杂观念。洛克认为，复杂观念可以分

---

　　① ［英］洛克：《人类理解论》，关文运译，商务印书馆1959年版，第68页。

为三种：第一种是样式观念，它表示事物的性质、状态、数量等，是由简单观念集合而成的，有的是由同一种简单观念集合而成，如："一打"或"十个"，有的是由若干种不同类别的简单观念复合而成，如"美"就是由引起观看者快感的颜色和形状的组合所构成的。第二种是实体观念，它是简单观念的组合体，如形状的简单观念同运动、思想、推理等简单观念组合起来，加到一个假定的实体上面，就组合成了"人"的观念。实体观念包括单一的实体观念（如"一个人""一只羊"）和集合的实体观念（如"一些人""一群羊"）。第三种是关系观念，它是把两个观念并列在一起加以考虑和比较而形成的，如夫妻、父子、因果、大小等观念。只要人们能够把各种事物相互比较，就会产生关系观念，但是，如果关系的一方不存在了，另一方也就失去了意义，并且一切关系观念都可归结为简单观念。

　　在复杂观念中，洛克着重考察了实体观念。他认为，人们关于实体的观念并非来自于对某个客观对象的反映，而只是一种思维习惯或假设的结果。通常人们把来自感觉的简单观念所凭借的基质称为"物质实体"，把来自反省的简单观念所凭借的基质称为"精神实体"，这两种实体并非人们的认识能力所能达到，但是人们依然相信它们是存在的。这样，洛克就将人们的一切观念纳入到感觉经验的统摄之下。

　　从培根到洛克都把经验作为认识的来源，经验既是一种主观感觉，同时其内容又来源于客观对象，因而具有主客两重性，因此，经验是人们认识自然、认识世界的中介和桥梁。这种经验理论遭到了唯理论的质疑：虽然认识来源于经验，但是如何保证经验的普遍必然性呢？也就是说，感觉经验是如何保证知识的可靠性的？正是这样的疑问，促使另外一位经验论者——贝克莱从另一个角度重新解释了经验。贝克莱认为，洛克所说的事物的两种性质只是主体的两种感觉，即触觉和视觉。事实上，一切事物都可以归结为感觉，事物是各种可感性质的集合，或者说是来自感官的各种观念的集合。于是，贝克莱就得出了"存在就是被感知"的结论，事物不是独立于心灵之外的存在，只有建立在感觉基础之上的事物才是存在的。在此基础上，贝克莱进一步否定了"物质实体"的存在，他认为，"物质"不过是心灵的一个抽象概念，并不具备什么实际的意义。在他看来，事物是观念的集合，而观念又来自于精神和心灵，因而，整个世界都是精神，都是心灵的感知。这样，贝克莱通过感觉经验否定了一切物质存在，将经验主义原则推向了主观化的道路。

休谟是英国经验主义的集大成者，与其他经验论者一样，休谟把感觉经验作为知识的前提和基础，通过感觉经验获得的东西他称为"知觉"（perceptions），他认为，知觉可以分为两类：印象（impressions）和观念（ideas）。"两者的差别在于：当它们刺激心灵，进入我们的思想和意识中时，它们的强烈程度和生动程度各不相同。那些最强烈的知觉，我们可以称为印象；在印象这个名词中间，我包括了所有初出现于灵魂中的我们的一切感觉、情感和情绪。至于观念这个名词，我用来指我们的感觉、情感和情绪在思维和推理中的微弱的意象。"① 休谟这里所说的印象和观念的差别实际上就是感性认识和理性认识的差别，一切观念都来自于印象，而理性认识的来源也在于感性认识。休谟又把印象分为感觉印象和反省印象，感觉印象是一种外部经验，反省印象则是一种内部经验，反省印象是由感觉印象派生出来的。这样，休谟克服了洛克把反省和感觉并列起来作为认识的两个来源的做法，而认为一切观念、全部认识最终都来源于感觉，经验主义原则得以彻底贯彻。

在此基础上，休谟进一步认为，通过感觉经验，人们获得的既不是外物，也不是外物和人的关系，人们所经验到的只是印象和观念，洛克的错误就在于他把感觉和感觉的内容区分开来，使外物独立于感觉，从而把个别的感觉普遍化为抽象的实体。事实上，人所认识的只能是经验，除了经验外一无所知，这种观念使休谟进而怀疑实体、世界、上帝的存在。在他看来，无论是物质实体还是精神实体，都不可能通过感觉经验得以证实，因此，都是不可知的，"构成一个实体的一些特殊性质，通常被指为这些性质被假设为寓存其中的一种不可认识的东西"。② 也就是说，"实体"在人的经验中是无法证明的，因而是不存在的。同样，因为人只能获得关于自己的个别的、具体的印象，因而抽象的自我也是不存在的。至于上帝，也是人的经验永远都无法证实的东西。这样，被贝克莱保留的精神实体和上帝也被休谟感觉经验化了，整个世界成为感觉经验的集合，人们既不能肯定世界的存在，也不能否定世界的存在，世界成为不可知的。

近代知识论的宗旨就是要获得关于世界的普遍必然性的知识，但是，

---

① ［英］休谟：《人性论》，关文运译，商务印书馆1980年版，第13页。
② 同上书，第282页。

从休谟的经验论出发，最后却得出世界不可知的结论，知识论的客观有效性丧失了，因而也就不再具有任何价值和意义。从培根到休谟，当经验主义原则得到越来越彻底的贯彻时，知识论却越来越陷入不可知论的危机，这种危机是由近代经验论理论自身的限度所导致的。

二　传统经验论的理论限度

近代英国经验论的显著特征是将经验囿于知识论视域之中，这种在知识论的范围内探讨经验的做法是由哲学在近代的转向决定的。在近代，由于实验方法的广泛应用，自然科学取得了巨大成就，改变了人们传统观念对知识的理解，古典哲学的知识观受到了挑战。因此，近代哲学的根本问题就是应用自然科学的伟大成果为知识重新寻找坚实的基础。于是，认识论不但成为近代哲学的一个鲜明特征，也是近代哲学探讨问题的一个独特的角度和方式。由于将经验局限于知识论的范围之内，在英国经验论看来，经验就是感觉经验，是人的感官与外物相接触而直接获得的，这样的观念也导致了英国经验论是以主观性和静态性为主要特征的。

（一）传统经验论的特征一：经验的主观性

英国经验论对经验的理解与古希腊的哲学思想有一定关系。从第一位哲学家泰勒斯开始，古希腊思想家就在思考世界的"始基"，所谓"始基"是指在所有的变化中保持不变的元素。古希腊人认为，万物都在变化，但在变化的过程中一定有保持不变的东西，多样性中一定具有统一性，否则世界就是无可依托、不可理解的。这个具有统一性与不变性的东西就是"始基"。早期的古希腊人将世界的始基看作是可感的事物，如水、火、气等，到了爱利亚学派，开始将始基确定为独一无二的、不生不灭的"一"，尤其是巴门尼德确立了"存在"与"非存在"的差别。在他看来，真正的存在是永恒的、唯一的和不变不动的，它只存在于抽象的思想与语言之中，对其认识和思考就会形成"真理"。而那些处于流变的时空之中并且转瞬即逝的事物只是非存在罢了，它们无法用语言确切地表达出来，无法被思想确定，对它们的认识只是虚妄的"意见"。巴门尼德的思想奠定了整个西方哲学的基础，通过理性思维获得的是真理，通过感觉经验只能获得意见，因而，感觉经验是不可靠的。柏拉图继续依照巴门尼德的思路思考哲学，他把整个世界分为理念世界与可感的经验世界，并认为永恒的知识只存在于理念世界中，经验世界中只存在各种各样的意见，但他又指出，可感世界与理念世界之间不存在固定的、不可逾越的障碍，可感世界中获得的经验可以使人们能够获得关于理念世界的知识的暂时的、不完全的洞见。而当人们清楚地获得了理念世界的知识时，也能更有效地掌握经验。这样，柏拉图就在理念世界的知识与可感世界的经验中设想了一个不断交替的认识过程，这一认识过程既可以让人们掌握理念，又可以让人们获得经验。在柏拉图这里，虽然对于经验或意见不再像巴门尼德那样简单地否定，但是，感觉经验仍然是被轻视的，因为经验虽然不等于无知，但它不是真理，只是混乱的意见罢了。亚里士多德更清晰地指出了经验在人知识形成过程中的重要作用。亚里士多德认为，求知是人的本性，人的认识从感觉开始，由感觉而形成记忆，再由记忆而达到经验的积累，"从感觉知觉中产生出记忆，从对同一事物的不断重复的记忆中产生经验。因为数量众多的记忆构成一个单一的经验。"[①] 通过积累经验而上升到技术，经验与技术的区别在于经验是个别知识，而技术是普遍知识。但技术作为普遍知识仅限于某一具体部门的生产或科学，只有将具体部门的科学上升到全部科学，即哲学知识时，才能达到最高的知识。在亚里士多德看来，人的认识来源于感觉经验，但是由感觉经验获得的认识并不可靠，它不是普遍的、必然的，因此必须上升到理性的高度才能成为知识。因此，在古希腊哲学中，经验就与感觉、知觉紧密联系在一起，既然经验是在感觉和记忆的基础上产生的，而感觉和记忆本身就是模糊的、混乱的，在此基础上产生的经验当然是不可靠的。

　　古希腊哲学家关于经验的观点被以笛卡尔、斯宾诺莎、莱布尼兹为代表的近代唯理论进行了发挥，他们认为，虽然感官经验可以作为获得知识的途径，但是它无法提供具有普遍必然性的知识，知识的正确性必须得到理性的保证。与此相反，以培根、洛克、贝克莱、休谟为代表的近代经验论认为，经验是知识的唯一来源和基础，一切认识材料都是由经验提供的，人们无法思考经验以外的东西。但对于经验是什么，他们并没有突破古希腊哲学的限定，仍然只是把经验与感觉、知觉联系起来。在洛克看来，人的一切观念都来源于经验，心灵没有天赋观念，但它却有天赋能力，它的知觉、记忆和组合来自外部获得的观念，它还想象、思考和欲

---

① 亚里士多德:《亚里士多德全集》(第1卷)，苗力田主编，中国人民大学出版社1990年版，第348页。

求，而这些心理活动又是新观念的来源。因此，经验的来源是两重的，它既可以依赖感官从观察中得到，也就是"感觉"。同时，也可以通过心灵从内省中得到，他称为"反省"，因而，经验的来源是感觉和反省。休谟也认为，人的知识最终建立在经验的基础上，只不过他把"感觉"称为"印象"，而把"反省"称为"观念"。从这里可以看到，如同古希腊哲学家一样，英国经验论在谈及经验时，首先把经验限制在感觉或知觉的领域之中，经验构成了感性知识的来源，感性知识与依靠推理获得的理性知识明显不同，感性知识只是个人的、主观的，因而具有多样性和变动性，而理性知识却由于其先验性和内在逻辑性因而具有客观普遍性，因此，由经验而来的知识永远不能像理性获得的知识那样可靠。

把经验限定在感觉、知觉的范围内，实际是把经验看作是个人的、主观的东西，割裂了经验与自然的联系。在传统经验论看来，自然或对象必须在人们的感觉或知觉中才能被认识，而通过这种方式获得的只是关于自然或对象的影像，而不是自然的实体本身。这种观点在传统经验论发展到贝克莱和休谟时就已显现出来。如贝克莱就认为，既然人们只能通过感觉经验与对象相接触，那么在经验之外就不存在任何东西，所以物质对象不能脱离经验而存在，真实的存在只有精神和观念性的存在。而在休谟的哲学中，他把感觉经验作为一切思维对象的来源，但是由经验获得的感觉材料却缺乏普遍必然的联系，因此经验本身不可能构成知识的基础。而思想和观念也是在记忆的基础上由不太鲜明的感觉印象通过观念的联想构成的，所以思想观念也是不真实的。于是，经验事实上只是局限于主观的感觉，不可能具有客观的效果。这样传统的经验论就倒向了一种倾向，即否定外部世界、否定自然、否定人的知识的存在。这种倾向使传统的经验论陷入了这样的矛盾之中：经验本来是人认识世界的最有效的途径，但最终的结果却是无法经验到真实的外部世界。休谟自己也被这一矛盾困惑，所以他认为，人在日常生活时必须放弃哲学。这就意味着，传统的经验论哲学最终与古典哲学进入了同样的处境中，即哲学是与人的日常生活无关的、不能有效处理生活问题的、哲学家的孤立的智力训练，哲学远离了生活。

（二）传统经验论的特征二：经验的静态性

英国经验论的另外一个特征是静态性。英国经验论认为，只要经验者的感官直接接触外界对象就能直接得到经验的结果。如洛克就认为，人类理智首要的机能是心灵能接受所感受的印象，这是外在的对象通过感官所造成的，或者由它本身反省那些印象时的活动所造成的，这样获得的东西就是简单观念，而心灵对其加以重复、比较和结合，就能够造成复杂观念。贝克莱也认为，通过感官人们就可以直接获得观念，通过视觉，人们可以获得颜色的观念，通过嗅觉，人们可以获得气味的观念，通过味觉，人们可以获得滋味的观念……把这些观念集合在一起，人们就能够获得物的观念。休谟则认为："思想中的一切材料都是由外部的或内部的感觉来的。人心和意志所能为力的，只是把它们加以混合和配列罢了。"① 也就是说，感官只要与外物接触，经验就发生了，经验成为沟通主体与对象的桥梁，成为主体与客体联系的中介，并且通过经验可以直接获得"观念"这个结果。这种对经验的表述，掩盖了丰富的经验过程本身。正如黑格尔在评论洛克的经验主义哲学时所指出的那样："经验诚然是全体中的一个必要环节，但是，这一思想在洛克那里显得只意味着我们从经验、感性存在或知觉里取得真理或抽出真理。"② 这样，英国经验论就将经验的过程取消了。这种只重视经验的结果而取消经验过程的经验观是一种静态的经验观。

从历史和词源上看，"经验"概念的内涵与英国经验论的观念有很大差异。"经验"（experience）是一个具有悠久历史的概念。早在古希腊，"经验"就与人的实践活动紧密相关，当一个人通过做事不断积累信息和方法，渐渐形成做事的习惯，而且这种习惯与其结果总是具有某种恒定的因果关系时，古希腊人称其为"有经验的人"。在古希腊人看来，经验不是从书本上获得的知识，而是人的亲身实践活动。从词源来看，经验一词的拉丁文词源是 experientia，有"尝试"、"试验"、"体验"等意思，而作为"尝试"或"体验"的经验活动离不开人的亲身体会和身体力行。同时，experientia 一词还蕴含着"检验"、"考验"之义，意思是在经验的过程中要经历考验，感受恐惧和痛苦，为疲惫和焦虑所折磨。因此，在古希腊人那里，"经验"是具有双重内涵的概念，它一方面指人的亲身实践活动，另一方面也指在实践活动中人的遭遇、感受和领悟，也就是说，经

① 朱光潜：《西方美学史》（上卷），人民文学出版社1963年版，第213页。
② ［德］黑格尔：《哲学史讲演录》（第四卷），贺麟、王太庆译，商务印书馆1981年版，第137页。

验是活生生的人的活动和经历，是人的一系列的动态行为。

的确，人们关于某一事物的经验更多的是具体的感受过程，而不仅仅是作为结果的观念。例如，"房子"作为一个观念，它是经验的结果，但是在生活中经验的房子并不只是这样的抽象含义，它包括房子的形状、位置、朝向、颜色，还包括人们经验它时的各种感受，因此，人们对房子的经验是所有的知觉、情感和行为的集合，是人们无限丰富的感觉过程，而房子在人们的经验中也是指构成房子的所有东西，包括经验者的具体的感受。在这个意义上，关于房子的经验实际是经验者经验房子的过程，它是动态的行为，一旦行为停止，活跃的经验会立即消失。因此，只有在动态的经验行为中，事物才以其本来面目呈现出来，经验者才能按照事物本来的样子经验它们。

但是，传统的经验论却忽略了经验的过程，把经验看作是可直接获得的经验的结果，用表象或静态的观念取代了活生生的经验过程，试图脱离经验过程去把握真理，却偏离了经验最本真的内涵。这种只关注经验结果的理论导致了这样一个弊端，即"经验"被永恒地放置于一个"过去"的时间范式之中，不具有向未来开放的品格，因而，传统的经验论是没有活力和创造性的。

第二节　传统的审美经验理论

传统的经验理论具有主观性和静态性的缺点，导致了经验论哲学既不能成为一种知识论，同时也不能有效地处理具体的生活问题而走向自我毁灭。那么，传统哲学对审美经验是如何理解的呢？

一　传统审美经验理论的基本观点

尽管审美经验是 19 世纪才确立的美学术语，但它的历史却可以追溯到古希腊和中世纪。在古希腊，"迷狂"和"快感"被当作描述在审美欣赏或艺术创造时主体的心理或心灵状态的概念。柏拉图对"迷狂"的描述可以看作是对审美经验的最早、最详尽的表述。在《斐德若》中，柏拉图认为迷狂可以分为两类，一类是由于人的疾病而发生的迷狂，是坏的迷狂；另一类是由于神灵的附着而发生的迷狂，是好的迷狂。他又把好的迷狂分为四种：一是预言的迷狂，是一种能够预知未来的技艺——迷狂术；二是宗教的迷狂，是指巫师在宗教仪式中进入的迷狂状态；三是诗性的迷狂，是诗人受到诗神缪斯的凭附时进入的迷狂状态；四是爱情的迷狂，是指哲学家受到爱神的凭附追求智慧时进入的迷狂状态，爱情的迷狂也称为哲学的迷狂。柏拉图认为第四种迷狂是最好的迷狂，因为它能够使哲学家看到真、善、美的理念世界。当人处于这种迷狂状态时，就会处于一种极度亢奋状态，先是打个寒颤，然后这寒颤就会转化为高热，浑身发汗，……于是灵魂的羽翼由于感受到热力而苏醒过来，开始生长，灵魂于是沸腾发烧，像小孩儿长牙一样又疼又痒。这时，人就会凝神观照，……最终达到对真善美的理念的体验与领悟，"这时他凭临美的汪洋大海，凝神观照，于是孕育无量数的优美崇高的道理，得到丰富的哲学收获。如此精力弥满之后，他终于豁然贯通唯一的涵盖一切的学问，以美为对象的学问。"① 这里可以看到，柏拉图的迷狂既有感性的特征，又有理性的特征，通过迷狂，人能够洞悉美本身，从而进入真善美的理念世界。亚里士多德则通过对"快感"的描述揭示了审美经验的特征，亚里士多德认为，人的快感并不仅指一种感性快乐，快感也有高下之分，因为现实生活中既有理性活动也有感性活动，理性活动所获得的快感要比感性活动获得的快感更高尚、更纯洁。真正的快感总是与人的德行相统一，因此，快感中包含着理性的因素。当某种行为是美好的、高尚的行为时，它所产生的快感就是可赞的。在所有合乎德行的行为中，理性的思辨活动是最高尚、最大的善行，因此它能产生最大的快感。亚里士多德进一步认为，快感的产生需要两个条件，"一个是被感觉的东西，一个是能感觉的东西，只要具备了这两者，即动作者和承受者，快乐也就出现了。"② 也就是说，快感的产生一方面要有被感觉、被思想的客体，另一方面要有具有判断力和感觉力的主体。就审美经验来说，也就是审美主体与审美客体，当审美主体处于最佳的状态，审美客体又是最美好的对象时，所产生的快感就是积极而高尚的。因此，亚里士多德说："如果一个人看到漂亮的雕像、马或人，或听到歌唱，但没有吃、喝或性放纵的愿望，而只是想看漂亮的东西，听美妙的歌声，那么，他就不会被认为是放荡，正如那些被海妖们的歌声迷住

---

① 柏拉图：《柏拉图文艺对话集》，朱光潜译，人民文学出版社1963年版，第272页。
② 亚里士多德：《亚里士多德全集》（第8卷），苗力田主编，中国人民大学出版社1990年版，第220页。

了的人不是放荡一样。"① 这样，亚里士多德就把审美快感与普通快感区分开来。

中世纪的思想家在古希腊的基础上进一步丰富和发展了审美经验理论。奥古斯丁认为，快感的产生既依赖于客体也依赖于主体，客体为审美快感提供形式，但是这种美的形式不是感官所能感受的，而必须凭借主体的心灵，因为美是形式的整一、和谐与完善，这些形式美只有通过心灵才能够感受到。托马斯·阿奎那进一步认为，能否获得快感是判断事物美丑的标准之一，但是并非所有能够产生快感的东西都是美的，只有那些在观赏时能够立即产生快感的东西才是美的，"凡是只为满足欲念的东西叫做善，凡是单靠认识到就立刻使人愉快的东西就叫做美"②。在阿奎那看来，对美的欣赏是一种"理性观照"的认识能力，它具有不假思索、瞬间产生的特点，并且，"美在本质上是不关欲念的"③。即无功利、无目的的，它只关乎对象的形式，而不涉及对象的内容。这些观念为审美经验理论在近代的发展奠定了基础。

虽然古希腊和中世纪的"迷狂"和"快感"具有审美经验的内涵，但是，"审美经验"的概念在17、18世纪的近代哲学中才真正有了它的概念基础。以培根和洛克为代表经验主义哲学家认为知识起源于对客观世界的感觉，这种经验是外在的经验，以笛卡尔和斯宾诺莎为代表的理性主义哲学家认为知识起源于理性的自我，这种自我意识则属于内在的经验。在近代哲学的影响下，近代美学家沙夫茨伯里、哈奇森和休谟等人都把一种特殊的经验视为判断事物美丑的标准，把美直接等同于一种对美的感觉经验，他们称之为美感、趣味或趣味判断。美虽然是一种感觉经验，但与一般的感觉经验又有很大不同，它似乎是通过外在经验而来，但其根源却在于内在经验。如沙夫茨伯里认为道德和审美能力是一种主观能力，是心灵所固有的，因为人天生就有分辨美丑善恶的能力，但是道德和审美并不是来自于分析、推理、归纳、演绎等理性沉思，它们是瞬间产生的，不需要理性思考和逻辑分析，具有自然而直接的特点。同时，这种主观的审美能力也不是视、听、嗅、触、味等外在的感觉能力，而是一种心理的、理

---

① 亚里士多德：《亚里士多德全集》（第8卷），苗力田主编，中国人民大学出版社1990年版，第393页。

② 北京大学哲学系：《西方美学家论美和美感》，商务印书馆1980年版，第67页。

③ 同上书，第67页。

性的能力，相对于眼、耳、鼻、舌等外感官而言，审美感官属于心灵，因而只能依靠一种与外在感官相似的特殊感官，他称之为"内在感官"。所谓"内在感官"，是指人天生就有的审辨善恶和美丑的能力，沙夫茨伯里有时也把它称为"内在的眼睛""内在的节拍感"等。在他看来，审辨善恶美丑不能依靠视觉、听觉、嗅觉、味觉、触觉等外在感官，而只能专为审辨善恶美丑而设的"内在感官"。之所以称它是"感官"，是因为它不是理性的、逻辑的思辨能力，而是类似于感官的一种能力，具有和感官一样的特点：直接性和瞬时性。"眼睛一看到形状，耳朵一听到声音，就立刻认识到美、秀雅与和谐。行动一经觉察，人自身的感动和情欲一经被辨认出（它们大半是一经感觉到就可辨认出），也就由一种内在的眼睛分辨出什么是美好端正的，可爱可赏的，什么是丑陋恶劣的，可恶可鄙的。"①而它之所以又是"内在的"，因为它属于人的心理能力，即心灵和理性。

　　沙夫茨伯里认为人性分为动物性的部分和理性的部分，外在感官是人与其他动物皆有的，属于动物性部分的低级感官，无法体现人与动物的差异，而内在感官是人所独有的，属于理性部分的高级感官，能够体现出人比动物更高尚的方面，"如果动物因为是动物，只具有感官（动物性的部分），就不能认识美和欣赏美，当然的结论就会是：人也不能用这种感官或动物性的部分去体会美或欣赏美；他欣赏美，要通过一种较高尚的途径，要借助于最高尚的东西，这就是他的心和他的理性。"②因此，内在感官与外在感官的区别在于它不仅仅是一种感觉作用，而是与理性密切结合的。像善恶、美丑这些东西，是不能用动物性的外在感官获得的，只能通过人的更高尚的能力——理性来获得的。沙夫茨伯里进一步认为，外在感官是一种动物性的本能表现，而审美能力与道德能力是人的社会性的表现，是一种适合于社会生活的社会情感，也就是说，审美感知是与"社会感情"密切联系的，人们认识美和欣赏美的能力不能依靠外在感官而只能依靠内在感官。

　　哈奇森在沙夫茨伯里"内在感官"的基础上对审美进行了进一步的分析。哈奇森认为人具有两种根本不同的知觉，即对物质利益的知觉和对道德善恶的知觉，与这两种知觉对应，人也有两种感官：一是接受简单观

---

① 北京大学哲学系：《西方美学家论美和美感》，商务印书馆 1980 年版，第 95 页。
② 同上书，第 96 页。

念、感知对自己利害关系的外在感官，外在感官只能产生比较微弱的快感；一是接受复杂观念、感知事物价值的内在感官，内在感官可以带来强烈的快感。尽管内在感官不同于外在感官，但是，哈奇森又认为内在感官具有和外在感官相类似的直接性，即具有一接触对象就立即在人心中唤起美的观念并引起审美快感的特点。因此，审美能力不是理性能力，而是一种感官能力。它与知识不同，知识要通过理性认识才能获得，而审美却具有直接的感觉才能获得。同时，审美感知也具有无功利的特点，"有些事物直接是这种审美快感的诱因，我们也有适宜于感知美的感官，而且这种感官不同于因展望利益而生的快乐。"①

艾迪生同样认为审美是一种无利害的知觉活动。在他看来，审美快感的特征是当人们面对一个对象时，瞬间被打动了，但是又不知道是怎样被打动的，因此，美就是对象直接在知觉上留下的印记，审美就是当人们看到对象时直接发生了想象，因此，美感是一种想象的快感。想象不直接涉及事物的实质，它不像理性认识那样要求人们思想集中，同时也不让心灵陷入感官的快感。想象是一种无利害的知觉活动。而想象的快感则是指由视觉对象引起的快感。"我之所谓想象或幻想（我有时也使用这名词）的快感，指来自视觉对象的快感，不论我们当时确实有这些对象在眼前，或是我们在看到绘画、雕刻、描写，或在类似的场合，悠然想起它们的意象。"② 艾迪生认为，想象快感不同于感官快感，也不同于知性快感，感官快感是动物性的，比较粗俗，知性快感则需要沉思、推理和判断才能获得，而想象快感不是感官的，而是来自于心灵的，同时也不需要理性思考就能获得。因而，作为想象快感的审美活动是一种不同于感性活动也不同于理性活动的独特的活动。

英国经验主义强调了审美活动的独特性，从心理学层面将审美活动与理论活动以及实践活动分开，这是英国经验主义对审美经验的独特贡献。这种思想在康德那里得到了最系统的阐述。在康德看来，审美是一种先天的能力，是每个正常的个人都具有的，这种先天的能力使人们能对对象的形式产生快感，从而判断其是否是审美活动。而要判断一种活动是不是审美活动可以从四个方面进行区分：第一，从质上看，审美的快感是一种无

---

① 《缪灵珠美学译文集》（第二卷），中国人民大学出版社 1987 年版，第 35 页。
② 同上书，第 35 页。

关利害关系的快感。所谓无关利害，也就是只与对象的表象（presentation）而不与对象的存在（existence）发生关系。也就是说，审美活动具有无功利性。这种无功利性使它区别于感官的快感，感官的快感只是动物性的欲望、官能获得满足时获得的快感，只是一种自然的生理需要，并且它涉及对象的实际功用，存在着功利性。同时，审美的快感与通过道德获得的快感也不同，道德快感虽然也是一种精神上的愉快，但道德的快感涉及对象的存在价值，也具有功利性。审美中的愉快是无关任何利害的，它只关乎对象的形式，而不关乎对象的内容和价值，因此是一种无关利害的自由的快感。第二，从量上看，审美的快感是普遍令人愉快的。康德认为，要判断一种活动是不是审美活动也可以从其是否具有普遍性来判断。审美快感不同于一般的快感，一般的快感是纯粹个人的，它出于个人的感觉，不需要普遍的认同。但审美的快感则具有一种普遍有效性，它在个人获得快感的基础上，要求获得普遍的同意，并且认为必然会得到普遍的同意，"因为人自觉到对那愉快的对象在他是无任何利害关系时，他就不能不判定这对象必具有使每个人愉快的根据。"① 第三，从关系上来看，审美活动具有无目的的合目的性。因为审美具有无功利性，因而也就与任何特定的目的无关，是无目的的。但同时，审美活动发生时，主体的知性与想象力趋于和谐自由的游戏，并与对象的形式相契合，这种趋向性没有特定的目的，但却使主体获得某种愉快的情感，因而又具有一种主观的目的性。因此，审美活动是无任何客观的目的性而只具有主观的目的性，康德称之为"无目的的合目的性"，因为它只与审美对象的形式相契合，因此又称为"形式的合目的性"。第四，从模态上看，审美带有一种必然使人愉快的情感。审美快感不能通过经验总结而来，也不是通过概念推理而来，但审美快感却带有必然性，这种必然性来自于人人具有共通感，"假使鉴赏判断没有任何原理，像单纯感官的趣味的判断，那么人们就完全不会想到它们的必然性。所以鉴赏判断必须具有一个主观性的原理，这原理只通过情感而不通过概念，但仍然普遍有效地规定着何物令人愉快，何物令人不愉快。一个这样的原理却只能被视为——共通感。"② 从这里可以看出，康德所说的共通感是情感的共通感。正因为人人都有共通感，所以

---

① ［德］康德：《判断力批判》（上卷），宗白华译，商务印书馆 2009 年版，第 42 页。
② 同上书，第 71 页。

审美判断虽然具有主观性，但同时具有共同性和社会性，它要求普遍的同意，并且必然获得这种普遍的同意。

这样，通过康德的分析，审美活动就具有以下特征：第一，审美活动是无功利的，因此而区分于实践活动；第二，审美活动是无概念的，因此而区分于理论活动；第三，审美活动是无目的的，因此而区分于道德活动。审美活动是对象的形式在主体内心所引起的愉快的情感，它是个别的又是普遍的，是主观的又是必然的。因此，判断一种活动是否是审美活动，关键在于是否以一种审美的态度或情感对待对象。

二　传统审美经验理论的缺陷

传统的审美经验理论将审美经验看作是感性与理性的结合，它既不同于一般的感觉经验，也不同于理性的逻辑推理，审美经验和审美活动因此而成为一个独特的领域。但是，强调审美经验和审美活动的独特性虽然有利于把握审美经验的特征，但也有其自身的缺陷。

第一，过于注重审美经验的独特性导致了审美活动与日常生活的分裂。尽管从古希腊以来有诸多关于审美快感的理论，但这些理论基本上都强调了审美快感与一般的感觉经验的差别。在康德之前，审美快感和一般的感觉之间的区别虽然没有在理论上明确，但当时的美学家们都认为一般的感觉经验只是感官作用于对象，而审美快感却是来自心灵，其中包含着理性的力量。这样，美感区别于一般感觉经验的特征就在于审美完全是心灵内部的事情，只与外部事物具有间接的关系，这种完全不涉及事物存在的经验，就是康德所说的无利害的经验。康德明确将审美快感与一般的感觉经验区分开来，"快适，美，善，这三者表示表象对于快感及不快感的三种不同的关系，在这些关系里我们可以看到其对象或表现都彼此不同，可以说：在这三种愉快里只有对于美的欣赏的愉快是唯一无利害的和自由的愉快；因为既没有官能方面的利害感，也没有理性方面的利害感来强迫我们去赞许。"[①] 也就是说，一般的感觉经验常常是与功利、欲望相关的，而审美快感是与功利、欲望无关的，只是在对其形式的观照中获得的快感。这样，审美快感与具有感官利害的快感（快适）和具有理性利害的快感（道德）区别开来。这种区分进一步强化了他关于认识领域、实践

---

① ［德］康德：《判断力批判》（上卷），宗白华译，商务印书馆2000年版，第46页。

领域和审美领域的分割，"无利害"成为审美活动与理论活动、实践活动区分的重要原则。经过康德的分析，将审美视为无利害的快感几乎成为现代美学的第一原理，尽管 19 世纪美感的概念已经完全由审美经验代替，但无利害性的内涵仍保持在其中。在现代美学中，静观论、移情说、孤立说、距离说的实质都是审美经验的无利害性。

审美经验无利害性是建立在审美静观的基础之上的，也就是说，由于人们只通过视觉和听觉与对象发生关系，因此不会发生像味觉、嗅觉、触觉那样直接接触对象并消耗对象的事情，一幅画不会因为太多人观看而失去了色彩，一首歌也不会因为太多人倾听而缺少了美妙。在所有的感官中，只有视觉和听觉是最具有审美性的，就是因为它们不占有对象，因而也就是自足的、无利害的。而在日常生活中，人们是通过眼、耳、鼻、舌、身等多种感官与世界发生关系，人们的感觉不仅有视觉和听觉，而且还有味觉、嗅觉、触觉等其他感觉，因而知觉活动是复杂的，它包含多种感觉的共同作用。这样，主要诉诸视觉或听觉的审美活动就比诉诸多种感觉的日常活动单纯得多，因而也就更容易摆脱日常生活的功利性欲望，审美的愉悦性才能发生。但是，这样一来，审美活动与日常生活就隔绝了，审美活动是一个单独的世界，只有离开现实生活才能发生。这种对审美活动的理解并不符合审美活动的实际。从发生起源上讲，审美活动的发生与日常生活具有密切关系，艺术与审美都是在人的生活的实践活动中产生并发展着。更重要的是，将审美活动与日常生活分离的实质是贬低日常生活的实用性，而凸显审美的高贵性。但这样一来，日常生活就会由于缺少美而缺乏生气，而审美活动也会由于与日常生活的分裂而逐渐陷于枯竭，明显的例子就是 19 世纪"为艺术而艺术"的主张所导致的艺术终结论。

第二，传统美学对审美经验的理解是建立一种心理学或主观化的理解之上的。这种对审美经验主观化的理解在现代被归结为"审美态度"。在康德的美学理论中，就包含着一种审美态度观念，即在审美活动中，人们的心理态度与认识的、道德的态度是完全不同的，是一种非功利的态度。康德的理论在现代得到了进一步的强化，乔治·迪基说："今天的美学继承者们已经是一些主张审美态度的理论并为这种理论作出辩护的哲学家。他们认为存在着一种可证实的审美态度，主张任何对象，无论它是人工制品还是自然对象，只要对它采取一种审美态度，它就能成为一个审美对象。审美对象是审美经验的焦点和原因，因此，它是注意力、理解力和批评的对象。"① 也就是说，只要有了无功利的审美态度，任何对象都可以是审美对象。这样，审美活动的发生，审美对象的产生都要取决于主体的一种精神状态——审美态度。在这种审美态度的理论下，审美经验就成为一种主体的感觉或知觉，它不是对事物实在的知觉，而是对事物形式或外观的知觉，从这一角度就能够将审美经验与日常经验区分开来，比如一朵花、一座房屋，用审美知觉去感受和用日常知觉去感受是不同的。在日常经验中，由于知觉总是将对象与其他的事物联系起来，因此一个对象无法像审美经验那样只让审美对象凸显再来单独占满人们的心灵，日常经验中的对象总是与整个生活背景中的其他事物联系在一起，看见一朵花就联想到草地，看见一座房屋就联想到其他房屋。但是审美知觉却能使一朵花、一座房屋与其他事物隔绝，人们只注意它的外观，而忽略其他的一切方面。因此，审美经验所给予我们的是一个独立自主的世界，日常经验中的对象总是处于某个时空中与环境或其他事物发生这样或那样的联系，而艺术作品的世界却是舍弃了现实生活的一切方面，仅描绘对象的外观，它需要特殊的知觉方式，即审美知觉才能体验。

这种特殊的知觉方式被艺术家独有。尽管每个人的知觉本身就有个体差异，但艺术家的知觉方式与普通人有明显的差异，并且艺术家之间的知觉方式也明显不同，这样才能保证艺术的独创性，因而艺术家就从普通人中独立出来，艺术家是精英，艺术家是天才。康德曾描述了天才的几个特征：第一，独创性，即艺术家的创造完全来自天赋的才能；第二，典范性，即艺术家创造作品的同时也在创造艺术法则，他必须创造艺术的典范；第三，自然性，即艺术家的创造不能用科学的语言加以说明，只可意会不可言传；第四，不可模仿性，即艺术家的创造不可模仿，因而也不可能被完全传授。叔本华进一步说明，因为艺术家都是天才，天才总是异于普通人的，因而在普通人眼里，艺术家都是疯子。在这种思想影响下，艺术家本人也自视过高，认为自己是天才，不屑于与其他人为伍，甚至轻视、贬低他人，更有甚者，将自我凌驾于社会之上，破坏了社会的和谐。

从以上描述可以发现，审美经验在 18 世纪英国经验主义那里就已经成为异于普通经验的特殊经验：其他经验来自于感官经验，而审美经验却

①　［美］乔治·迪基：《美学导论》，转引自朱狄《当代西方美学》，武汉大学出版社 2007年版，第 221 页。

主要来自于心灵。再加上它的无利害性与任何实用的目的对立，审美经验就成为与其他经验相对立的特殊经验。这种思想在现代美学中得到进一步强化，审美经验作为一种特殊的知觉体验，是一个独特的领域，它与平凡的日常生活无关，并且高于日常生活：日常生活是世俗的，而审美是高贵的；日常生活是庸碌的，而审美是美好的；日常生活是功利的，而审美是单纯的。这样，日常生活就完全成为一个非审美的世界。同样，拥有审美经验的人只是社会上一小部分人，他们是天才，是被称为艺术家的精英分子，而普通人由于没有特殊的知觉体验，在现实生活中则完全与审美绝缘。这种思想遭到了杜威的强烈批判，在杜威看来，这种对于审美经验的理解完全是建立在传统哲学二元论的基础之上，它通过分裂主体与客体将审美经验与日常经验区分开来，并以此为基础将审美活动凌驾于日常生活之上，这种思想不符合生活实践，并且，这种思想既限制了审美活动和艺术活动的拓展，也限制了生活审美化、生活艺术化的可能。杜威要在普通经验和日常经验的基础上重建审美经验理论。

第二章　杜威的经验自然主义

英国经验论的认识论限阈和心理学限阈使近代哲学发生了合法性危机，这种危机即便是在德国古典哲学中也没有得到很好的解决：康德为了调和经验与先验的矛盾设立了现象与物自体的对立，但却使二元对立的矛盾愈加突出；黑格尔虽然通过理性统一了主客体，但理性的绝对化却使哲学最终成为封闭的体系，哲学越来越远离生活。杜威认为，哲学之所以在近现代发生合法性危机主要在于近代哲学的思考方式出了问题，哲学的学院化、专业化使哲学不再与生活相联系，不再解决具体的时代问题，因而，要想重新确立哲学的合法性，使哲学真正成为时代精神的精华，就必须改变哲学的思考方式。其中，对"经验"的重新审视是关键的环节，杜威反对传统经验主义的经验观念，并通过改造传统的"经验"观念，发展了一种经过改造的、新的经验主义。

第一节　杜威经验自然主义的理论来源

正如杜威将哲学看作人类文明与文化史的一部分一样，杜威的哲学也不能脱离西方哲学史与人类文化本身。杜威的新的经验主义建立有以下几个理论来源：达尔文的进化论、黑格尔的辩证法以及实用主义的哲学方法。

一　达尔文的进化论

1859 年，达尔文的《物种起源》出版，这本书一经出版就对当时的时代产生了重大影响。在杜威的时代，许多哲学家都在此书的基础上重新思考了学术，如柏格森、怀特海、罗素等，杜威也不例外。1903 年，杜威在《从绝对主义到实验主义》中述说了达尔文的进化论对他的影响，

"我从这门学科中（指赫胥黎的著作）得到的启示大于我从以前接触过的任何事物中获得的启示。"① 这种启示引发了杜威后来对达尔文思想的深入探讨，从而内在地决定了杜威哲学的基本倾向。

达尔文的学说主要阐述了进化论的观点，即生物并不像神创论所说的那样是一成不变的：生物是不断变化的，不断地由低级向高级、由简单到复杂逐渐地发生形态、结构等方面的变化。其中，环境对生物个体起到了一个选择作用，适应于环境的物种被保留下来，不适应的被淘汰，生物就这样在自然环境的选择作用下不断发展进化，从而发展出各自对环境高度适应的形态、结构。

达尔文的研究成果对杜威有很大影响。1909 年杜威发表的论文《达尔文学说对哲学的影响》集中体现了杜威对达尔文学说的汲取。杜威并不是要在哲学中实施达尔文学说的模式，对杜威来说，达尔文的学说实际上是提出了一种超越于传统知识论模式的新的哲学思维方式，"《物种起源》一书通过对绝对永恒之物这艘神圣不可侵犯的方舟发起攻击，并把那些曾被看作固定不变的和完美无缺的类型的形式看作是有起源和会消失的，从而引进一种思维模式，这种模式一定会使认识的逻辑发生变革，从而也使道德、政治和宗教发生变革。"② 具体来说，有两组重要的概念提供了人们重新看待人类生存方式及社会文化的新视角，即："物种变化"概念和"有机体"概念。

（一）"物种"变化观念

在杜威看来，达尔文学说中的一项重要内容就是将"物种"和"起源"联系在一起，"物种"与"起源"的联结意味着一种新的思维模式的引入，它体现了整个人类生存方式的内在变革，进而重新阐释了传统哲学中某些根深蒂固的观念。

在古希腊就已经有"物种"（eidos/species）一词，希腊人用这一概念来把握自然界的生命。自然界有多种多样的生命，这些生命不断发生着变化，但这些变化并不是混乱无序的，而是累积并有规律的，这些规律在一定范围内具有很长时间不变的特性，这使希腊人从世界的变化中获得一

---

① ［美］约翰·杜威：《杜威文选》，涂纪亮译，社会科学文献出版社 2006 年版，第 23 页。

② John Dewey, *The Influence of Darwin on Philosophy*, Indiana University Press, 1965, pp. 1—2.

种不变性的观念。也就是说，每一物种的变化都是不断奔向永恒目标的活动，正是这个永恒不变的目标使变化在一个固定不变的范围之内保持规律性和持续性。与"物种"这个概念相关，古希腊人形成了"目的"（telos/purpose）的观念。希腊人认为，所有的生命事物都在不断地朝着同一个方向有序地发生变化，直到达到一个真正完成的阶段，一种完美的目的才会终止。杜威认为，目的的观念代表了希腊人思维的一种理智转向："古典的物种概念带来了目的这个观念。在一切有生命的形式中，都有一种特别的类型，它把早期的生长阶段引向使它自己的完美形态得到实现。既然这个目的性的调节原则是感官所不能看见的，因而这个原则必定是一种理想的或理性力量。然而，既然完美的形式是通过一些可以感知的变化而逐渐接近的，那么也就能得出结论，在一个可能感知的领域内并且通过这个领域，一种理性的、理智的力量正在构造它自己的终极表现。"① 希腊人将"物种"概念与目的论思想结合起来作为对变动不居的生活之流与生生不息的生命进程的一种独特把握方式，即将变化纳入到"目的"之中，从而寻求变化的确定性原则。"这种关于 eidos、种属、固定形式和终极原因的看法，当时是认识自然界的核心原则，科学的逻辑就建立在这种看法之上。变化作为变化而言只不过是一种活动和消失，它对理智造成损害。真正的认识就在于把握住那个通过变化使自己得到实现的永恒目标，而这个目标又借此使这些变化保持在固定不变的真理这个范围之内。完美的认识就在于把一切特殊的形式与它们的那个单一的目标和善（即那种纯粹的、沉思的理智）连接到一起。"② 因此，古希腊哲学体现为一种对超验的不变性的寻求，这种哲学观一直影响到现代的哲学理论。

　　杜威认为，达尔文的学说打破了这种哲学观，"达尔文的自然选择原则直接破坏了这种哲学的基础。如果一切机体的适应都仅仅是由于一种固定不变的变异和由于排除了那些不利于自己生存竞争的变异，而生存竞争是由于繁殖过多所造成的，那么就不需要有一种事先的理性因果力量对这些变异做出计划和预先加以规定。"③ 在杜威看来，"物种"和"起源"的联结意味着一种理智的反叛，一旦物种被带进了变化的世界，人们就没

---

① John Dewey, *The Influence of Darwin on Philosophy*, Indiana University Press, 1965, pp. 9—10.

② Ibid., p. 6.

③ Ibid., p. 11.

有理由认为不变、终结等观念具有一种更高的地位，变化和起源也不再被认为是有缺陷的非实在性的标志了。因此，关注的焦点应该由绝对的、固定不变的超验世界转向特殊、多样化的具体的经验世界。可以说，达尔文的进化论表明一种新的哲学立场，即对生命和生活之流的把握不应该在变化之外的超验领域内寻求终极目的，而应该在不断变化的事物的相互联系和作用中去寻找适当的认识对象和认识手段。

对杜威来说，达尔文学说的意义并不仅仅在于它提出了一种关于生命进化的假说，而是在于它打破了两千多年来人们寻求固定不变的终极原因的观念，它预示着一种新的思维方式的诞生，这种新的思维方式同时赋予哲学一种责任感，即不再把特殊的、具体的问题归因于其背后的某种终极的、一劳永逸的东西，哲学应该立足于变化的生活本身，体现为对生活经验的研究。杜威说："最后，这种新逻辑把一种责任引入理智生活之中。漫无目的地使宇宙理想化和理性化，这毕竟就是承认我们不能掌握那些与我们有特殊联系的事物的进程。只要人类缺乏这种能力，人类就自然而然地把它无力承担的这种责任的重担转移到超验的原因这个更有力的承担者之上。可是，如果有可能洞察出价值的特殊条件和观念的特殊后果，那么哲学迟早一定会变成一种用以对生活中发生的那些比较严重的冲突找出根源和做出说明的方法，一种用以设计出一些对付这些冲突手段的方法，一种在道德和政治方面做出诊断和预后的方法。"①

(二)"有机体"观念

达尔文学说中另外一个引起杜威注意的概念是"有机体"，杜威用这一概念获得的启示赋予他的哲学以一种统一性代替传统的二元论哲学。

杜威认为，达尔文的学说启示了人们要在变化的事物中寻找它们彼此之间的相互联系，并以此为依据达到对未来生命历程的某种把握，而不是通过寻找变化背后的不变性来确证生命及世界的基础。当然，达尔文并不是意识到古典哲学这种不变性弊端的第一人，早在16、17世纪的物理学中人们对古典哲学这种寻求不变性的观念就已经开始质疑，伽利略时代人们的兴趣开始从永恒之物转向了变化之物，培根则是实验方法的倡导者，科学由原来的通过静观或观察来获得知识转向了通过实验来获得知识，这使科学获得了长足的发展。但是，近代科学中的这些积极因素却被近代哲

---

① John Dewey, *The Influence of Darwin on Philosophy*, Indiana University Press, 1965, p. 17.

学的知识论忽视，近代科学带来的科学革命和哲学对确定性的寻求导致了另外一种意义的分裂，即自然领域与人文领域的分裂、科学与价值的分裂，笛卡尔、康德哲学十分典型地表达了这种分裂。这种分裂可以用这样一句话来描述：在近代，人们虽然用新的实验方法去探寻自然，但是仍然以传统的思维模式面对人自身的问题，在社会与道德问题上仍然存在传统哲学的抽象原则。正是这一分裂导致了人们在现实生存的种种困顿状态，人们的生活似乎总是被某种外在的规范与压制笼罩。"当代文化中的危机，当代文化中的冲突和混乱，产生于权威的分裂。科学研究告诉我们的是一回事，而对我们的行为发生权威影响的，关于理想与目的的传统所告诉我们的又是完全不同的另一回事。"① 传统哲学对这样的状态根本无能为力。但是，在达尔文的学说中，杜威发现了消解自然与人文、事实与价值之间藩篱的方法，"如果没有哥白尼、开普勒、伽利略以及那些在天文学、物理学和化学方面的后继者所采用的那些方法，达尔文在有机科学方面就会处于孤立无援的境地。不过在达尔文之前，这种新的科学方法对生命、心灵和政治的影响受到阻碍，因为在这些理智的或道德的兴趣和无机界之间插入了植物和动物这个王国。这些新观念不能进入生命这座花园的大门，而只有穿过这座花园，才能进入心灵和政治。"② 达尔文的有机体思想促使杜威在新的基础上重新考虑人与自然的关系，并由此出发探索建构新哲学的可能性。

达尔文的进化论表明，人和其他生物是有共同祖先的，人作为有机体的更高表现形式是由更简单的有机体进化演变而来的，杜威由此获得启示：人和其他生命体是连续的，人并没有高于其他生命体的特权从而把自己置身于世界之外，人的意识不过是动物适应环境方式的延伸："生理的有机体及其结构，无论在人类或在低级动物中，是与适应和利用材料以维护生命过程有关的，这一点是不能否认的。大脑和神经系统基本上是行动与经历的器官。"③ 同时，人作为有机体，同其他生命体一样，通过与环境的相互作用促成了自身的进化和演变，同时也促进了环境的变化和演化。在杜威看来，环境作为有机体的生存空间，它和有机体之间的关系不

---

① ［美］约翰·杜威：《确定性的寻求》，傅统先译，上海人民出版社 2004 年版，第 41 页。

② John Dewey, *The Influence of Darwin on Philosophy*, Indiana University Press, 1965, p. 8.

③ ［美］约翰·杜威：《经验与自然》，傅统先译，江苏教育出版社 2005 年版，第 17 页。

是一种相互对立或者用主体和客体的模式的人为分裂的关系，相反，有机体与环境的关系是一种内在的相互渗透、彼此造就的关系。生命必须是在环境之中，并且唯有通过环境才能形成自身及其自身的行为，生命本身也因此构成环境不可或缺的一部分。杜威认为，有机体与环境的关系展现了人与自然关系的新的模式，即人与自然存在着原初的统一性，而且这种统一性深深植根于日常生活之中。

同时，杜威从达尔文的有机体统一的思想中还获得这样的启示，即把伽利略引导的科学革命纳入到社会政治与道德之中，将科学与人文统一起来，从而改善传统哲学所带来的当时文化危机。很多人认为，杜威进行的这项工作就是在道德或人文领域中采纳自然科学的具体成果与操作方法，并据此认为他的哲学是科学主义的。事实刚好相反，杜威的哲学是彻底的人本主义的。在杜威看来，在古希腊知识系统中，无论科学还是哲学都展现了对不变性的寻求，但是，通过近代的科学革命，实验精神在科学中得到实现，科学成为探索现实的、变动的世界的工具，成为现实生活中人们改造自然的有力武器，科学远离了超验世界，进入了经验世界。但是这种科学精神在哲学领域中至今仍被人们忽略，哲学仍孜孜以求于人生活之外的世界，而达尔文的学说带给人们这样的可能性，即人们应如何立足于生活、特别是人的日常生活之中展开对人自身问题的探究，“在这样的情况之下，哲学首要的问题似乎就不要再对那种认为最后的争点在于价值是否有先在实有的主张负责，而它进一步的职能在于澄清对传统的价值判断所做的种种修正和改造。在这样做过之后，哲学便可以开始从事一种比较积极的工作，建立一种关于价值的见解，成为人类行为获得新的统一的基础。”①

对杜威来说，达尔文的进化论改变了人与自然的相互对立的关系，人不仅生活在自然之中并且是由自然塑造的，与此同时，人也在塑造自然，这样的关系意味着人与自然的一种原初的统一性，这种统一性正是人的精神追求。达尔文的学说也代表了一种不同于巴门尼德和柏拉图式的新的哲学立场，即哲学应该在变动的世界中寻求对生活有效的知识，哲学应该立足于生活本身，为人类生活寻找真正的幸福。因此，可以说，达尔文的学说为杜威哲学提供了这样一个契机：要建立一种立足于生命活动或日常生

---

① ［美］约翰·杜威：《确定性的寻求》，傅统先译，上海人民出版社2004年版，第43页。

活之中的哲学，它能够彻底突破传统哲学的二元论模式，使哲学成为一种关于生活本身的理论，从而重建理想与现实、事实与价值、哲学与生活的统一性。

二　黑格尔的辩证法

1882 年，杜威成为霍普金斯大学哲学系的一名学生，在此期间，他与乔治·S. 莫里斯教授相识，莫里斯向杜威展示了黑格尔唯心主义哲学的有机模式。黑格尔哲学强调一种普遍的统一，哲学上的二元论只是更大的统一中的短暂环节，这种统一是在历史中实现的。这种哲学对杜威具有无比的吸引力，杜威这样形容他当时的心情："黑格尔的思想提供了一种对统一的需求，这种需求无疑是一种强烈情感的渴望，同时也是一种只能为理智化了的题材所能满足的渴望……我早期的哲学研究曾是一种智力训练。黑格尔主体和客体、物质和精神、神圣之物和世俗之物结合在一起，这却不是一种简单的智力程式。它是作为一种巨大的解脱和解放产生作用的。黑格尔对人类文化、制度和艺术的处理同样会使那座坚实的隔墙消解掉，它对我有一种特殊的吸引力。"① 虽然杜威后来逐渐离开了黑格尔主义，但正如他所说的，与黑格尔的结识在他的思想中"留下一种持久不灭的影响。"②

的确，黑格尔对杜威哲学的影响是内在而深远的，这种影响不在于杜威哲学对黑格尔哲学形式上的模仿，而在于他对于黑格尔哲学精神上的认同，尽管后来杜威选择了一条不同于黑格尔理性形而上学的经验哲学的道路，但是，杜威哲学的内在品格和基本思路都受到黑格尔哲学的巨大影响。

（一）经验的历史性

作为杜威哲学思考的出发点的"经验"深受黑格尔对经验理解的影响。在黑格尔看来，既然一切都在运动，一切都在变化，那么经验本身也就具有动态的特征，在此基础上，黑格尔对传统的经验主义进行了批判。17、18 世纪的英国经验主义力求从经验中，从外在和内心的当前经验中

---

① ［美］约翰·杜威：《杜威文选》，涂纪亮译，社会科学文献出版社 2006 年版，第 27—28 页。

② 同上书，第 29 页。

去把握真理，从而代替以往哲学从纯粹思想中去把握真理，经验就是感觉经验或知觉，知识可靠性的根据是必须亲眼看到或亲身知觉到。黑格尔认为，把知觉当作把握对象真实性的依据是以往的经验主义的最大缺点，"因为知觉作为知觉，总是个别的，总是转瞬即逝的。但知识不能老停滞在知觉的阶段，必将进而在被知觉的个别事物中去寻求有普遍性和永久性的原则。这就是由简单知觉进展到经验的过程。"① 在黑格尔看来，经验是与我们的活动相联系的，"意识对它自身——即对它的知识又对它的对象——所实行的这种辩证的运动，就其替意识产生出新的真实对象这一点而言，恰恰就是人们称之为经验的那种东西。"② 也就是说，经验并不是只与知觉相联系，它是意识活动的特征和结果。因此，经验是人们一系列的意识运动。这样的经验观更接近于人们日常的经验观，当人们谈论"生活经验"、"工作经验"等时，实际上是说在意识中存在的已往的经历，这本身已经超越了认识论的范围。

　　进一步地，黑格尔又将"历史"引入到对经验的理解之中。在黑格尔之前，康德曾将时间和空间两种感知形式作为所有主体认知客体的不变的先验预设。黑格尔则认为，在人的头脑中确实存在着先验预设，但是先验预设不是不变的，而是可变的。先验预设是造成的，在文化上总是相对的，一个历史阶段上的一个文化的先验预设，在另一个历史阶段上的其他文化中并不总是有效的。因此，康德寻求不变的东西，而黑格尔则寻求不同的、可变的世界观的历史形成过程。对黑格尔来说，具有建构作用的东西本身也是被构成的，而具有建构作用的东西的构成，就是历史，这样，历史成为黑格尔的基本认识论概念，历史被理解为不同的基本理解形式的自我发展的集体过程，这一过程是由反思联结的，反思可以造成变化，引导我们走向更具真理性的立场。于是，历史可以被看作是一条反思之链，它牵引着行动和命运，其中各个不同的环节不断受到扬弃，从而使人类精神朝向完整性和终极目标不断前进。

　　在黑格尔看来，经验同样也内蕴着历史性，经验自身包含着反思的内涵，并且通过反思而不断地扬弃自身，使其不断地丰富和增长。黑格尔的

　　① ［德］黑格尔：《小逻辑》，贺麟译，商务印书馆1995年版，第113页。
　　② ［德］黑格尔：《精神现象学》（上卷），贺麟、王玖兴译，商务印书馆1996年版，第61页。

《精神现象学》就展示了意识通过历史向自我意识行进的经验过程，这个经验过程的不同阶段被当作精神发展的阶段加以描述，它在两个层面上展开：一方面，个体意识从最简单的感觉经验形式出发逐渐形成为哲学知识；另一方面，人类历史从古希腊发展到黑格尔自己的时代，而整个过程，既不是消极的主体，也不是消极的客体，这一过程是人类与世界相互构建的过程，是经验通过反思不断完善的过程。黑格尔认为，每个个人的一生实际上必定会经历精神的经验过程，只不过其形式较短、较浓缩罢了。个人的发展是一个阶段接着一个阶段的旅程，通过这些阶段，人们能够回忆起自己的发展，觉察到自己先前阶段的不足，从而不断地摆脱幼稚，变得成熟。可以说，个人的经验发展是一个教化过程，是个体不断丰富自身、完善自身的过程。由此，在黑格尔的理解中，历史与生活并不是经验的外在之物，经验过程就是历史过程。同样，每一个阶段经验活动都具有不同的视角，而经验的那个视角，也不是不变的先验预设，而是自我发展的历史过程的结果。这样，黑格尔就与以往经验主义的非历史主义态度分道扬镳。

黑格尔关于经验内部具有反思性精神原则的探索使经验呈现出活跃的、生机勃勃的特征，这种对经验的理解启发了杜威用动态的经验来代替传统经验主义的静态反映论，"我们利用我们的既往经验，来造就新的、更好的经验。于是经验这个事实就含着指引它改善自己的过程。"① 这样，杜威的经验概念就超越了传统认识论的狭隘限定，开始具有了深厚的历史内涵和生活内涵。

（二）辩证的方法

黑格尔哲学特有的辩证方法对杜威也有很大的启发，可以说，杜威所阐述的"经验"与"经验方法"的起源就内蕴于黑格尔的辩证方法之中。

在早期的论文《康德和哲学方法》（*Kant and Philosophic Method*）中，杜威具体探讨了近代以来的几种哲学方法。在康德之前的近代哲学传统中，主要有理性主义学派和经验主义学派两种哲学方法。对于理性主义学派来说，理性概念是纯粹分析性的，它将概念进行分析直至最简单的成分，其内容仅仅是解释性的，对知识的内容没有任何增加。而按照经验主义的方法同样无法解决这一问题。经验主义认为知识来源于外部事物，而

---

① ［美］约翰·杜威：《哲学的改造》，许崇清译，商务印书馆 2002 年版，第 51 页。

人们对于知识的获得是由于外部事物刻在头脑中的简单观念，即感官印象之间的联结，但是，简单观念彼此之间是相互独立的，这样观念之间的联结就没有普遍性和必然性。因此，从理性主义学派和经验主义学派的哲学方法中，人们得到的只是空洞的概念和盲目的知觉。康德的先验哲学在于阐明纯粹知性范畴如何必然地作用于感觉材料而构成知识的对象，从而使理性成为唯一综合的源泉。因此，康德的哲学方法是先天综合的，并且这种先天综合判断就来源于理性自身的综合统一活动。在康德看来，经验的构成必然已经包含有先天的知性范畴，因而并不存在所谓的简单观念，意识的综合统一决定了先天知性范畴建构的对象必然具有客观的标准："意识的综合统一是一切知识的一个客观条件，不仅是我自己为了认识一个客体而需要这个条件，而且任何直观为了对我成为客体都必须服从这一条件，因为以另外的方式，而没有这种综合，杂多就不会在一个意识中结合起来。"①

在对康德哲学方法的研究中，杜威发现，通过康德的方法，传统的经验概念发生了根本改变，传统的"经验"只局限于感官知觉，经验被认为是主体与客体、人与世界沟通的桥梁，但是由经验获得的感觉材料并无普遍必然的联系，这样，经验就成为一个个主观的、僵死的感觉印象，无法通过它去获得客观世界的丰富知识。然而，康德通过他的先天综合判断使经验自身包含着先天的知性范畴，这样，经验自身就具有了某种建构性的因素存在，经验开始具有了活力和生命力。因此，杜威说："康德的原则是一个转折点，它是旧的抽象思维的一种变革，体现了旧的无意义的经验概念开始转变为一种新的具体的观念，形成一种逐渐生长和丰富的经验概念。"② 但是，康德的哲学方法却有其内在的矛盾：先天的知性范畴是内在于主体之中的，是主动的，而感觉材料却外在于知性范畴，是被动的，即使知性活动得以激发的因素外在于知性本身，这种对立成为康德哲学方法的起点。也就是说，康德的哲学方法所达到的统一是一种外在的统一，它的内部事实上是分裂的。这样，虽然通过理性的综合统一使经验获得了普遍有效性，但是这种有效性却不能达到真理性，康德的先验逻辑的

---

① 杨祖陶、邓小芒：《康德三大批判精粹》，人民出版社 2003 年版，第 141 页。

② John J. Mcdermott, *The Philosophy of John Dewey*, The University of Chicago and London, 1981, p. 17.

演绎必然导致"物自体"的存在，二元论并没有得到消解。杜威认为，导致这一结果的原因在于康德所使用的先天综合的方法是一种"纯粹的综合"，所谓"纯粹的综合"就是说这种理性的综合是与感觉材料无关的，理性与感觉材料的对立决定了康德最终不可能通过他的方法达到内在的统一，它只是"分裂的统一"。① 而一种真正的内在的统一是杜威从黑格尔的哲学方法中获得的。

在杜威看来，辩证法作为黑格尔的哲学方法与康德的不同之处在于理性既是分析的，又是综合的，因而是"完成了的哲学方法"。黑格尔认为，真正的哲学方法必须重视理性在世界上演化的进程，黑格尔的辩证法就是理性如何在自身作出区分，又如何通过这种区分而达到自身统一的运动过程。这样，在黑格尔的逻辑中，被康德视为外在于理性活动的感觉材料只是内在于理性自身的差异性，它同时也是理性显现自身的真理性阶段。在黑格尔看来，"真理是全体，但全体只是通过自身发展而达到完满的那种本质。"② 理性只有通过展开自身的运动过程，经过自身的各种差异性阶段，才能达到自身的统一，这种统一就是真理，就是理性对自身的认识。这样，通过分析和综合的辩证运动，理性运动的每一个阶段，即内在于它自身所做的每一种区分都被保存下来。这些区分就它们自身而言，是彼此对立的，但它们相对于整个过程而言，是被包容于整体之中的。同时，理性自身运动的过程也是一个扬弃的过程，每一阶段都包含着前一阶段的真理性因素，同样也包含着自身的否定性因素。因此，理性通过不断地运动生长而达到最终的完善，这就是黑格尔意义上的真理。在杜威看来，理性朝向真理的这种运动既是哲学的方法，也是哲学的准则，它展示了哲学对统一性的渴望。在黑格尔的哲学中，二元论不过是一定历史阶段的产物，通过辩证思维建立起来的哲学可以将其协调起来。由此就启发了一条新的哲学道路，在这条新的哲学道路上，二元论不再是所有哲学的前提预设，不再具有超越历史的永恒意义，相反，它内在于更大的统一性之中，它是历史的一个环节，并且必然消融于历史的进程之中。

如果说达尔文的学说只说明了人与环境之间的统一性，黑格尔的普遍

---

① John J. Mcdermott, *The Philosophy of John Dewey*, The University of Chicago and London, 1981, p. 22.

② ［德］黑格尔：《精神现象学》（上卷），贺麟、王玖兴译，商务印书馆 1996 年版，第 12 页。

的统一性的思想则为当时分裂文化的统一带来了希望。黑格尔的辩证法将历史的观念纳入到哲学思考之中，哲学和文化的分裂只是统一性的一个环节，更大的统一性将在未来实现。"杜威把黑格尔对于历史性的坚持解释为这样一种主张，哲学家不应该努力成为社会和文化的先锋，而应该满足于过去和未来之间的和解。他们的工作是把古老的信念和时新的信念融合到一起去。因此这些信念应该相互合作而不是相互抵触。"① 这种历史和辩证的方法使杜威认识到时间性对于哲学的重大意义，当一种哲学将历史感和时间性融于其中的时候，就不可能有永恒意义上的确定性和不变性。更进一步说，黑格尔哲学对杜威的影响不仅仅关系到杜威对"经验"概念的重建与对"经验方法"的思考。事实上，杜威的整个哲学倾向都体现了对统一性的渴求，在他看来，这不仅是理论本身的任务，更是人本身的精神要求。

三　实用主义的哲学观

　　杜威的哲学思想是美国实用主义哲学的重要组成部分，实用主义经过了皮尔士和詹姆士的理论，在杜威这里被推广到人类文化的各个领域，因此，有必要对实用主义思想作一简单的介绍，从中领会整个实用主义哲学的基本精神。

　　实用主义（pragmatism）是美国的本土哲学，这一概念源于希腊文πρδγμδ，它的原意是行动，英文"实践的"（practical）和"重实效的"（pragmatic）都是由这个词派生而来。实用主义这一概念是查尔斯·S. 皮尔士（Charles Sanders Pierce）于 19 世纪 70 年代在马萨诸塞州坎布里奇的一个名为形而上学俱乐部的非正式哲学组织的聚会上提出的，后来，皮尔士撰写了《信念的确定》和《怎样使我们的观念清晰》两篇论文，这两篇论文被认为是实用主义诞生的标志。后来，威廉·詹姆士（William James）把皮尔士的实用主义方法论原则发展成一个比较系统的实用主义理论，并用它来分析各种具体问题。从此，实用主义作为一场哲学运动得到了稳步发展。

　　实用主义哲学本身是一种多元化的哲学，它的内部展现了不同的观点

---

　　① ［美］理查德·罗蒂:《哲学和未来》，选自《罗蒂和实用主义》，［美］海尔曼·J. 萨特康普编著，张国清译，商务印书馆 2003 年版，第 264 页。

和兴趣，但是作为一个统一的哲学流派，它们仍然存在着共同的代表实用主义观点的趋向和诉求。第一，实践主义：实用主义是一种与传统哲学截然不同的研究哲学的方式，它倡导要超越传统的唯物论和唯心论、经验论和唯理论等二元论哲学，反对对生活毫无意义的、夸夸其谈的思辨哲学，主张建立有生活价值的认识论、方法论和真理观，强调与人的思想、信念相关的行为、活动，突出行动、实践在哲学思考中的重要意义。第二，科学主义：实用主义试图使哲学更好地与科学相一致，强调要用科学实验的方法来改造传统哲学。在实用主义者看来，哲学应该采取科学的方法，用科学模式来构造新的哲学，用科学调查所采用的方法来评估哲学。第三，人本主义：实用主义哲学带有浓厚的人本主义色彩，他们认为自然科学和人文科学本质上没有什么不同，都是为人类生活服务的。实用主义者努力发展一种关注行动的新哲学，这种哲学要讨论生活和行动的意义，从而对人们的幸福生活给予有益的指导。第四，多元主义：实用主义崇尚多元的、开放的态度，它为哲学提供了新的哲学概念和一系列新的哲学问题。在这种多元主义精神的指导下，实用主义都具有反理智主义的倾向，它没有什么武断的主张和理论，它是一种方法、一种气质或者说一种态度。

实用主义的这些观念在杜威的哲学思想中均有所体现，并且在皮尔士和詹姆士某些思想的引导下，杜威拓展了经验哲学的内涵及意义。

（一）皮尔士的"实践"转向

皮尔士实用主义概念的提出是建立在康德对实践和实用的区分的基础之上的，在《纯粹理性批判》中，康德是在与理论相对立的意义上理解"实践"的，他说："只有从实践的观点才能称理论上不充足而认为一事物是真的这种态度为相信。这种实践的观点，或者是技术的观点，或者是道德的观点，前一种观点和任意选择的目的及不必然的目的有关，而后一种观点和绝对必然的目的有关。"[①] 而后，在《实践理性批判》中，康德又将这种"实践的观点"进一步区分，确立了"实践的"和"实用的"二者的区别。在康德看来，"实践的"指先验的道德律所统摄的领域，它所具有的先验原则使人们不需要任何实验和经验就能够确信；"实用的"则是指技巧与技术规则开展的领域，它是以经验为条件的，需要行动去检验。对此，康德做了进一步的解释，一般情况下，人们应该根据确定的、

① ［德］康德：《纯粹理性批判》，韦卓民译，华中师范大学出版社2000年版，第681页。

具有绝对必然性的信念来行动，但是在现实生活中经常存在着这样的情况，即某个人还没有获得某一问题的真正的知识，无法确立必然的信念，但是问题又亟待解决，这个时候就需要确立一种不是必然的信念，但又把它设想为一种正确的信念，并据此而实施一定的行动来确证它。康德把这种构成一定行动并要受到实践和经验检验的偶然信念称为"实用的"（pragmatic）信念，而把那种具有绝对必然性和先验性的信念称为"实践的"（practical）信念，二者都是与"理论的"（theoretical）相对的。康德对于"实践"的这一理解是有哲学史的传统的，在古希腊哲学中，柏拉图曾把针对不同对象的理论区分为"知识"和"意见"，前者属于超感官的理性世界，后者属于感官所接触的现实世界；亚里士多德则区分了三种学科：理论的（theoretical）、实践的（practical）和创制的（productive），后世的哲学家根据柏拉图和亚里士多德的哲学对理论和实践做二元对立的理解，并进一步将其内部进行细化，不仅理论被区分为"知识"和"意见"，实践也被区分为"道德"和"行动"，康德对"实践"和"实用"的划分即由此而来。在康德看来，"知识"和"道德"属于先验领域，而"意见"和"行动"属于经验领域。皮尔士正是在康德的区分的基础上提出实用主义哲学的。

在皮尔士看来，康德关于先验领域和经验领域的划分完全是传统的二元对立哲学的一种表达方式，在先验领域中没有实验方法作为其证实基础，所以是无意义的，"自在之物既不能被指出，又不能被发现。从而不能用任何命题来指称它，也谈不到它的真假。因此，关于它的一切指称都必须当作无意义的累赘而加以抛弃。"[1] 相反，实验的思维方式却在经验领域展现出来。皮尔士认为，康德关于"实用的"信念的确立蕴含着知识和目的的统一性原则，即思想和观念必须与人的特定目的结合起来才能证实其有效性，而这一原则完全可能扩大到关于"实践的"信念的领域之中。在皮尔士看来，理性的认知方式和具体的人类目的之间并无冲突，它们是内在地联系在一起的。在此基础上，实践的和实用的两者之间有着不可分割的内在联系，任何信念、观念的确立都必须借助实验进行考察和检验，皮尔士说："通过实验的检验，避开所有的意外事件，建立一种不

---

① Pierce, *Collected Paper of Charles Sander Pierce*, Vol. 5. edited by C. Hartshorne and P. Weiss, 1931 – 1958, p. 525.

会失望的积极期待习惯。因此，在缺乏任何特殊的反对理由时，任何假说假定它具有实验的可证实性，都可以得到认可。大体说来，这就是实用主义的学说。"① 在皮尔士看来，实验是与操作和操作的目的结合在一起的，因而他说：要使我们对于一个对象的观念清晰明白，就必须"考虑我们概念的客体应该具有什么样的效果，这些效果能够设想有着实践的影响，然后，我们关于这些效果的概念就是我们对这一客体的概念全体。"② 皮尔士举了一个很简单的例子来说明这种原则："我们把一个事物称为'硬'意味着什么？很明显，它将不会被其他物体刮擦。关于这一特征的整体概念，像其他特征的整体概念一样，在于其被表达的效果。一个硬的事物和一个软的事物，只要没有对它们检验，它们之间绝对没有不同。"③在这里，皮尔士也强调，人们不能通过静观去考察一个概念或命题的实际效果，而应该从行为、操作中去感受和思考它的实际效果。

皮尔士竭力推崇用实验的方法来确定我们的观念或信念的意义，没有对人类生活、活动做出比较细致的阐述，但是，这并不等于说他的实验方法与现实生活完全无关。在他看来，生活在社会中的人，都有各自的思想倾向，都表现出一定的行为，而思想认识的正确与否，在人类行动或人类生活经验中都可以得到检验。一般说来，正确的概念或思想就能引导人类达到预期的目的，而错误的概念或思想就必然会把人们引入歧途。因此，他说："一个词或别的表达方式的理性要旨（purport），完全存在于它与生活行为的可设想的联系之中。"④ 这样，皮尔士就通过他的实验方法将理论转化为具体的生活实践之中。

从以上论述可以看出，"实用主义"这一概念从词源上就内蕴着实践含义，经过皮尔士对康德哲学的改造，实践概念摆脱了传统哲学划分的先验领域和经验领域两种模式，成为与人类生存和生活相关的一种行为样态。在皮尔士眼中，传统哲学所重视的那种绝对的、确定的知识是不存在的，知识的真理性只在一定的条件下才有效，一旦条件发生变化，知识的真理性将随之丧失，知识只不过是人们在现实生活中确定信念、采取行动以达到目的的工具。这样，他就将以认识论为中心的传统形而上学改造为

---

① ［美］约翰·杜威等：《实用主义》，田永胜等译，世界知识出版社2007年版，第41页。
② 同上书，第23页。
③ 同上。
④ 同上书，第31页。

一种强调探索和实践过程的实践哲学。

皮尔士对"实践"的理解启发了杜威对哲学的理解，正是通过实践，杜威找到了理论与实践、知与行、事实与价值的内在关系。同时，实践转向也使杜威确定了他的哲学的基本精神，找到了新的哲学的根本方向，即哲学不是为了寻求确定的知识，而是为了具体的生活实践。

（二）詹姆士的心理学

另一个对杜威成熟的哲学思想产生重要启迪的是詹姆士的心理学。在《从绝对主义到实用主义》中，杜威这样描述詹姆士对他的影响："在我能够发现一种特殊的哲学因素能进入我的思想之中并给予它一个新的方向和一种崭新的品质这个范围内，威廉·詹姆士对我的影响就是那样一种影响。"① 詹姆士的心理学思想使杜威的哲学观点中具有一些与传统的欧洲哲学不同的独特的因素。

詹姆士的心理学被认为是近代西方心理学中所谓机能主义心理学的先驱。在以达尔文为代表的生物进化论的影响下，他对心理意识活动做出了与以往心理学家不同的解释。他认为，人的心理意识是有机体适应环境的一种机能，而不是像洛克、休谟等构造心理学家所说的那样是由孤立和单个的知觉或观念（经验要素）结合而成的心理事实。于是，他从人的生物学活动出发来说明人的心理意识活动，认为意识活动是人的大脑的机能，相应于大脑活动的变化而变化，而意识活动的特征在于它们总是变动不居的、流动的、混一的，詹姆士称之为"意识流"，又称之为"思想流""主观生活之流"。他认为，意识流是一种由大脑活动引起的连绵不绝的感觉的长流，它是世界的本原。人们可以在柏格森的"绵延"思想中看到对詹姆士这种思想的呼应。不过，詹姆士的心理学虽然力求克服主客体的二元对立，但是他的哲学内部仍然暗藏着主客体某种分离的倾向。杜威对此有清醒的认识，他说："在《心理学》一书中有两种不可调和的倾向。一种倾向表现在他采取了早先的心理学传统中的那种主观趋向；甚至在那个传统的某些特殊信条受到激烈批评之后，一种潜在的主观主义仍被保留下来，至少在词汇方面是如此。在寻找一个能以一种可理解的方式传递真正的新观念的词汇方面所碰到的困难，也许是那个导致哲学进展受

---

① ［美］约翰·杜威：《杜威文选》，涂纪亮译，社会科学文献出版社2006年版，第31—32页。

到严重延缓的障碍物。我可以把用'意识流'一词取代不连续的基本状态这一点作为一个事例加以说明，通过这种取代所取得的进展是巨大的。尽管如此，这种观点仍然是那个关于被它自身分离出来的意识领域的观点。另一种倾向是客观的，它植根于返回到早期的生物学关于 psyche 的概念之中，不过，由于亚里士多德时代以来生物学中取得了重大发展，这次返回具有一种新的力量和新的价值。我猜想，我们之所以到现在才开始理解所有这一切，是由于威廉·詹姆士引进和使用了这个概念；正如我已经谈到的，我不认为詹姆士自己充分地和一贯地理解这一点。无论如何，这个概念以它自己的方式愈来愈深入到我所有观念之中，作为一种酵素使旧的信念发生变化。"① 在杜威看来，詹姆士的"意识流"理论和他对生命之物的考察对哲学产生了不可低估的影响，尽管在他的理论中存在着某种分裂。

詹姆士认为，思想不能脱离具体的个人而存在，在每一个个人意识内，思想是连续的，但是不同的个人的意识不能相通；而人的意识总是处于不断地变化和流动之中，即使同一个人对于同一事物在不同的时刻也会有不同的感觉；同时，思想又是连续的，每一个人只要是活着，其意识、思想处于没有间断、没有断裂、没有分离的状态。另外，詹姆士认为，思想之外必有不以思想为转移的对象，因为不同的人以及同一个人在不同时候的思想具有同一对象；而思想对对象的选择则依据于个人的利益和兴趣，由此形成不同的观念和理论。这些观点表明，詹姆士的心理学理论不像传统心理学那样沉溺于对意识的科学分析，而是扩展了心理学的研究对象，重视应用，使心理学家贴近生活，走进社会生活。詹姆士的意识流理论启发了杜威对他的核心概念"经验"的理解。但是，由于杜威哲学从开始就体现为一种有机统一的立场，因此"经验"概念呈现了一种兼收并蓄的统一模式，从而超越了詹姆士的主观主义倾向。在杜威看来，经验就是"生活之流"，它既是具体的、个人的，又是连续的、与自然相关的；既是主观的，又是客观的，"经验包含一个主动的因素和一个被动的因素，这两个因素以特有的形式结合着。只有注意到这一点，才能了解经验的性质。在主动的方面，经验就是尝试——这个意义，用实验这个术语来表达就清楚了。在被动的方面，经验就是承受结果。我们对事物有所作

----

① ［美］约翰·杜威:《杜威文选》，涂纪亮译，社会科学文献出版社 2006 年版，第 32 页。

为，然后它回过来对我们有所影响，这就是一种特殊的结合。"① 由这样的"经验"概念出发，杜威使其哲学的具体展开方式超越了传统哲学的二元分立模式。

对杜威来说，詹姆士心理学中另外一个有价值的方面是其关于生命体的分析。杜威认为，詹姆士心理学中关于"习惯"（habit）概念的表达体现了生命活动的特征。传统哲学中把"习惯"视作某种行为的机械性重复，但事实上，"习惯"的建立不是由于其机械性的内部机制，而是源于生命的"可塑性"（plasticity），"因此，从广义上来说，可塑性意味着获有一种结构，其脆弱得足以屈从于影响，却又有不会一下子就屈服的力量。在这种结构中，每一个相对稳定的状态都被标记以我们称之为一组新的习惯的东西。有机物，尤其是神经组织，在极大程度上被赋予了这种可塑性；从而我们可以毫不犹豫地提出我们下述第一个命题，即在有生命的存在物中的习惯现象应归因于构成其身体的有机物的可塑性。"② 通过把"可塑性"作为生命结构的基本特性，詹姆士反对传统哲学中把"心理结构"视为固定不变的观念，赋予它生长性的力量。在此基础上，杜威将"习惯"作为有机生命活动的基本表现方式，它的根本特征在于其内部的关系性存在：习惯既是"获得性的"，同时，它又在特定的个体中表现为"性格"，蕴含着极其个性化的因素。"除了某些行动表现了某一种行为方式这样特殊的情况之外，习惯的本质是一种后天获得的反应方式的一贯倾向，而不是后天获得的特殊行动的一贯倾向。习惯是特殊的敏感性或对于某一类刺激的可接受性，它代表了喜欢和厌恶，而不代表特殊行动的单纯再现。习惯就意味着意志。"③ 本书发现，杜威的习惯概念没有任何机械重复的特性，它意味着有机体相互作用，彼此维系的生长机制。杜威将这一思想应用于对经验、艺术以及道德的表达之中，从而使其哲学获得了一个崭新的、充满活力的维度。

詹姆士的心理学通过一种生命活动的方式去设想生命，使心理学摆脱

---

① ［美］约翰·杜威：《民主主义与教育》，王承绪译，人民教育出版社 1990 年版，第 148 页。

② ［美］威廉·詹姆士：《心理学原理》（一），郭宾译，九州出版社 2007 年版，第 229 页。

③ John Dewey, *Human Nature and Conduct. The Middle Works of John Dewey* (1899 – 1924), Vol. 14, edited by Jo Ann Boydston, Southern Illinois university Press, 1985, p. 32.

了传统的静止的方式，这促使杜威将心理学的新方式作为一种哲学方法用于他的哲学探究之中。同时，詹姆士的心理学以现实的态度来看待哲学，它为杜威的哲学改造活动提供了一种方法、一种信念和一种哲学探究的途径，从而引发了一场新的哲学革命。

正是在以上哲学思想的影响之下，杜威开始了他哲学改造的历程。在杜威的哲学中，无论是他对科学、道德、艺术的观念还是对知识、真理、实践的态度，无不体现了其对统一性的追求和对现实的人的关注，这使他的哲学具有一种生机勃勃的生命存在的意味。对杜威来说，哲学重要的不是理论，而是用理论指导实践，解决社会问题，给人类带来幸福。所以杜威提倡把"回到柏拉图去"作为当代哲学的基本精神，这个"柏拉图"不是哲学史中的柏拉图，而是处于哲学生活中的"柏拉图"，"必须回到那个激动人心的、永不停顿的，以协作态度从事探索和写出《对话集》的柏拉图，他试图一个接一个地探索某些模式，以便弄清楚它们能产生出什么；对必须回到那个总是用对社会问题和实际问题的关注来结束他在形而上学高空中翱翔的柏拉图，而不是一些缺乏想象力的评论家构造出来的那个矫揉造作的柏拉图，他们把柏拉图看作一个古怪的大学教授。"①

第二节　杜威经验自然主义的核心内容

在杜威看来，要想改变传统哲学探究存在的方式，首先要改变传统哲学将关注点放置于超验领域的一贯信条，使哲学内在于人们的生活经验之中。但是，近代哲学的经验理论并没有改变传统哲学的探究方式。总的来说，近代哲学的经验概念有这样几个特征：第一，经验被局限于认识论的限阈，只是主体认知客体的中介和纽带；第二，经验被局限于心理学的限阈，它是通过主体发生的各种心理因素的集合；第三，经验被局限于过去时间的限阈，它是已经发生的事情的记录；第四，经验被局限于偶然性的限阈，它是简单的偶然事件的集合；第五，经验被局限于知觉的限阈，它是思维或思想的反题。② 这种对经验的认知限制了经验的范围，将经验只作为认识的途径。而杜威认为，真正的经验与自然、与实践、与生活是紧

---

① ［美］约翰·杜威：《杜威文选》，涂纪亮译，社会科学文献出版社 2006 年版，第 30 页。
② Cf. Cornel West, *The American Evasion of Philosophy*, Madison, 1989, p. 88.

密联系在一起的。

杜威认为，传统经验论的错误在于把经验只局限于认识论的领域中，因而只能从主观的、心理的角度去理解经验，却忽视了经验本身无限丰富的样态。事实上，经验是与生活、自然、历史具有同样意义的概念，因此，必须从生活本身出发才能领会经验的内涵。

一　经验向生活的拓展

杜威对"经验"的改造首先针对传统经验论的认识论的限阈。他认为，英国经验论将经验限于认识论领域中并从主观的、心理的角度来定义经验是传统哲学二元论模式在哲学中的体现。但是，二元论哲学是人类社会发展到一定历史阶段的产物，它的产生具有某种偶然性，因而不应该把它当作所有哲学的前提接受下来。在杜威眼中，人类的"经验"要比人类的认识远为复杂和宽广，经验活动就是人的生存实践活动。

杜威将达尔文的有机体理论和物种连续性的观点应用于他对"经验"的研究之中。在他看来，正如达尔文所理解的那样，无机的自然界与人类社会并不存在绝对的对立，它们是具有连续性，并可以相互融通、相互作用的，经验就是它们之间连续性的有机的协调。杜威通过有机体与环境的关系来表述他所理解的经验内涵。有机体和环境相当于近代哲学的主体和客体，但是，在传统哲学理论下，主体与客体、精神与物质被认为是二元对立关系，它们之间没有融通的可能。杜威认为，用有机体与环境这样的表述才能使人们理解主体与客体、精神与物质之间水乳交融的关系。

在杜威看来，生命生存于环境之中，但是这并不是像将某物置于一个空的容器中那样，似乎二者永远处于各自独立的、静止的状态，而是意味着生命与环境的不可分割，即生命是环境的一部分，生命活动的展开是一个相互作用、相互构造的过程。"有生命的地方就有行为、有活动。为了维持生命，活动就要连续，并与其环境相适应。而且这个适应的调节不是全然被动的，不单是有机体受着环境的塑造……在生物当中是没有只顺从环境的，就是寄生物也不过是接近这个境界而已。要维持生命就要变化环境中的若干因素。生活的形式愈高，对环境的主动改造就愈重要。"[1] 因此，任何生物的活动，即使是对环境的适应活动也内在地包含着改造环境

---

[1]　［美］约翰·杜威：《哲学的改造》，许崇清译，商务印书馆 2002 年版，第 45 页。

的行为。可以说，生命活动的展开就是改造环境的过程。杜威认为，人与世界的关系也就是有机体与环境的关系。人生活在世界之中并不意味人是外在于这个世界的旁观者；相反，与其他生命一样，人与世界在本质上是联系在一起的，人不仅仅依赖于这个世界，而且是内在于这个世界的。"生命是在一个环境中进行的；不仅仅是在其中，而且是由于它，并与它相互作用。生物的生命活动并不只是以它的皮肤为界；它皮下的器官是与处于它身体之外的东西联系的手段，并且，它为了生存，要通过调节、防卫以及征服来使自身适应这些外在的东西。在任何时刻，活的生物都面临来自于周围环境的危险，同时在任何时刻，它又必须从周围环境中吸取某物来满足自己的需要。一个生命体的经历与宿命就注定是要与其周围的环境，不是以外在的，而是以最为内在的方式作交换。"① 也就是说，环境并不是外在于生命的实在，生命本身是环境不可分割的一部分，"生活"就是人生存、生活于环境中，更进一步说，皮肤并不是把人和环境隔离开来的屏障，皮肤以及人身上的任何器官都是环境的一种延续。人生存、生活于环境之中意味着人这个有机体要与环境中的其他要素（阳光、空气、水、植物、动物等）进行着持续的交换，这种交换是依靠人的行为建立起来的。在这种意义上，人在环境之中，环境也在人之中。因此，人绝不是孤立于世界之中的，人是世界中的"活的生物"。生命体和环境的内在联系同时也说明环境不是静态的，相反，它是由一系列相互联系和活动着的要素构成的，因而是动态的、易变的、不稳定的，"人发现他自己生活在一个碰运气的世界。他的存在，说得粗俗一些，包括一场赌博。这个世界是一个冒险的地方，它不安定，不稳定，不可思议地不稳定。它的危险是不规则的，不经常的，讲不出它们的时间和季节的。这些危险虽然是持续的，但是零散的，出乎意外的。"② 环境的改变也迫使生命体不断调整自己的存在方式和改造环境的手段，在这种相互作用的过程中，生命改造了环境，环境塑造了生命。

在杜威看来，有机体与环境的相互依赖关系构成了生物的生存和世界发展的基础，经验就是在人与环境相互作用的过程中发生的，它一方面与

---

① ［美］约翰·杜威：《艺术即经验》，高建平译，商务印书馆 2005 年版，第 12 页。

② ［美］约翰·杜威：《经验与自然》，傅统先译，江苏教育出版社 2005 年版，第 28—29 页。

生命改造环境的活动联系在一起，另一方面也与环境对生命的作用联系在一起，用杜威自己的话说就是做（doing）与受（undergoing）的统一。"经验变成首先是做的事情。有机体绝不徒然站着，一事不做……它按照自己的机体构造的繁简向着环境动作。结果，环境所产生的变化又反映到这个有机体和它的活动上去。这个生物经历和感受它自己的行动的结果。这个动作和感受（或经历）的密切关系就形成了我们所谓经验。"① 也就是说，经验就是在生命与环境的相互依赖、相互作用的基础上展开的生命活动和生命样态。正是在做与受的交织中，人类开启和实践了自身的全部生活和历史。因此，经验就是人们的生存活动和实践活动，在经验的过程中，人们既要行动，也要遭受，在遭受中又包含了各种情绪和情感。

虽然经验包含了做与受两个方面，但并不意味着杜威的经验论与传统的经验论一样是以二元论作为自己的哲学范式的。在杜威这里，人与环境的相互作用是一种原初的、混沌未开的状态，即在人能够认识世界之前的状态。在我们认识世界之前，人类的生存活动（生活）就已经发生了，"'经验'是一个詹姆士所谓具有两套意义的字眼。好像它的同类语生活和历史一样，它不仅包括人们做些什么和遭遇些什么，他们追求些什么，爱些什么，相信和坚持些什么，而且也包括人们是怎样活动和怎样受到反响的，他们怎样操作和遭遇，他们怎样渴望和享受，以及他们观看、信仰和想象的方式——简言之，能经验的过程。"② 也就是说，经验就是人们的生存活动。

在杜威看来，英国经验论不是把经验作为生活和经历，而是将其视为感性认识活动，因而遮蔽了经验本来的丰富复杂的内涵。事实上，经验所涉及的范围涵盖了人类的全部生活和历史领域，它既是人们适应和改造丰富多彩的自然的有效手段，也是人们在同自然打交道过程中情感、道德、认识活动的体现。"经验指开垦过的土地，种下的种子，收获的成果以及日夜、春秋、干湿、冷热等变化，这些为人们所观察、畏惧、渴望的东西；它也指这个种植和收割、工作和欣快、希望、畏惧、计划、求助于魔术或化学、垂头丧气或欢欣鼓舞的人。"③ 杜威对经验的理解更接近于人

---

① ［美］约翰·杜威：《哲学的改造》，许崇清译，商务印书馆 2013 年版，第 51 页。
② ［美］约翰·杜威：《经验与自然》，傅统先译，江苏教育出版社 2005 年版，第 8 页。
③ 同上。

们日常所说的经验，当人们谈论工作经验、学习经验、宗教经验等的时候所指的并非英国经验论所说的感觉经验，而是与人们的实践和活动相联系的生存实践。在认识活动中，主体与客体首先要被设定为二元的、分裂的，而经验就是主体认识客体的中介，是主体消极地接收客体信息的反映样式，它解释了认识活动何以可能。而在日常生活中，主体并不是先认识客体，主体与客体是相互建构的彼此不可分的关系。杜威对经验的理解揭示了主客体未分裂之前的经验模式，它不是理论活动，而是实践活动；它不是思维中的一系列图像，而是在具体环境下的人的生存活动。

　　一个简单的例子可以说明杜威的经验概念：生活在某个城市的居民和这个城市的游客谁更具有关于这个城市的经验呢？当然是这个城市的居民，这并不是说他游览的地方比较多或者他有很多关于这个城市的图像，而是因为他生活在这个城市之中，他与这个城市相互依存、相互作用、将自己融入到这个城市甚至与其成为水乳交融的一体。而游客也许游览了更多的这个城市的美景，看了更多的关于这个城市的图像，但他所拥有的只是关于这个城市的印象。杜威的经验观与英国经验论的经验观的差别就在这里，英国经验论将经验等同于主体对客体的印象，而杜威将经验等同于主体与客体的交互作用。真正的经验是生活、是实践，是做与受的不断交融与转换。

二　经验与自然的连续性

　　在英国经验论中，经验是主观的、心理的东西，因而经验与自然是天然隔绝的；在康德哲学中，通过经验探究自然，我们只会获知现象，永远不会触及自在之物；在传统哲学中，经验不但不能探究自然，甚至通过经验会遮蔽自然本应呈现的面貌。因此，要想认识自然，揭示自然的本质，必须依靠超越经验之上的其他途径才能到达。在杜威看来，这种观点是建立在主体与客体二元对立的知识论基础之上的，它淹没了经验本身的内涵与价值。他对经验进行改造的任务之一就是恢复经验与自然的连续性。

　　在前文中，本书已经阐述了杜威的有机体与环境相互依存、相互作用的关系，这种关系也是人与自然关系的写照。在杜威看来，人与自然的关系并不像笛卡尔以来的近代哲学所认为的那样是两条永不汇合的平行线的关系，而是相互交融、相互塑造的关系。杜威说："经验既是关于自然的，也是发生在自然以内的。被经验到的并不是经验而是自然——岩石、树木、动物、疾病、健康、温度、电力等等。"① 也就是说，经验并不是纯粹主观的东西，经验总是对自然的、对事物的经验。或者可以说，经验自身既是有关人的又是有关自然的，一方面经验是人的经验，受人的经验方式所制约，"凡我们视为对象所具有的性质，应该是以我们自己经验它们的方式为依归的，而我们经验它们的方式又是由于交往和习俗的力量所导致的。"② 另一方面，经验又是对自然的经验，经验的主体既与其他有机形式（风俗、习惯、权威、宗教等）联系在一起，同时又与自然中的各种物理、化学变化联系在一起。因此，杜威认为，经验与自然是天然联系在一起的。"当发生了经验的时候，不管它在时间和空间上所占的地位是多么有限，它就开始占有自然的某一部分，而且这种占有的方式，使得自然领域的其他部分也因而成为可接近的。"③ 经验不仅是占有自然的方式，也是探究自然并深入自然的实践手段，"经验是这样一类发生的事情，它深入于自然而且通过它而无限制的扩张。"④ 这样，经验不再像传统哲学所描述的那样是遮蔽自然的屏障，而是人们"透入"（penetrate）自然的具体途径和方式，经验自身成为经验方法。

在杜威哲学中，经验与经验方法的区分并不是传统哲学的本体论与方法论的区分，而是经验自身之中就内蕴着经验方法。杜威的经验论不像英国经验论那样是一种静态的经验论，它是经验方法内蕴于经验本身的动态的经验。正是经验与经验方法的统一使经验成为探索自然的有效手段，"自然与经验还在另一种关联中和谐地存在一起，即在这种关联中，经验乃是达到自然、揭露自然秘密的一种方法和唯一方法，并且在这种关联中，经验所揭露的自然（在自然科学中利用经验的方法）又深化、丰富化，并指导着经验进一步的发展……"⑤ 这种经验方法是自然科学家探索自然的方法，自然科学家从直接经验出发，将从直接经验中获取的材料经过实验、推理、演算等程序最后得到自然的客观规律，并将这些规律再用于直接经验中以求得到验证。因此，杜威说："在自然科学中经验和自然是联合在一起的。而这种联合并没有被当作一件怪事情；相反地，如果研

---

① ［美］约翰·杜威：《经验与自然》，傅统先译，江苏教育出版社 2005 年版，第 3 页。

② 同上书，第 12 页。

③ 同上书，第 2 页。

④ 同上书，第 3—4 页。

⑤ 同上书，第 1 页。

究者要把他所发现的东西当作真正科学的东西研究，那么他就必须利用经验的方法。当经验在可以明确规定的方式之下被控制着的时候，它就是导致有关自然的事实和规律的途径，这是科学研究者视为理所当然之事。他自由地运用推理和演算；没有这些，他是不能进行工作的。但是他努力使这类理论的探求要以直接经验到的材料为出发点和归结点。理论可以在其间夹入一段很长的推理过程，而其中大部分是离开直接经验的东西很远的。但是空悬着的理论的葛藤，其两端却都是依附在被观察到的材料的基柱上面的。"① 杜威认为，从经验出发，运用经验方法使 17 世纪以来的自然科学获得了极大的发展，自然科学不但探索了自然的规律，甚至成为一种新的世界观。因此，正是通过经验方法，自然才成为能够被认识、被发现、被探索的对象，自然对人的丰富意义才真正彰显出来。

在杜威看来，经验方法内蕴于经验之中意味着经验与经验方法的内在统一。这种理解来自于黑格尔对真理的理解。在黑格尔看来，真理是全体，但是只有通过自身发展而达到完满时，其才具有真理的本质，而在真理的形成过程中，却存在着一个个中介，"中介不是别的，只是运动着的自身同一，换句话说，它是自身反映，自为存在着的自我的环节，纯粹的否定性，或就其纯粹的抽象而言，它是单纯的形成过程。"② 也就是说，中介是真理形成过程的一个个中间阶段，但是黑格尔认为，这些中间阶段不是无意义的，"这个中介、自我、一般的形成，由于具有简单性，就恰恰既是正在形成中的直接性又是直接的东西自身。——因此，如果中介或反映不被理解为绝对的积极环节而被排除于绝对真理之外，那就是对理性的一种误解。"③ 在黑格尔那里，中介既是它自身，同时也是真理显现自身的环节，绝对真理只有通过在中介性的环节中充分开展自身，才可能达到对自身的真理性的认识。因此，黑格尔的"中介"概念有两方面的特征，一方面，从它的直接性来看，它自身就是完满的；另一方面，相对于真理的全体而言，它又是阶段性的，是不完满的和片面的。在杜威看来，经验与经验方法的关系有似于真理与中介的关系，经验并不是认识论视域中联系和沟通主客体的中间物，经验是类似于真理的探求活动，在这一活

① ［美］约翰·杜威：《经验与自然》，傅统先译，江苏教育出版社 2005 年版，第 1—2 页。
② ［德］黑格尔：《精神现象学》（上卷），贺麟、王玖兴译，商务印书馆 1996 年版，第 12 页。
③ 同上书，第 12—13 页。

动过程中，经验与经验方法是内在统一的。也就是说，经验既是一个结果，也是一个历程，经验方法是活跃于经验历程中积极环节。由于经验方法内蕴于经验之中，经验与经验方法才获得内在的统一，经验的结果与经验的历程才因此统一起来，经验具有了生长性和开拓性的力量，才能不断探索自然、深入自然。

　　杜威认为，经验与经验方法是内在统一的，但是，从古希腊到近代以来的哲学研究都采用了非经验的方法。所谓非经验的方法，是指不是从直接经验出发，而是从一个反思的结果出发来思考哲学问题。传统哲学的精神与物质、心与物、主体与客体之分都是反思的结果，传统哲学将这样一个反思的结果作为哲学的前提接受下来，将或者是心灵或者是物质作为世界的本原，从而导致二元论哲学永恒的争论。在杜威看来，只要传统哲学将反思之物作为哲学的一种前提性预设，那么二元论哲学的争论将永无休止，因为它的反思式方法只在认识论限阈而无法触及人类的生活实践。杜威具体指出了传统哲学的缺点："首先，没有实证，甚至于连检验与核对也无从着力。第二，尤其不好的是：通常经验的事物没有像它们通过科学原则与推理的媒介而被探讨时那样获得在意义方面的扩大的丰富。第三，由于缺少了这样一种功能，便回过来在哲学题材本身产生了一种反应。这种题材，由于没有被用来观察它在通常经验中所导致的结果，以及它所提供的新的意义从而经受到检验，于是就变成专断的和凌空的——亦即所谓'抽象'了，而这个字是在一种不好的意义中用来指某种完全局限于它自己的领域而不与日常经验的事物相接触的东西而言。"① 传统哲学的独断性也由此而催生出来。因此，要想改造传统哲学，不仅要改造传统哲学的经验观，将经验奠基在生存实践的基础之上，同时也要将经验与经验方法的统一应用于哲学研究中，"现在经验法是能够公正地对待'经验'这个兼收并蓄的统一体的唯一方法，只有它才把这个统一的整体当作是哲学思想的出发点。其他的方法是从反省的结果开始的，而反省却业已把经验对象和能经验的活动与状态分裂为二。"② 这样，不仅能从根本上改造传统哲学的二元论，而且能在广度和深度上扩展经验的内容，使哲学立足于一个更为广阔的视域内。

---

　　① ［美］约翰·杜威：《经验与自然》，傅统先译，江苏教育出版社 2005 年版，第 6—7 页。
　　② 同上书，第 9 页。

三　原始经验与反省经验

在杜威看来，经验方法与非经验方法区分的实质在于原始经验与反省经验的区分，原始经验是指一种粗糙的、宏观的、未加提炼的经验，也就是关乎人们生存实践的直接经验活动的东西，而反省经验是精炼的、微观的、推演出来的经验活动，它是认识活动中的理性活动，包括概念、分析、判断、推理等理智活动。前者就是人们的日常生活，后者则是人们的理性生活。杜威认为，原始经验是直接的、原初的经验，而反省经验是第二级的、次生的经验。但是，原始经验与反省经验的区别不是本质上的区别，"这个区别乃是在作为最少偶然反省的结果而为我们所经验到的东西，和由于继续与受调节的反省探讨而被经验到的东西之间所具有的区别。"① 也就是说，它们之间的区别仅仅在于：原始经验是一种瞬间的反思，而反省经验是一种持续而规范的反思活动。不仅如此，原始经验与反省经验还具有一种连续性，"原始经验的题材产生问题并为构成第二级对象的反省提供第一手材料，这是很明白的。对于后者的测验和证实，要通过还原于粗糙的或宏观的经验中的事物——普通日常生活中的太阳、地球、植物和动物——才能获得，这也是很显然的。"② 这里的原始经验就是普通日常生活，因为在杜威看来，原始经验所经验的不是经验本身，它经验的是自然，而自然就是我们在日常生活中所面对的事物。在原始经验中，自然以其最本然的面貌同经验发生交互作用，而从中获得的反省经验要回到原始经验中获得检验，在这一过程中，经验本身扩大了它的意义，"我们是这样通过这个途径而回复到所经验的事物的，即所经验的东西的意义，它的有意义的内容，又因为通过达到它的这个途径或方法而获得了一种丰富和扩大的力量。直接在当前的接触中，它也许正和过去一样是坚硬的、有颜色的、有气味的等。但是当第二级的对象，即被精炼出来的对象被用来作为接触它们的一种方法或途径时，这些性质就已不再是一些孤立的细节。它们已经获得了包括在许多相关对象的一个完整体系中的意义；它们已变成与自然其他的东西相连续的了，而且已经具有了它们现在

---

① ［美］约翰·杜威：《经验与自然》，傅统先译，江苏教育出版社 2005 年版，第 5 页。
② 同上书，第 6 页。

被视为与之相连续的这些事物所具有的意义。"① 因此，反省经验既是原始经验发展的高级阶段，同时也是原始经验生发意义、整合自身的一个环节，它们是内在统一、彼此连续的。

杜威认为，自然科学研究中的经验方法是从原始经验出发，通过原始经验获得第二级的反省经验，而反省经验的结果要重新回到原始经验中进行验证。哲学研究则是采取非经验的方法，它不是从原始经验出发，而是从反省经验出发，将反省经验的产物作为整个世界的绝对基础，"哲学思考的非经验的方式之所以受到指责，并不是说它依赖于理论活动，而是说它未曾利用精炼的、第二级的产物来作为指出和回溯到原始经验中某些东西的一个途径。"② 因此，在科学研究中，经验都具有实验性质，它是人们探求自然的模式，反思活动得到的结论是可错的，也是可纠正的，任何结论都要不断地受到原始经验的检验。这样，反思活动所得到的结论成为人们控制日常事物，扩大日常事物使用方法的手段和工具，"在自然科学中由反省精炼出来的对象，绝不至于在结尾时使得它们所由推演出来的题材变成一个问题。毋宁说，当它们被用来叙述一个途径，借以指出在原始经验中的某些目标时，它们解决了由原始材料引起、而它本身却又不能解决的许多疑难。它们变成了控制通常事物，扩大对它们的使用和应用的手段。它们也许产生新的问题，但是这些是属于同一种类的问题，将通过进一步利用同样的探究与实验的方法加以处理。一句话，经验的方法所引起的问题提供了进行更多的考察的机会，在新的和更加丰富的经验中开花结果，但是非经验的方法在哲学中所引起的问题却阻碍着探究。"③ 但是，哲学研究却不具有这样的实验性，非经验的方法把经验固着于反省经验，使哲学内在于反思之中而与生活相分离，经验不能探究自然，哲学也不能指导人们的日常生活。在杜威看来，这样的哲学既是理智主义的，也是一种独断论，"哲学的重大缺点就是有一种武断的'理智主义'理智主义（intellectualism），在这句话中丝毫也没有责备智慧和理性的意思。作为一个指责对象的所谓'理智主义'就是指这样一种学说，它认为一切经验过程都是认识的一种方式，而一切题材、一切自然，在原则上，都要被缩

---

① ［美］约翰·杜威：《经验与自然》，傅统先译，江苏教育出版社 2005 年版，第 6 页。
② 同上书，第 6—7 页。
③ 同上书，第 7 页。

减和转化，一直到最后把它界说成为等同于科学本身精炼的对象所呈现出来的特征的东西。'理智主义'的这个假设是和原始所经验到的事实背道而驰的。因为事物就是为我们所对待、使用、作用与运用、享受和保持的对象，它们甚至多于被认知的事物。在它们是被认知的事物之前，它们便已是被享用的事物。"① "理智主义"最终使人们脱离了日常经验，把哲学限定在理论的思索与推演之中。

杜威认为，如果哲学研究能够采用具有实验性质的经验方法，不再以反思活动的产物作为研究对象，而是以原始经验本身作为研究对象，就会改变传统哲学以理性主义为基础的二元论和独断论。经验方法使哲学不再囿于近代的理性主义和认识论，而是以原始经验为基础，即回到前理性和前认识的日常生活中重新思考哲学的存在和意义。当哲学与原始经验、日常生活建立密切联系时，任何哲学的结论都必须回溯到生活经验或具体的情境中获得检验，哲学也成为可错的，成为实验的，它在未来会被不断地检验，但是正是在这种思考与检验中，人们会获得在具体的情境中处理具体问题的方法，并且随着情境的不断增多，人们的经验会愈加丰富，解决问题的方法会愈加多样，人们的生存实践能力会不断增强，人们的生活也会更加充实而有力量，哲学的价值和意义也因此而得到彰显。在杜威看来，这样的哲学不是研究先验理性的哲学，而是研究生活经验的哲学，"哲学研究还可以担负起一个特别的职务，从经验的方面来从事工作，它将不是一种哲学研究，而是一种借助于哲学的对生活经验的研究。但是这种经验已经笼罩和渗透着过去历代和各个时期反省的产物。它充满着由诡辩的思考产生的注释、分类，它们已渗入似乎是新鲜的、朴素的经验材料之中而与之结成一体了。"② 更确切地说，哲学思考本身已不是目的，它是生活经验本身，它面向未来，不断增加新的经验，拓展生活的意义。

杜威将自己的经验哲学称为"经验自然主义"，这一称谓旨在改变传统经验论的主观性和认识论特征。在杜威看来，"经验和历史、生活、文化这些事情有同样的意义。"③ 也就是说，经验的历程也是生活本身的历程。同时，通过对经验概念与经验方法以及原始经验与反省经验的分析，

---

① ［美］约翰·杜威：《经验与自然》，傅统先译，江苏教育出版社 2005 年版，第 16 页。
② 同上书，第 26 页。
③ 同上书，第 28 页。

杜威揭示了经验内部的动态结构，一方面，经验方法和经验的内在统一使经验成为自身的创造性力量，经验成为一种活生生的探究过程；另一方面，原始经验和反省经验的内在统一同样体现了经验的不断生长的过程，经验正是在这些相互关系中展现出自身的活力。总之，杜威的经验自然主义具有生存论的意义，它体现了一种生命的探求活动，并且通过这种探求，使生活成为一种充满意义并在不断创造各种可能性的经验历程。

第三章 杜威的审美经验理论

杜威的审美经验理论是建立在他的经验自然主义基础之上的，他不满意近代美学将日常经验与审美经验割裂开来的做法，且认为审美经验与日常经验具有连续性和统一性。要理解这种连续性和统一性就必须从杜威的"一个经验"概念入手。

第一节 "一个经验"

在杜威看来，经验是一个充满生长力量的动态过程，它的根本特征是当下性，经验的当下性使它内在地包含着做与受、情感和意志、认识与实践等各种复杂的因素。当包含着这些复杂因素的经验在不受到干扰的情况下自然地完成时，就是"一个经验"。也就是说，一个经验是完成了的经验，杜威称之为完满（accomplishment）的经验。

一 "一个经验"的整体性

在杜威看来，一个经验是具有完满性的经验，而完满性首先表现为整体性，这里的整体性不仅意味着它具有从开端到终结的连续性，而且意味着经验内部各部分以及部分与整体的有机统一。

杜威认为，作为生命体与环境相互作用、相互构造的经验是持续不断的流动过程。但是，在日常生活中，由于种种原因，如外力的干扰或自身的懒怠，经验的流动过程经常被中断，经验不能够完成，这种情况在生活中常常发生，导致经验在初期阶段就中断。这样的经验淹没于经验之流中，难以给我们留下深刻印象，"我们的经验在绝大部分情况下都不关注一个事件的前因后果，不存在着对于控制可被组织进发展中经验的关注性拒斥和选择的兴趣。事情发生了，但它们既不是被明确地包括在内，也不是被明确地排斥在外；我们在随波逐流。我们屈服于外在压力，我们逃避、妥协。有开始，有停止，但没有真正的开端和终结。一物取代另一物，却没有吸收它，并将它继续下去。存在着经验，但却松弛散漫，因而不是一个经验。不用说，这样的经验是麻痹性的。"① 但一个经验不同，它是完成了的经验，它伴随着自身的经验过程获得圆满发展，于是，当"我们所经验到的物质走完其历程而达到完满时，就拥有了一个经验。"②一个经验是一个整体，由于整体性使它获得了自身的特征，因而留下难以磨灭的印象。一次圆满的演出，一次尽兴的谈话，一个解决了的问题……之所以在我们的记忆中尤其深刻，就是因为它们是"一个经验"。因此，杜威说："这一个经验是一个整体，其中带着它自身的个性化的性质以及自我满足。这是一个经验。"③ 在杜威看来，不管是吃一顿饭、读一本书、进行一番谈话，还是参加一场比赛，只要它有开端和终结，并且从开端到终结是一个圆满发展，中间没有中断，在结局中经验发展到极致，就是一个经验。这种经验在人们的日常生活中并不经常发生，因而一旦发生，就会留下难以磨灭的印象，使人久久不能忘怀。

　　杜威认为，一个经验是由开端到终结的连续运动过程。这种连续性意味着经验的时间性，经验是在时间之中不间断地行进和流动，从一个经验的开端到终结其间没有缝隙，没有空白，它在自身的流动中构成了独特的韵律性运动。但这并不是说一个经验的各个环节只是机械性的量的连接，事实上，一个经验是一个由旧到新、由简单到丰富、由开端到高潮的流动和递进的历程。因此，经验的整体性首先意味着一个经验有开端和终结，它的开端系于生命体的某种欲求，并在欲求之中产生行为的冲动，它的终结是生命体的欲求和冲动所产生的能量通过行为逐渐释放所达到的自然结局，终结标志着"一个经验"的完成。同时，一个经验的各个环节也是过去、现在、未来的有机构成，经验任何一个环节总是吸取过去的成分，并以某种方式改变未来的成分。一个经验的各个环节充分地结合起来，成为一个完备的内在逻辑结构，共同通向最后的终结。因此，一个经验的整体性也意味着所有环节和过程的有机统一，"当我们拥有一个经验之时，

----

① ［美］约翰·杜威：《艺术即经验》，高建平译，商务印书馆 2010 年版，第 47 页。
② 同上书，第 37 页。
③ 同上。

中间没有空洞，没有机械的结合，没有死点。存在着休止，存在着静止之处，但是这只是在强调和限定运动的性质。它们总结已进行的，防止其消散和无谓的失去。"① 在一个经验中，流动是从一个环节到另一个环节，每一个环节都是由前一个环节导致的，并且又成为后一环节的一部分，但是每一环节又有其自身的独特性，经验各个环节之间的连续性和整体性不以牺牲各部分的自身特征为代价。在一场戏剧中，不同的场和幕融合在一起，成为一个整体、一个过程，但是在这个整体或过程中，各场和各幕本身却并没有消失，它们仍然以自身的特性存在于整体之中。"正如在一次亲切的谈话中，存在着意见不断交换和混合，但是每一个谈话者都不仅保持了他自身的特征，而且使这种特征获得了比通常情况更为清晰的显现。"② 在整体性中凸显独特性使每一个经验都有区分于其他的一个经验的特性，这也使每一个经验获得了自己的名称。人们于交谈中时常提及的"某次课""某次聚会""某次经历"等都是在谈论这种自身构成一个整体又有其独特性的经验，这种经验常常难以永恒，使人经常通过回味它们而获得愉快和满足。

一个经验的整体性不仅指从开端到终结的连续性和有机性，同时也指一个经验内部各个部分以及部分与整体的有机统一。传统哲学经常对各个经验做性质上的严格划分，如道德经验、宗教经验、生活经验等，最彻底的就是在审美经验与普通经验之间所做的划分，似乎审美经验只存在于审美活动中，而普通经验才发生于日常生活。同样，宗教经验只发生在宗教活动中，道德经验只发生于伦理道德之中等。但在杜威看来，那种认为一个经验只具有单一的性质观念只是人为的刻意简单化。各种经验之间不能做严格的区分，因为每一个经验的内部都具有实践、理智、审美等方面的内容，"一个生机勃勃的经验是不可能被划分为实践的、情感的，及理智的，并且为各自确定一个相对于其他的特征。情感的方面将各部分结合成一个单一整体；'理智'只是表示该经验具有意义的事实；而'实践'表示该有机体与围绕着它的事件和物体在相互作用。"③ 因为在杜威那里，经验不是大脑的活动，不是分散和孤立的各种印象，而是人们的生命现

① ［美］约翰·杜威：《艺术即经验》，高建平译，商务印书馆2005年版，第38—39页。
② 同上书，第39页。
③ 同上书，第59页。

象，是人们的生存实践。

经验是一个生命体与他生活在其中的环境相互作用的结果，这种相互作用的关系是通过做与受（doing and undergoing）的连续与有机的协调展现出来的，"两者的相互作用构成所具有的总体经验，而使之完满的结局是一种感受到的和谐的建立"①。经验既是做事，又是遭受，其中既有行为，又充满了各种情感，更要在理智的参与下进行某种协调，以使做与受保持平衡。杜威认为，在一个经验中，做与受必须保持一种协调和和谐，这样经验的完满性才能实现。如果做得太多，就会使做缺乏思维活动的指导，成为一种无意识的、盲目的行为，更会由于行动的忙乱而无法启发思考；如果受得太多，就会使经验成为简单事件的聚集，无法使人留下深刻的印象，更无法由此启迪下一次经验。也就是说，做得过多或受得过多的经验都无法成为一个经验，它们不但使经验自身发生扭曲，变得片面，更使其无法生发意义。因此，一个真正的经验必须是理智、实践、审美等性质的有机结合：实践即经验中的做与受，理智是对其做的有机协调以及由此经验带来的人生智慧，审美（知觉或情感）则是经验的当下性与整体性。杜威举了这样一个例子来说明一个经验各种性质的有机统一：假使一个人不经意地将手触及火，如果这个事件只在这里结束，它既没有给他带来不愉快的情感，也没有使他有火或烫的意识（当然这种情况是正常人不可能发生的），那么这就不是一个经验。要成为一个经验，他就必须使"把手放在火上烧——感觉到烫——立即缩回手"这一连串的动作在他的知觉中留下强烈而清晰的印象，并且当他再遇到类似的情境时，理智会为他处理这种情境提供某种意义或经验。所以，杜威说"行动与其后果必须在知觉中结合起来。这种关系提供意义；而捕捉这种意义是所有智慧的目的"②。

在杜威看来，一个经验的连续性和多样性归根结底在于生活的流动性和丰富性。在日常生活中，由于各种原因使经验发生中断，生活也由此变得碎片化，无法生发意义。但是，人有将经验贯彻到底的本能，有在混乱的生活之流中追求意义、追求生活统一性的需求。一本没有读完的书，一场没看完的电影，一次没有结局的恋爱，会让人有一种无法割舍的惦念；

① ［美］约翰·杜威：《艺术即经验》，高建平译，商务印书馆2005年版，第47页。
② 同上。

一次不了了之的聚会，一场被迫中断的比赛，一次没有下文的争论，会让人产生不尽兴、不满足的感觉。一个经验所具有的整体性满足了人追求意义、追求生活统一性的渴望。不仅如此，在一个经验中，尽管其构成要素多变，其性质复杂，但它们仍然统一于一个经验的整体中，并且在这个整体中，每一部分的独特性依然清晰而明确，整体的特性通过每个部分表现出来，每一部分、每一环节的独特性又体现着整体的有机性。一个经验的这种格式塔特质使其与其他淹没于嘈杂生活中的各种未完成的经验区分开来，成为所有经验的典范。杜威举例说："有人将在一家巴黎餐馆的一餐饭说成是'那是一个经验'。它可以是由于对食品所能达到的水平的长久记忆而显得突出。那么，一个人在横渡大西洋时经历到的暴风雨——体验到暴风雨似乎在发怒，在它本身中由于集中了暴风雨所可能有的样子而完成了它自身，并以它与此前此后的暴风雨不同而突出地显示出来。"① 在杜威看来，一个经验的这种完满的、清晰的、独特的、给人留下深刻印象的性质也就是经验的审美性。

二 "一个经验"的审美性

杜威认为，一个经验中弥漫着审美性。审美性一方面与经验的完满性相关，另一方面也突出了经验的独特性。在传统美学中，审美与日常生活属于两个不同的领域，审美是纯粹的"静观"，审美观照只发生于审美活动中，日常生活或普遍经验中不存在审美性质。但在杜威看来，审美并不是特殊的审美经验具有的性质，而是弥漫在整个经验中的性质，因为它本质上就存在于生命体与环境相互作用、相互构造的关系中。

在一个经验中，做与受处于一种有机的、有组织的关系中，这也意味着生命体与环境的相互作用处于一种有秩序的状态。在杜威看来，生命体在环境中生存，因而对环境有各种欲求，最基本的欲求是生理的需要，如要求获得水和空气，要求吃穿住行等，生命体更高级的欲求包括安全的需要、交往的需要等。生命体的每一个需要，都是生命体与环境发生冲突的表现，而这种冲突的结束，即生命体与环境处于暂时的平衡就是生命体的需要在一定条件下获得了满足，直到生命体产生了新一轮的需要将这种暂时的平衡再一次打破。生命体与环境这种冲突与平衡形成了有秩序的周期

---

① ［美］约翰·杜威：《艺术即经验》，高建平译，商务印书馆2005年版，第38页。

性运动，这是经验之所以具有审美性质的根源。杜威进一步认为，生命体与环境的冲突必须通过生命体自身的行动加以协调，当生命体通过自身的行为与智慧恢复了与环境的平衡统一状态时，它不是回到冲突之前的平衡统一状态，而是一种新的平衡与统一，是生命体在行动中通过努力成功地克服了环境的抵制所造就的一种新的状态，同时，生命体自身也通过同化差异在否定之否定中获得了新的发展。在这一进程中，经验的审美性质呈现出来。因此，杜威说："由于我们生活在其中的实际世界是运动与到达顶点，中断与重新联合的结合，活的生物的经验可以具有审美的性质。"①

杜威通过想象一个向山下滚动的石头来说明一个经验所具有的审美性质：石头的运动从山上的某处开始，它带着需求，带着对最美好终结的渴望持续地往下向着一个地点滚动，它在中途可能会遇到阻碍力量，也可能会获得其他的推动力量，这些情况虽然影响了石头，但石头自身也会根据这些影响来调整自己的行动，在行动过程中它也会相应地有自己的感受和体验，当这石头带着感受和体验完成了这一序列的行动时，可以说这块石头已经拥有了一个经验。在杜威看来，这块石头的经验是带有审美性质的经验，因为，"任何实际的活动，假如它们是完整的，并且是在自身冲动的驱动下得到实现的话，都将具有审美性质。"② 因此，审美性与完满性是统一在一起的，只要经验成为一个经验，它必将具有审美性质；反之，没有审美性质的经验不能构成一个经验，"非审美性存在于两种限制之中。其一极是松散的连续性，并不开始于某一特别的地点，也不结束于——从某种意义上讲是中止于——某一特别的地点。其另一极是抑制、收缩，在那些相互只有机械性联系的部分间活动。"③ 在杜威看来，在所有的人类活动中，只有两种活动不具有审美性质：一种活动是机械性的活动。在机械性的活动中，生命体与其操作对象的关系是一种机械重复的关系，它们的动作高度一致，其中毫无变化，整个活动千篇一律，其中既不需要人类智慧的参与，也无法唤起人的兴趣，人们只是机械地活动，犹如一架机器；另一种活动是漫不经心的活动。在这种活动中，人们虽然有动作、有语言甚至有互动，但是生命体却处于意识涣散和精神飘忽的状态，

---

①　[美] 约翰·杜威：《艺术即经验》，高建平译，商务印书馆 2005 年版，第 16 页。

②　同上书，第 42 页。

③　同上书，第 43 页。

这种活动同样没有智慧的参与，既没有既定的目标，也没有周密的考虑。杜威认为，前者之所以没有审美性质是在于它把智慧与人的行动分离，使人类智慧成为多余的东西，既不需要用智慧解决新的问题，也不能通过智慧生发意义，尽管这种活动也有开端和结局，但开端、过程与结局不是有机的统一体，它无助于经验的增长，也不会丰富人的生活；后者之所以没有审美性质就在于它把智慧与人的情感分离，人们的活动没有智慧的参与，而是听凭情感的驱使或一时的情绪，这种活动对于外来的压力或者是顺从，或者是无视。

在杜威看来，经验的完满性并不是说经验的结局是愉快的，而是说一个经验不仅有其开端和终结，并且在从开端到结局的进程中，经验的材料得到了彻底实现，经验过程的能量自然地获得了转换，"最精深的哲学与科学的探索和最雄心勃勃的工业或政治事业，当它们的不同成分构成一个完整的经验时，就具有了审美的性质。这是因为，这时，它的各种部分就联系在一起，而不只是一个接着一个。各部分通过它们在经验中的联系而推向圆满和结束，而不仅仅最后停止。不仅如此，该圆满并非只有意识中等待整个活动完成时才实现。它是全部活动的期待所在，并不断地赋予经验以特别强烈的滋味。"① 因此，经验的完满性与结局的好与坏并没有关系，某个经验可能无论是对生命体还是对环境都造成了损害，经历过这个经验的人是痛苦的，甚至人们不愿意期待它的完成。但是，这并不妨碍这个经验具有审美的性质。例如，一场海啸、一次地震或一个噩梦，对于经历它们的人来说是痛苦的，甚至是悲惨的，但它们却仍可以成为"一个经验"，是带有审美性质的经验。

一个经验的审美性同时也意味着它具有情感性。经验的完满性不仅包括经验从开端到终结的持续性以及各部分之间的有机性，同时也包括这个经验从开端到终结这一过程中的各种情感和情绪，如生存的苦恼和欢乐、对未来的希望与恐惧以及愤怒、悲伤、好奇等一切情感因素，是只可意会而不可言传的，但它们并不是经验者主观的感觉，而是紧紧系于人类生存经验本身的。经验的情感性说明了经验的当下性与原始性，因为情感性内在于经验的过程之中，所以每一个经验都是独一无二、不可重复的。并且，在杜威看来，情感是经验本身的性质，它弥漫在经验的运动、变化和

---

① ［美］约翰·杜威：《艺术即经验》，高建平译，商务印书馆 2005 年版，第 59 页。

发展过程中，与这个独特的经验融合在一起，并随着经验的重构而发生改变。但是，情感不是抽象的，它不能脱离经验过程而独立存在，"情感的内在性通过人看戏和读小说的经验而显示出来。它参与了情节的发展；而情节需要舞台，需要在空间中发展，需要在时间中展开。经验是情感性的，但是，在经验之中，并不存在一个独立的，称之为情感的东西。"①也就是说，情感渗透于一个经验的各个组成部分之中，并且通过这些部分，使一个经验必然内在地包含情感性。

通过对一个经验的审美性质的理解，杜威恢复了被传统美学割裂的理智、实践和审美之间的内在关系。在杜威看来，传统美学将理智、审美与实践区分为不同的领域只是在近代这个特殊的历史阶段以及知识论的背景下才具有意义，而不是永恒的原则。在日常经验中，人们无法将这三者绝对分开，同样，审美也并不是与理智与实践对立的性质，人们在任何一个经验中都会发现三者统一的情况。因此，杜威说："审美的敌人既不是实践，也不是理智。它们是单调；目的不明而导致的懈怠；屈从于实践和理智行为中的惯例。一方面是严格地禁欲、强迫服从、严守纪律，另一方面是放荡、无条理、漫无目的地放纵自己，都是在方向上正好背离了一个经验的整体。"② 也就是说，在那些没有活跃的理智和实践的单调、机械的活动中，审美的性质也不存在。因为审美的性质就是经验的完满性，只有那些具有积极的、活跃的理智和实践交互作用的活动中才会自然而然地生发出审美性质。

从以上论述中，本书可知：在杜威哲学中，一个经验不仅是从开头到终结的过程性经验，而且也是能够吸取以往经验，并以某种方式改变未来的持续性经验。这样的经验是完满的经验，并由于自身完整的内容和情感的性质而具有独特性。经验的完满性不仅在于一个经验内在的做与受关系呈现出一种秩序和节奏，也在于在一个经验的发展过程中，生命在经历了一系列的阻碍和平衡之后，获得了新的发展。一个经验的结局不是对经验发生前的人与环境和谐关系的简单恢复，而是意味着生命体新的成长和经验本身的不断充实。并且，一个经验是智慧、实践和审美相结合的经验，因为智慧的参与而使经验对未来的经验发生意义，因为实践的活动而使经

---

① ［美］约翰·杜威:《艺术即经验》，高建平译，商务印书馆2005年版，第44页。

② 同上书，第43页。

验成为一个动态的历程，因为审美的性质而使经验成为完满的经验。因此，一个经验的审美性质意味着经验的统一性和完整性，它是行动与感觉的统一，是智慧与情感的统一。

第二节　审美经验

一个经验所具有的审美性质使它与审美经验有了相通之处，然而一个经验并不是审美经验。但是，这并不意味着杜威要在普通经验与审美经验之间划定一个泾渭分明的界限。事实上，杜威认为，审美经验与日常经验有密切关系，因为它们从根底上就是同一基础。

一　审美经验与一个经验的差别

在杜威看来，人类生存的基本事实是：人生活在世界之中。世界永远是变动不居的，因此，人类总是置身于某种危险之中，总要通过某些方法克服危险性；但是，世界又不是完全没有规律的，它具有相对稳定的因素存在，这为人类寻求秩序和确定性提供了契机。同时，人也不是在这个世界中的静态存在，他是"活的生物"，他通过自己的活动在这个变动与稳定相结合的环境中求生存。为了生存，活的生物不但要满足自身的需求，还要努力获得与环境的和谐。生命体要满足自身的需求就要打破与环境原有的和谐，甚至与环境发生冲突，而当生命体通过自身的行动协调了与环境的冲突获得了一种新的和谐时，秩序就产生了。生命体与环境的这种冲突与和谐的运动在人的生存活动中是持续不断、周而复始的周期性运动，这种周期性运动具有节奏的特性。杜威认为，秩序与节奏并不是自然强加于人的，而是在人类经验的过程中与自然相互作用的结果。秩序和节奏是生命体与环境处于相互和谐的关系时能量发展的自然状态，是生命体在与环境协调过程中动态活动的结果，在这一过程中它将多种多样变化统一于经验活动的整体之中。当经验中这种秩序与节奏出现时，作为活的生物的生命体不但会强烈地感觉到，而且会在自身之中产生同样的情绪与其呼应。杜威认为，这种和谐的情感是审美经验的最初萌芽，"只有当一个有机体在与它的环境分享有秩序的关系之时，才能保持一种对生命至关重要的稳定性。并且，只有这种分享出现在一段分裂与冲突之后，它才在自身之中具有类似于审美的巅峰经验的萌芽。"① 因此，审美经验与普通经验一样，它的根源都在于生命体与环境的相互作用和相互构建中。杜威进一步认为，审美经验一定产生于一个既变动、动荡又具有暂时的稳定性的世界，因为只有在这样的世界中，才能出现秩序和节奏，而秩序与节奏是审美性的基础。"在两种可能的世界，审美经验不会在其中出现。在一个仅仅流动的世界中，变化将不会被积累；它不是朝向一个终极的运动。稳定性与休止将不存在。然而，同样真实的是，世界是完成了的，结束了的，没有中途停止与危机的痕迹，不提供任何作出决定的机会。在一切都已经完成之处，没有完满。我们带着愉悦设想涅槃和始终如一的极度狂喜，仅仅是因为它们被投射到我们现存的紧张与矛盾背景之中。"② 因而初步的、未完成的经验不可能构成审美经验，审美经验的基础是一个经验。同一个经验一样，审美经验也是一个具有时间性、整体性、完满性的动态过程，在生命体与环境冲突与统一的周期性运动中，在生命体为实现与环境的新的平衡所进行的行动的操作下，秩序与节奏才能产生，完满才能实现，审美经验就是对这一过程的知觉与情感，它们难以名状，却是当下最真实的反应，并且它们的发生都是独一无二的。

　　但是，虽然一个经验与审美经验都是完满的经验，都是具有整体性与审美性的经验，但一个经验并不是审美经验。杜威举例说：一个专心解答问题的数学家拥有了一个经验，一个专注于家务的主妇同样拥有了一个经验，他们的经验都带有审美性质，但是他们的经验不是审美经验。审美经验是将一个经验的审美性进一步强化与清晰化，在一个经验中居于支配性地位，并表现出一种审美享受的特征时，一个经验才成为审美经验。因此，审美经验与一个经验并不存在质的区分，它们都是完满的经验，只是其审美性与完满性存在着强度和程度上的差别，"审美活动与理智活动之间的区别在于对活的生物与其周围环境间相互作用的持续节奏过程强调之处不同。两者所强调的基本质料是一致的，一般形式也是一致的。那种认为艺术家不思考，而科学研究者则除思考以外什么也不做的奇怪的想法，是将进展节拍与着重点的不同转变为种类的不同。"③ 杜威认为，审美经

---

①　[美] 约翰·杜威：《艺术即经验》，高建平译，商务印书馆 2005 年版，第 14 页。

②　同上书，第 16 页。

③　同上书，第 15 页。

验与其他经验在审美性的强度和程度的差别主要表现为以下两点：

首先，在审美经验中，部分与整体的有机性关系比任何其他经验中的都更加亲密。数学家的经验可能具有审美性质，但他的经验主要是理智经验；同样，劳动者的经验可能具有审美性质，但他的经验主要是实践经验。在他们的经验中，活动的结果可以与活动的过程相分离而在自身之中产生独特的意义，如数学运算的结果完全可以与其运算过程相脱离而用于其他的运算中，劳动产品也可以与劳动过程相分离而取得自身的独立性。但是，一件艺术品的价值不可能与其创作过程完全分离，一件艺术品的独一无二的价值就在于它与创作过程的统一，它使艺术品成为不可复制的。因此，杜威说："在一个理智的经验之中，结论有着自身的价值。它可以作为一个公式或一个'真理'被抽取出来，并由于它作为一个因素所具有的独立的完整性，可以用于其他研究之中。在一件艺术品中，不存在这样单一的、自足的积淀物。结尾与终点的意义不在于它自身，而在于它是各部分的结合。它没有其他的存在。"① 在审美经验中，部分与整体处于一个内在的统一体中，它们不仅仅表现为前后相继的持续性与相辅相成的有机性，并且随着时间进程中经验的重构而使其内部组成发生变化，更重要的是，每一次经验的重构都会使审美经验成为一个新的、独特的经验。"使一个经验成为审美经验的独特之处在于，将抵制与紧张，将本身是倾向于分离的刺激，转化为一个朝向包容一切而又臻于完善的结局的运动。"② 不仅在艺术品的创作过程中体现了部分与整体的有机关系，在艺术欣赏中这种关系同样亲密。审美经验并不是通过审美态度而产生，更不是由于瞬间的灵感而来，它的产生是一个经验的生长过程。传统美学将审美经验定义为由知觉产生的瞬间的美感经验。在日常生活中，人们也经常发现，自然景观或艺术作品似乎是一下子吸引你，使你瞬间进入审美境界。但在杜威看来，每一次的审美经验都内在地包含以往的经验，以往的经验经过长时间的孕育在某个特定的情境中被感兴，从而形成新的审美经验"材料通过与先前经验的结果所形成的生命组织的相互作用被摄取和消化，这构成了工作者的心灵。这种孵化过程继续进行，直到所构想的东西被呈现出来，取得可见的形态，成为共同世界的一部分。只有在先前长

---

① ［美］约翰·杜威：《艺术即经验》，高建平译，商务印书馆2005年版，第59页。
② 同上书，第60页。

时间持续的过程发展到一个突出的阶段，一个横扫一切的运动使人忘记一切，在这个高潮中，审美经验才会凝结到一个短暂的时刻之中。"① 因此，审美经验并不是瞬间的美感，而是一个具有时间性的孕育过程。在自然和艺术欣赏中，审美经验似乎是通过知觉瞬间产生的，但在知觉之前人们已经有了对这个审美对象的经验积累。事实上，人们之所以能够欣赏自然是因为在漫长的历史中已经消除了对自然的恐惧，自然已经不是外在于人的力量，而成为人们自身经验的一部分；而人们之所以能够欣赏某件艺术作品是因为已经了解了与这件艺术作品有关的背景知识，尤其是欣赏现代艺术更需要欣赏者深厚的审美修养，而这种审美修养是在人们成长过程中累积而成的。更重要的是，虽然知觉对象是瞬时的，但知觉之后的思索与理解也是构成审美经验的必不可少的部分，一首诗可能只需几分钟就可读完，一幅画可能一分钟就能欣赏完，但是咀嚼、回味和理解它们却可能要花几小时、几天的时间，甚至在人们生命进程的其他情境中也会呈现意义。总之，在杜威看来，在审美经验中，以往的经验在新的情境中进行了新的整合，在这种整合中经验拓展了自身，并获得了结构更加丰富的新的经验。

　　第二，审美经验与一个经验的另外一个差别是审美经验的审美特征更为清晰。在杜威看来，一个经验与审美经验都是完满性的经验，这种完满性必须在知觉和情感中呈现出来，尤其在审美经验中更加强烈。传统美学认为，审美经验既不同于理论经验，也不同于实践经验，它是一种特殊的经验，是通过直觉直接感受的经验。康德更是为审美活动确立了"审美无利害原则"。他认为，审美经验之所以异于认识的、实践的经验在于审美经验的无功利、无目的、无概念的特征。但在杜威看来，所谓审美经验的无利害性是不可能实现的，因为经验作为生命体与环境相互作用、相互构建的活动，本身就是由欲望和需求产生的，而审美经验与一般经验只有量的差别而没有质的差别，因此，不可能将需要、欲望、情感等活动排除在审美经验之外。审美经验之所以与理智的、实践的或其他的经验不同，并不在于它是无功利、无目的、无概念的经验，而在于在审美经验中，欲望、需求与知觉、情感、想象等审美要素完全结合在一起，成为整体性的经验。杜威坚持认为，审美经验首先是一种知觉经验，审美对象必须在知

① ［美］约翰·杜威：《艺术即经验》，高建平译，商务印书馆2005年版，第60页。

觉中被强烈地感受到，并且最终在知觉中与审美主体融为一体，这才是审美经验的最高潮。"审美经验的仅有而特征正在于，没有自我与对象的区分存乎其间，说它是审美的，正是就有机体与环境相互合作以构成一种经验的程度而言的，在其中，两者各自消失，完全结合在一起。"① 同样，情感和想象弥漫于整个经验中，正是情感和想象引导着经验的发展，并且，想象指向经验的未来，它使经验的价值和意义呈现出来。确实，当审美经验发生的时候，人们的心灵与肉体是交融在一起的，在恐惧时人们的喉咙发紧，在激动时人们的面孔发红，在忧伤时人们的身体无力，人们的心理状态与身体反应是紧密联系在一起的。同样，审美对象的变化也会相应地引起我们心灵的回应，人们常常说"一曲欢快的乐曲""一首悲凉的诗""一次愉快的旅行"等，事实上，音乐只是音符的罗列与变化，并无欢快与悲哀之分，而诗也只是一些词句的堆砌，根本无所谓悲凉不悲凉。它们都是在人的经验中产生的效果，但是，当人们这样说时，人们的心灵与外物交融在一起，因而才会把对事物的感觉当成它们的属性，如果心灵与外物在审美经验中不是一个整体的话，人们就不会把这些只有人才有的情感应用到外物。而当人们进入到审美经验的巅峰状态时，经验的各部分相互渗透，人们根本不会感觉到主体与客体、自我与对象的差别，似乎进入了主客融合、物我神游的境界。因此，杜威强调说，审美经验的突出特征是自我与对象、心灵与肉体、知觉与欲望之间没有区分，它们呈现了最为亲密的关系，这种亲密关系是由于审美性质本身就是生命体和环境之间的相互协调、相互作用的结果，而生命体与环境的关系是一种原初的统一关系。在杜威看来，传统美学割裂了审美经验与日常经验的连续性，割裂了心灵与肉体的整一性，割裂了审美与功利性的内在关系的做法是传统哲学的二元论在美学领域的表现。杜威抛弃了传统美学将审美观照作为审美经验来源的做法，而是将审美与人类生存、人类活动紧密联系起来。审美经验不是来源于主体的静观或者什么审美态度，审美经验也并非至高无上、遥不可及，它是日常经验的完满化和清晰化，日常生活中的任何经验在它获得了清晰而强烈的发展时都会成为审美经验，"一幅画令人满意，是因为景色比日常围绕着我们的绝大多数事物更具有更完满的光与色，从

---

① ［美］约翰·杜威：《艺术即经验》，高建平译，商务印书馆 2005 年版，第 277 页。

而满足了我们的需要。"① 也就是说，一幅画之所以是美的，并不是因为观赏这幅画时人们无功利、无目的的心态，而是因为画中的景色比人们日常生活中的景物具有更完满的光与色，从而更好地满足了人们的需要。因此，杜威说："审美既非通过无益的奢华，也非通过超验的想象而从外部侵入到经验之中，而是属于每一个正常的完整经验特征的清晰而强烈的发展。"② 正因为日常生活的完满状态很少出现，审美经验一旦出现，就显得尤为突出，从而导致了传统美学将日常经验与审美经验分离开来。但是，事实上，审美经验并不是远离日常经验的高不可攀的东西，它的根源就潜藏于日常生活之中。可以说，生活中充斥着具有审美性的经验，生活中的任何经验都有发展成审美经验的潜能。

由经验到审美经验，杜威建立了审美经验与日常经验的连续性，审美经验并不像近代哲学所理解的那样是独立于普通经验的特殊经验，它是日常经验的强烈而清晰的发展。并且，在生活中，审美与理智、实践等并没有严格的区分，它们都是统一生活经验的一部分。这样的审美经验是生存论意义上的经验，而不是审美意识的经验。进一步来说，任何完满的经验都具有审美性质，任何经验也都有成为审美经验的潜力。杜威的艺术理论正是建立在对审美经验的这种理解之上的。

二 审美经验中的审美性质

在杜威看来，审美经验与一个经验的重要差别在于审美经验中的审美性质更加强烈、更加清晰。经验的审美性质主要包括知觉、情感与想象。

(一) 知觉的呈现

杜威认为，从心理意义上来说，审美经验必须首先是一种知觉经验。当任何经验都能被提高到知觉的水平上，从而表现出一种审美特征的享受时，一个经验就成为审美经验。知觉是指可以凭借意义来把握的感觉内容。感觉必须参与其内，但是传统心理学把感觉放在第一位，认为知觉是感觉的综合。在杜威看来，这种对知觉的理解是错误的，"我们在意识中经验到颜色，是因为看的冲动在起作用；我们听到声音是因为我们对倾听

---

① [美] 约翰·杜威：《艺术即经验》，高建平译，商务印书馆 2005 年版，第 284 页。
② 同上书，第 49 页。

感到满意。"① 对于知觉来说，冲动是第一位的，因为冲动意味着生命活动的开始。当冲动成为一个整体活动的一部分时，冲动就成为完满经验的开端。冲动源于生命体的需要，它驱使生命体行动起来并与环境发生作用，而对冲动的满足则依赖于生命体与环境建立起的相对平衡的关系。因此，生命体的活动是由冲动产生的，当这种活动受到环境的阻碍时，就会产生欲望，而知觉是伴随着欲望而出现的，"由于生命就是活动，每当活动受阻时，就会出现欲望。"② 从心理上来说，知觉产生于只有本能的需要起作用的层次上。"本能由于其过于直接而不能关注周围的关系。然而，在随后转换为有意识的对亲和物质的要求之时，本能的需要与反应服务于双重的目的。许多我们没有清楚意识到的冲动为意识的焦点提供了中心与范围。更为重要的是，原始需要是与对象依附关系的根源。当对于对象及其性质的关心导致有机体产生依赖于意识的要求时，知觉就诞生了。"③ 举个例子来说：一个在即将喷发的火山口的人唯一的欲望就是逃离这里，但一旦到达安全的避难所，感觉不到危险的地方，他就开始欣赏火山爆发的壮观景象。用心理学的术语来说，他开始进行审美的知觉。因此，杜威认为，审美经验并不是没有欲望和思想，而是它们完美地结合到视觉经验之中，"审美知觉者在落日、教堂，或者一束花面前时心中不存在有欲望，意思是，他的欲望在知觉本身中完成。他不想在为着某种其他目的的对象。"④ 欲望与知觉经验是完全结合成为一个整体的经验。

对杜威来说，知觉首先是行动，并且它也是有组织的活动整体。知觉作为一种行动，是对关系的认出（recognition），但与认出不同，知觉是一个历时性的过程。单一的认出，仅仅是知觉的开始，它只是看到各要素，而没有认识到它们是怎样联系在一起的。人们走在路上，常常凭一个熟悉的背影就判断出他是自己认识的一个人，不需要长时间整体注视。认出只是为一个对象贴上正确的标签，缺乏生动性和丰富性。而知觉是对一个经验的各个部分如何构成一个统一的整体的方式的认识，弄清这个关系就有制造意义。因此，知觉的过程同时也是产生意义的过程，在这个过程中，以往的关于对象的意见和信仰可能会得到修正或改变。在艺术经验中，这

① ［美］约翰·杜威：《艺术即经验》，高建平译，商务印书馆 2005 年版，第 284 页。
② 同上书，第 284 页。
③ 同上书，第 284—285 页。
④ 同上书，第 282—283 页。

种知觉尤其显著。人们观赏艺术作品不是为了认出，人们创造艺术作品也不是为了再现，而是获得更为丰富的经验，从而产生出新的意义。杜威认为，知觉大于认出，"单纯的认出只是在人们的注意力集中在所认知的物或人以外时才会出现。它标志着或者是被打断，或者是企图用所认知之物作为其目的的手段。"① 认出发生在人们的注意力集中于对象本身以外的东西的情况下。人们认出一个人，是为了看清他是不是一个熟人，决定需不需要上前打招呼。在这种情况下，人们是局限于一种为了外在的考虑而进行的认识，人们的注意力不是集中于对象本身，认出服务于超出对象以外的目的，人们认出它们，使用它们，却并未真正地感知它们。而知觉是为自身目的而出现的，它关注对象事件本身，集中于它们的内在价值。只有当人们全神贯注于事件或思想时，心理状态的各个要素才共同起作用，也只有在此时，才能完全地感知到对象的意义。

在审美知觉中，存在着两种平行而相互协作的反应方式，即过去的经验与当前的情况的协调。知觉是对意义的协调，对意义的感知需要将过去经验的背景，将过去与现在联系在一起，它使知觉变得更为敏锐、更为强烈。如果没有将过去的经验带入现在，扩展并深化现在的内容，那么认出的这个时刻就成为是经验中的一个死点，它不会推进另一个经验的产生，没有前后相继性。"为了审美地去知觉，一个人必须再造他过去的经验，以便能够整体性地进入一个新的模式之中。他不能去除过去的经验，也不能像过去那样徘徊于其中。"② 一种美好的感受可能会令人想起自己的童年，但这不是知觉，因为回忆使人们的经验止于过去，踟蹰不前。知觉经验的特征在于：以往的经验塑造了人们的欲望和情感的倾向，同时形成了对对象即将引起的经验的预期。例如，当面对碧蓝的海水时，从未见过海的人会感到惊喜、震撼、兴奋，被大自然的力量慑服。而常年生活在海边的渔民则未必会有这种感觉，海对于他来说可能有更复杂的意味，它是他的生活之源，却又是他的生存大敌，他也许有过在海上死里逃生的经历，也曾有过接受大海馈赠的喜悦。海是他每天都要面对的生存空间，他见过海的不同形态：平静的、狂怒的、温柔的、暴躁的、涨潮的、退潮的，他听过海在每天的不同时间和不同季节发出的不同声音。因此，当过去的这

① ［美］约翰·杜威：《艺术即经验》，高建平译，商务印书馆 2005 年版，第 24 页。
② 同上书，第 153 页。

些经验潜在地进入他此刻对海的感知时，必定会产生不同于那个第一次见到海的人所具有的知觉。人们有时会发现艺术作品具有一种灵韵，它似乎是神秘的、绝妙的。但是，对杜威来说，它不过是由于过去经验的积累而在一瞬间获得的一种释放。过去经验有时是隐秘的，无法察觉的，它凝结在人的心理之中，在审美知觉的过程中以"灵感"或"直觉"的方式进行了表达。无论是"灵感"还是"直觉"都是新经验与旧经验的交汇，是前景与背景的联合，它只有在经验过程中，或许还要经过长期而痛苦的努力才能获得。因此，对于那些真正欣赏绘画和音乐的人来说，必须事先有关于艺术的经验储备，它构成了面对艺术作品获得新经验的不可缺少的一部分。

　　审美是一个历时性的知觉过程。"没有艺术作品可以在瞬间被知觉，因为那样的话，就不存在保存与增加紧张的机会，并因此没释放与展开赋予艺术作品以内容的东西的机会。"① 过去的知觉在这个持续性的过程中被压缩，从而促使朝向将来的冲动愈加强烈。杜威反对瞬间的知觉，他认为这种缺少过程的知觉排除了抵制以增加紧张、积累以保存能量的机会，因此使艺术作品失去了深度和审美的内容，因此，知觉是一个历时性的过程，是一个能量的组织过程，这一过程使过去被带入现在，从而扩展和深化现在的内容。人们的生活中有很多纯粹为了娱乐而生产的人工制品，肥皂剧、滑稽表演、流行音乐，过于轻松的产品很快被人们接受，但这种接受迅速地变成无阻力的吸收和消耗，将生命过程简化为仅仅是机械性的接受和忘记，没有经验的积累与释放，因而也就失去了经验的节奏与张力，因此，它们只能带来暂时的快乐，只会流行一时，或者说，它们不是艺术作品。要具有艺术性，一部作品必须能引起敏感而连续的知觉，知觉方面的努力决定了人们对作品进行欣赏的程度，而这种"以单个的、分立的形式实现的连续性是这种生命的本质。"②

　　审美知觉的时间性并不仅仅表示知觉过程在时间中展开，它还意味着人们对事物持续的感知。也就是说，当直接的知觉活动停止时，艺术对象并未停止对人们起作用，人们在生命中的不同时刻反复地对一个对象进行知觉，因为对于他们来说，这个对象具有持久的意义和价值。这种反复性

---

　　① ［美］约翰·杜威：《艺术即经验》，高建平译，商务印书馆 2005 年版，第 201 页。
　　② 同上书，第 25 页。

是必须建立在兴趣的基础上，兴趣是选择和组合材料的动力，它是艺术欣赏与创造的推动力和集中的能量，对于经验的积累与深化具有重要作用。因此，杜威说："知觉者与创造者一样，需要一种丰富而发展了的背景，它除了兴趣的持续滋养以外，不管是在诗歌领域里的绘画，还是音乐中，都不能实现。"①

（二）情感的表现

杜威认为，在知觉行动中本身就包含了情感的因素，不仅如此，情感还参与到了被知觉的题材之中。"从心理学上讲，如果没有一种情感或感情最终构成了经验的统一的话，那么，深层的需要就不会被激活，并在知觉中得到实现。"② 当一种情感被激起但又没有弥漫在被知觉或被思考的物质之中时，它或者是初步的，或者是病态的。因为在所有审美知觉中，都具有一种情感的因素，"使一个经验变得完满和整一的审美性质是情感性的。"③

人们习惯于认为人先有一种情感，如愤怒、失望、兴奋、喜悦，而这些情感的外在显现就是表现。但是，在杜威看来，情感不是被表现出来的东西，情感是伴随着经验过程而产生的。"经验是情感性的，但是，在经验之中，并不存在一个独立的，称之为情感的东西。"④ 也就是说，情感不是独立的、抽象的，而是发生于具体情境中的，是在具体材料的"挤压"（ex‑press）之下发生的。人们不会毫无根据地感到愤怒、喜悦或悲伤，而是在与某人或某事发生相互关系的过程中产生这些情感的。对于杜威来说，情感并不是存在于人内心的，它总是发生于特定情境中，或者总是"关于"或"朝向"环境中的某个具体事物的。即使在做白日梦或幻想时，情感也不是没有指向、毫无目的的，它总是有一个幻觉中的对象。因此，杜威说，正如榨汁机压榨葡萄挤压出来的是葡萄汁，而不是葡萄一样，外在材料对情感进行挤压，同时，情感在这个过程中与以往的经验相结合，不断蒸馏、升华，最后所表现出来的不再是原初的情感。也就是说，情感不是一下子表现出来的，而是与经验过程联系在一起的，情感是随着时间的进程逐渐表现的。

---

① ［美］约翰·杜威：《艺术即经验》，高建平译，商务印书馆 2005 年版，第 297 页。
② 同上书，第 286 页。
③ 同上书，第 44 页。
④ 同上。

在艺术创作过程中，艺术家的情感也是随着处理材料的过程渐渐展开的，并且，情感也反过来影响着他对材料的选择和组织。也就是说，情感像过滤器一样，选择适合的材料，略去无关的材料，并将选定的材料组织在一起。可以说，情感是将经验的各要素统一起来的黏合剂。人们在看一部电影或读一首诗时，常常会有一种间断或不连贯的感觉，各部分之间是断裂的，没有很好地结合在一起成为一个整体。这是由于作者没有真诚地用自己的情感来引导经验，处理材料，或者在引导和处理的过程中受到干扰，因而情感也是断断续续。只有用真挚而连续的情感来选择和组织材料，艺术作品才具有统一性和连贯性。事实上，艺术家并不总是从一开始就清楚地意识到他的作品会以怎样的形式完成，或者他创作的确切结果是什么。或者说，作品的情节发展和结局不是完全由作者决定的，而是由情感所引导的题材决定的。在这个意义上说，艺术家并不能完全成为作品的主宰者。如果作者逆着作品的情感走向，人为地操纵读者和观众的情感，所产生的结果将不是成功，而是虚伪，是观众的恼怒。人们常常对一部电影或小说产生厌恶情绪，因为作者把他所信奉的某些原则强行地推销给观众，而这种效果不是作品本身的自然结果，它仅仅是作者的个人嗜好。情感与材料如果没有很好地结合在一起，或者没有在情感的引导下选择材料，作品就不是真诚的、自然而然的。情感必须与题材融合在一起，才能产生好的、打动人的作品。因此，艺术家必须尊重作品本身、尊重观众，他不应该强行在作品中灌注某种人为地想向观众传达的东西，艺术不能成为艺术家的自我表现。

在杜威看来，在审美经验中，情感的表现必须有理智的参与。一个人由于悲痛而痛哭流涕并不是表现，因为，哭泣的人仅仅在本能地发泄心中的哀伤，丝毫不涉及表现。同样，新生婴儿的手舞足蹈在他的父母看来是高兴的表现，而事实上婴儿对于自己的行为毫无意识，他不过是仅仅受本能和习惯性的冲动支配而活动。表现的首要前提是对材料和客观情况的控制，它必须是有目的的活动，表现者必须意识到自己行动的意义，即他所采取的行为与后果的关系，并依照后果来处理行动。表现，既表示一个行动，也表示这个行动的结果。如果表现动作与作为这个动作的结果的对象的表现性分离，那就纯粹只能算是个人情感的发泄。举个例子来说，没有人会把精神病患者的狂怒和暴躁看成是表现，即使他的表演看起来十分精彩和富有戏剧性，因为这位病人处于不理智的或无意识的状态，他对自己的行动及其后果一无所知。因此，表现是一个理智和情感相结合的过程，它是在情感引导下的理智探究。

表现的根源存在于有机体与环境相互作用、相互维系的活动之中。"每一个经验，不管其重要性如何，都随着一个冲动，而不是作为一个冲动开始。"① 而冲动之所以产生，是由于有机体的需要，并且这种需要必须通过建立与环境的确定关系才能获得满足。而这种关系的确立需要有机体采取向外或向前的行动，这种行动就是冲动。如果伴随着冲动而出现的情感被直接消耗或释放，就只能是发泄。表现不同于发泄，"发泄是消除、排解；表现则是留住，向前发展，努力达到完满。"② 在发泄时，情感就像水坝里蓄积的水，当闸门打开时，就毫无阻碍地奔涌而出。情感时常是强烈的，但是当人被一种情感压倒时，就不能表现它。因此，必须对情感进行控制，必须引导它、制约它、利用它，以达到一种平衡。在杜威看来，情感的释放是表现的必要条件，但不是一个充分条件。在成为表现之前，冲动必须得到清理和控制。或者说，直接迸发的情感只有在受到阻滞的情况下，才会具有表现的价值。"不仅需要内在的情感和冲动，而且需要周围的、作为阻力的物体，才构成情感的表现。"③ 因为抵抗使能量得到累积，并在一定时候释放这些能量，以达到一种平衡。这种不断的周期性的保存与释放形成了节奏。可以说，对直接倾倒的情感的扼制构成了对节奏的促进，从而使作品更有层次感，更富表现力。"只要不利条件与所阻碍物有着一种内在的关系，而不是任意而外在的，一种促进与阻碍的条件的平衡，是事物的最为理想的状态。然而，所唤起的不仅仅是量的，或仅仅是更大的能量而已，而且是质的，一种通过从过去经验的背景中吸收意义的、能量向有思想性的行动的转化。新与旧的交汇不仅仅是一个力的结合，而是一个再创造，在其中，当下的冲动获得形式和可靠性，而旧的、'储存的'材料真正复活，通过不得不面对的新情况而获得新的生命和灵魂。"④ 因此，冲动必须经过先在经验所赋予的价值的清理，才能成为表现性行动。过去的经验作为意义的储备，对于组织当前的材料来说，是一种能量的积累。在表现过程中，它以新的形式得到了再创造。"艺术

① ［美］约翰·杜威：《艺术即经验》，高建平译，商务印书馆2011年版，第67页。
② 同上书，第71页。
③ 同上书，第74页。
④ 同上书，第69—70页。

对象的表现性是由于它呈现出一种感受与行动材料的彻底而完全的相互渗透，而这里的行动包括对我们的过去经验材料的重新组织。"① 艺术需要借助以前的经验储备对粗糙的原始经验材料进行加工，即使在灵感发生的情况下也是如此。以往的艺术理论总是认为灵感是缪斯或神的恩赐，它在得到实行之前就已存在，然后才有所附加于其上的表现。但是如果仔细考察艺术家创作的实际情况，会发现事实并非如此。艺术家的灵感是不能独立存在的，他必须在一种经验的背景中完成这项工作，这背景不仅包括他过去的经验（其中包括他关于艺术传统的知识），而且包括他所掌握的技巧。表现借助客观的知觉与想象材料将一个灵感引向完成，也就是说，灵感并不是瞬间闯入艺术家脑海并毫不费力地被赋予物质形态的东西，它是在表现过程中，艺术家借助以前的经验储备，通过知觉和材料展开的。

情感的作用在于指引表现的过程，并将这种过程与其结果结合在一起。但是，情感不是这种表现的产物，表现的产物是有意义的内容，是使他人产生新的知觉，使经验得到清晰化、强化和生动化。一幅关于乡村或街道的绘画使人们对它所表现的对象的独特现实的经验比对实际存在的乡村或街道的经验更为强烈，这正是艺术作品的价值所在。这使人们触及到艺术作品中表现与再现的关系问题。严格意义上的再现，即不失毫厘的复制，对于艺术来说毫无意义。杜威认为："再现理论的致命缺陷在于它只是将艺术品的质料等同于客观对象。它忽视了客观材料只有在它被转化，进入到具有其所有性格特征、特殊的视觉方式与独特的经验的个人的做与受关系时才形成艺术质料的事实。"② 但是，如果画家在再现事物的过程中融入了个人经验，并将这个全新的经验呈现给那些欣赏它的人，那么再现就是一个非常有价值的艺术手法。艺术家不是一面镜子，分毫不差地再现对象。事实上，他受到内心情感的驱动，根据心灵的节奏对所见之物进行加工，并在加工的过程中更清楚地理解了事物，也就是说，再现必定在某种程度上具有表现性。表现带有创造者个人的印记，艺术家以自己的方式在表现过程中以个性化的方式为对象增加了一些新的东西。例如：波提切利、拉斐尔、达·芬奇笔下的圣母各不相同，它们都是其创造者的个体存在与特定兴趣的表现。并且，艺术家的心灵并非空白无物，他带着生活

① ［美］约翰·杜威：《艺术即经验》，高建平译，商务印书馆2011年版，第118页。
② 同上书，第333页。

所赋予他的背景、印迹和先入之见来接近对象，并在此基础上构造出一种和谐，这种和谐正是他的观察对象与他的先前经验相互作用的结果。这体现了艺术家以往经验的重要性。如果艺术家事先没有价值背景，没有经验积淀，在面对任何对象时，他就不会发现令他激动的东西。"由于先前的经验，这种动力协调立刻将人对当时情况的知觉变得更为敏锐、更为强烈，并将赋予它尝试的意义结合进去，同时，它们也使所见之物落入一种合适的节奏之中。"① 以往的文化和价值取向决定艺术家观看对象的方式，并为当前的观察提供营养，它们是创造的前提，而作品的表现性取决于当下存在的特征与过去经验结合的价值之间的联系的紧密程度。

（三）想象的创造

杜威认为，审美经验是想象性的，这是因为"尽管每一个经验之根都可在一活的生物与其环境的相互作用之中找到，经验成为有意识的，成为与知觉有关，却有待于那源于先前经验的意义进入到经验之中。想象是仅有的大门，通过它这些意义能够进入到当下的相互作用之中；或者，正像我们所见到的那样，新与旧在意识中的调适就是想象。"② 想象在艺术创造中是不可或缺的，它是一种弥漫在制作与观察的全部过程之中，使艺术创造充满生机的性质。艺术作品通过想象性的综合而成为一个整体。因此，想象也是在对过去经验的基础上形成的，并且，它同样将过去、现在与将来连成一体。不同的是，知觉立足于现在，而想象则指向未来，"一种想象的经验是在各种各样的感性材料、情感与意义集合到一起，成为一个标志了世界新生的联合时发生的。"③ 也就是说，在一种充满情感的经验中，想象有助于新的意义和价值的体现。所以说，在杜威看来，想象是创造世界的新鲜视角的能力。

许多美学理论把想象描述成一种特殊的心理官能，一种类似于空想或幻想凭空进行的活动。它是自律的、自由的、创造性的官能，不需要借助任何外部材料。而杜威则不然，他没有把想象看作心灵或心智的一部分，而是将想象置于由经验所引导的文化语境中，以不同的方式来理解它。他首先强调想象对过去的记忆和经验的依赖，他认为，想象不仅

①　［美］约翰·杜威：《艺术即经验》，高建平译，商务印书馆2005年版，第106页。
②　同上书，第302页。
③　同上书，第298页。

是审美经验的特征，而且是所有有意识的经验所具有的特征。因为经验之所以成为有意识的，是由于过去积累的意义进入当下经验之中，而想象正是这个过程的通道，是新与旧在意识中协调、融合的结果。换句话说，想象是旧的事物在新的经验中得到更新的结果，经验就像是过去遗留下来的花园，如果想要它继续繁盛，就必须不断地对它精心料理，从而使其适应季节变化的需要，开出丰富多彩的花朵。在杜威看来，艺术家的素质主要表现为对形形色色的自然与人的世界中某些方面特别敏感，并具有通过以所喜爱的媒介表现的冲动来再造它。在这一过程中，尽管直接的接触与观察是不可缺少的，但仅仅有这一点还不够。如果不具有艺术家在其中活动的关于艺术传统的广泛而多样的经验的知识，其艺术作品就相对单薄，并看上去奇怪。其次，杜威认为，虽然每个人都有属于自己的特殊记忆和经验，但这并不能排除他们拥有共通的集体经验。从更广泛的范围来看，对于在同一种文化内部生活的人来说，存在集体想象。也就是说，在整体经验内部，想象具在趋同性，这构成了传统文化的一部分，也是艺术家创作时所参照的心理基础。在艺术创造中，传统进入艺术家的心灵，融入他知觉和制作方式的结构，成为一种类似于"积淀"的东西。但是，这种融入是潜在的，不为艺术家所察觉的。如果传统以一种专横的姿态强行进入到艺术创造中，并且在其艺术风格或技术规则方面起到指导作用，那么，传统就会成为僵化的惯例，迟早都会成为一种束缚。同样，在艺术欣赏中，想象也不可能脱离过去的经验，一段歌颂胜利的乐曲在某些人听来是激昂的、欢快的，而另一些人在倾听这段音乐时则可能由于过去的经验所造成的私人原因而产生沮丧羞愧的情绪；管风琴对于西方的听众来说，会立刻唤起他们的宗教经验，这是因为在他们的文化中，这种乐器总是与教堂有关，而对于没有这种宗教经验的中国人或日本人来说，这种想象是不存在的。因此，想象的综合是对现在和过去的一种有机调节，如果现在仅仅是过去的重现，所导致的经验就是机械的；如果没有过去的经验，那当下的情境所刺激产生的就是虚无缥缈的幻想。

由此，杜威分析了想象与幻想的区别。幻想如同空想一样，它充当逐渐从世界中隐退的、任意的、变幻莫测的角色，它从创造新的意义中退缩，留下的只是相当少或没有持久价值的短暂的刺激。"在这种情况下，心灵与材料并不直接相会和相互渗透。心灵的绝大部分都保持超然的状态，它玩弄材料，而不是大胆地把握它。"① 也就是说，幻想缺乏有目的的控制，是内在心灵与外在材料的相互分离，这种情况下产生的艺术作品是不真诚的，或者说是虚构的作品。而在艺术工作中，"实际上并不存在两套操作，一套作用于外在的材料，另一套作用于内在的与精神的材料。"② 想象则不然，严格意义上的想象必须有附着之点，也就是说，它必须借助于外部材料，并且，心灵组织这些材料使之成为有秩序与意义的整体，这样，具有潜在想象性的材料才能成为艺术品的质料。

　　还有一种观点认为想象就是艺术中故弄玄虚或虚构。杜威认为，如果心灵与材料之间并没有形成完全的渗透，缺乏对材料的尊重，想象很容易成为虚构。想象需要对材料进行组织和处理，在此过程中，人们并不是机械地收集信息，而是在兴趣的引导下选择材料，这样，信息或材料就获得了意义。如果没有想象的干预，不用说艺术的对象，就连实用的对象也无法生产出来。因此，想象不是自动的功能，而是能动的力量。杜威说："在每一件艺术作品中，这些意义实际上体现在某种材料之中，该材料因此成为意义表现的媒介。这一事实构成了所有无疑是审美的经验的独特性。它的想象性占据着主导地位，因为比它们所依附的此时此地的特殊事物更广与更深的意义与价值是通过表现来实现的，尽管不是通过一个与其他对象相比在物质上更有效的对象。"③ 在艺术经验中，创造通过想象实现，想象通过对材料的控制，将艺术品的各组成要素统一起来，形成一个整体。同时，想象捕捉对过去经验的模糊感觉和情感的敏感性，将它们与外在材料和意义有机地结合起来，形成一种真正创造性的力量。在这种意义上，艺术实际上是一个持续性的更新过程，它将由于陈规和惰性而造成的陈腐变成某种新的、生机勃勃的形式，从而使经验重新具有了活力，而实现这种更新的重要手段就是想象。艺术家总是在进行实践，每生产一件艺术品，他都必须用材料来表达自己的个人经验。没有想象，艺术家只能机械地、无创意地重复着。同时，艺术作品不仅是想象的物质性结果，它还产生了一种想象性的经验，这种想象性的经验使审美经验是一种处于完整状态的经验。杜威

---

① ［美］约翰·杜威：《艺术即经验》，高建平译，商务印书馆2005年版，第298页。
② 同上书，第80页。
③ 同上书，第302页。

说："艺术作品与机器不同，不仅是想象的结果，而且在想象性的而非物质存在的领域中起着作用。它所做的是集中与扩大一种直接的经验。换句话说，所形成的审美经验的质料直接地表现那想象性地唤起的意义；它不是像材料在一种机器中被引入到一种新关系之中，仅仅提供手段，通过它，对象存在之上与之外的意图可以得到处理。想象性地被召唤、集合与综合的意义体现在此时此地与自我相互作用的物质性存在之中。因此，艺术作品在那经验到它的人那里是对一个同样通过想象而进行的召唤与组织动作的表现的挑战，而不只是对外在活动过程的刺激和产生它的手段。"① 这里，杜威已经涉及了后来的接受美学的内容。在接受美学看来，艺术作品不是绝对封闭的，而是向着无数欣赏者自由开放的。其艺术结构中存留着大量的未定点和艺术空白，等待欣赏者加以填补充实，欣赏者要通过艺术作品中的有限部分，借助想象去补充那些空白和未曾展现的部分，由此实现艺术作品的再创造。杜威通过想象性经验表达了艺术作品的这一特性，比接受美学早了将近半个世纪。

在杜威看来，想象是审美经验的重要组成部分，同时也是经验的重要组成部分。它与周围事物形成亲密关系，而不是孤立存在。它把日常生活中分散的经验结合成一个新的、统一的经验。想象具有一种向未来扩张的倾向，因此，想象中蕴含着无数的冒险。"当老的与熟悉的事物在经验中翻新时，就有了想象。当新的被创造之时，遥远而奇特的东西成了世界中最自然而又不可避免的东西。在心灵与宇宙相会之时，总是存在着某种程度上的探险，而这种探险就在此程度上成为想象。"② 而探险也意味着艺术的活力和生命活动扩展的机会，这也是想象赋予艺术与生活的意义。

通过对审美经验中知觉、情感、想象等审美性质的分析，杜威开启了不同于传统美学的理解审美经验的新的视角。审美经验不是瞬时的经验，而是一个具有时间性的发展过程。在这一过程中，生命体在经历了一系列的阻碍和平衡之后，获得了新的发展。审美经验是行动与知觉的统一，是智慧与情感的统一，是想象与创造的统一。并且，审美经验并不是独立于

---

① ［美］约翰·杜威：《艺术即经验》，高建平译，商务印书馆 2005 年版，第 303—304 页。

② 同上书，第 297 页。

人们生存经验之外的特殊的经验，它就是生存经验本身，它是一个经验完满性的进一步强化。当一个经验中部分与整体不可分割，每一次整体经验的完成都由于它的组成部分发生变化而成为新的经验时，审美经验就会自然而然地产生。

下　艺术理论篇

第四章　艺术与经验

艺术理论是杜威美学思想的核心内容，他的《艺术即经验》作为其唯一一部系统的美学和艺术哲学著作，系统地阐述了他的美学思想。在杜威看来，现代以来，人们对艺术的理解仅限于绘画、音乐、雕塑、诗歌、舞蹈等五种"美的艺术"，但实际上，这些并不是仅有的艺术门类，这种分类只是现代社会对于艺术的理解。在前现代社会，特别是在古希腊，艺术与经验几乎是同一含义，它是通向自然的最有力的力量，是人类生存活动的完整状态。"在希腊人看来，经验系指一堆实用的智慧，是可以用来指导生活事件的丰富的洞察力。感觉和知觉乃是经验所具有的机缘，它们供给经验以有关的材料，但它们自己却并不构成经验。当加上保持作用而在许许多多被感觉和被知觉的情况中有一个共同的因素抽绎了出来，因而在判断和执行中可以为我们所用的时候，感觉和知觉便产生了经验。按照这样的理解，经验就在优良的木匠、领港者、医师和军事长官的鉴别力和技巧中显现出来，经验就是艺术。"① 也就是说，任何制作的活动，无论其产生了什么样的实际效果，只要人们带着审美知觉来观看它，都是艺术。这样，艺术几乎包括人类经验的所有领域，它与人的日常经验、人的生存实践密切相关。

第一节　"艺术"概念的历史与艺术的定义

在阐述杜威的艺术理论之前，本书有必要先回顾一下艺术概念发展的历史，并了解一下传统美学关于艺术的定义，以此来凸显杜威艺术理论的主要特征。

----

① ［美］约翰·杜威：《经验与自然》，傅统先译，江苏教育出版社 2005 年版，第 226 页。

一　"艺术"概念的历史

今天的"艺术"概念是一个历史概念，是一定历史阶段的产物。古希腊人把艺术称为 τεχνη，现代的艺术概念 art 就是由这个希腊词派生出来的，但是这两个词的含义却有着很大的不同。古希腊人的"艺术"概念主要是指有目的的生产制作活动，盖房造船、驯养动物、种植、纺织、医疗、计算、炼金、指挥军队都是艺术，在古希腊人看来，建筑师和雕刻家的作品是艺术，鞋匠和铁匠的作品也同样是艺术，而所有艺术的共同基础是"规则"，它们由于与体力劳动联系在一起而被认为是低下的。古希腊人把史诗、悲剧、喜剧、音乐等人们现在称为"艺术"的东西称作"模仿"，如柏拉图认为诗人的模仿是一种非理性行为，而艺术是受理性规则控制的，明确把艺术与模仿区别开来。亚里士多德则在《诗学》中明确把史诗、悲剧、喜剧、音乐等现代称为"艺术"的诸种类称为模仿，"史诗与悲剧、喜剧与酒神颂以及大部分双管箫乐和竖琴乐—— 这一切实际上都是模仿，只有三点差别，即模仿所用的媒介不同，所取的对象不同，所采用的方式不同。"① 古罗马时期出现了另外一个与艺术有关的概念，即"自由艺术"（liberal arts），它与工匠的艺术相对，工匠的艺术是手艺，需要体力劳动，人们今天称为艺术的绘画、雕塑和建筑也包含在工匠的艺术之列；而自由艺术是智力的，不需要体力劳动，其中包括修辞学、几何学、算术、辩证法、天文学、语法学等。由此可见，在古希腊罗马时期人的观念中，没有美的艺术和实用的艺术的划分，不仅制作精巧的作品被称为艺术，而且所有的生产技艺活动，即对规则的掌握也被称为艺术，正如克里斯特勒（Paul O. Kristeller）在其著名论文《现代艺术系统：一种美学史研究》中所说："古代的作者和思想家们尽管的确受到杰出艺术作品魅力的感染，但他们并不能够也不想将这些艺术作品的审美性从它的智力的、道德的、宗教的和实践的功能和内容中区别出来，也不能将这些审美性作为标准提出美的艺术的集合，进而对它们做出全面的哲学解释。"②

---

① 亚里士多德：《诗学》，陈中梅译，商务印书馆 2003 年版，第 3 页。
② Paul O. Kristeller, *The Modern System of the Arts*：*A Study in the History of Aesthetics*，in Peter Kivy ed., Eassys on the History of Aesthetics, p. 13.

中世纪延续了这种划分方式，此时的艺术被划分为两种：自由艺术（liberal arts）和机械艺术（mechanical arts）。自由艺术包括语法、修辞、逻辑、算术、几何、天文和音乐；机械艺术所包含的种类并不确定，圣维克多的雨果将毛纺、军事装备、航海、农艺、狩猎、医疗和戏剧划归为机械艺术。我们今天所说的各种艺术形式，被分别归在不同的门类之下，建筑、雕刻、绘画被归在军事装备之下，音乐在自由艺术之下，而诗歌则可以用语法、修辞和逻辑代替，但这些概念与现代对它们的理解仍然有很大差别，其中，音乐并不是现在的作曲和歌唱，而是指关于和谐的理论；诗歌则是与哲学基本同义，而不是指今天的诗歌艺术；戏剧则是纯粹的娱乐活动，与现代具有思想性的戏剧艺术不同。因此，中世纪的艺术与现代艺术概念仍然存在着很大差异，艺术自身也未形成一个统一的整体。

到了文艺复兴，这种情况开始有了一些变化，首先是绘画、雕塑和建筑等视觉艺术的地位上升，在中世纪，绘画、雕塑、建筑是在工匠的指导下在作坊里学习的，他们和木匠、铁匠、泥瓦匠并无差别，但在文艺复兴时期，绘画、雕塑、建筑开始组成一个介于自由艺术和机械艺术之间的群体，并有了自己的协会和学院，达·芬奇、米开朗基罗、拉斐尔等人不仅将绘画等艺术从手工艺提高到自由艺术的高度，还特别推崇绘画，尤其是达·芬奇，在他的《论绘画》中，他将绘画提高到超过诗歌的高度，并认为绘画相对于诗歌需要更多门类的专门科学和技术，如几何学、用色学、明暗学、解剖学等，因此，绘画艺术家需要付出更多、更艰苦的劳动才能完成。通过这些人的努力，画家、雕刻家、建筑师的经济地位和社会地位有了很大提高，逐渐与各种工匠区分开来，艺术也开始与工艺分离开来，有人为绘画、雕塑和建筑等视觉艺术创造了一个新的名称——图画艺术，这是人们今天所说的艺术概念的原型。由于诗歌与绘画之间的地位竞争以及对诗歌、绘画、音乐等艺术形式的业余兴趣的兴起，人们开始在这些艺术之间进行比较，通过比较人们发现，不同门类艺术之间具有两个相同的特征，即模仿和追求愉快。对不同门类艺术之间的相同特征的发现，为后来将它们统一归结在美的艺术之下奠定了基础。

17世纪后半叶，随着实验科学的重大发展，自然科学取得了独立地位，人们逐渐意识到艺术与科学的区别：建立在数学演算和知识积累之上的科学可以不断进步，今天的科学一定比过去的科学高明；但建立在个人天才和趣味基础上的艺术则没有明显的发展进步的历史，现在的艺术不一定比过去的艺术强，这样艺术与科学也实现了分离。17 世纪末，佩罗（Charles Perrault）明确将艺术与科学区别开来，在他的艺术系统中，包括雄辩术、诗歌、音乐、建筑、绘画、雕塑以及光学和机械力学。如果没有后两种科目，佩罗的系统已经非常接近现代艺术的系统了。

18 世纪，现代意义上的艺术体系初步形成。各种各样的艺术分类体系也提了出来。巴图（Abbe Batteux）正式引入了"美的艺术"（the fine arts）的概念，他在其 1746 年的著作《内含共同原理的美的艺术》一书中将雕塑、绘画、音乐、诗歌和舞蹈五种形式的艺术确定为美的艺术系统，并且将美的艺术确立为以愉快为目的的艺术，以此与手工艺术区别开来；同时，雄辩术和建筑被认为是包括愉快和有用为目的的第三类艺术；戏剧则被视为所有艺术的综合；狄德罗在主编《百科全书》时，将巴图所列美的艺术系统中包含的艺术种类确定为艺术的主要门类。18 世纪中期，百科全书的出版使"美的艺术"概念在全欧洲流行开来，随后，法国出现了美的艺术的袖珍词典，其中涉及的艺术门类有建筑、雕塑、绘画、镌刻、诗歌和音乐等，同时，各种不同的艺术学院合并成为美的艺术学院。1781 年《百科全书》再版时，在艺术条目下补充了"美学"和"美的艺术"条目。这样，现代艺术体系最终被确立起来。对于现代美学来说，艺术体系的最终确立是一件意义深远的大事，它意味着艺术作为一个统一的门类进入人类的文化和思想领域，在此之前，只存在着各种各样的具体的艺术性活动，但是不存在作为一门独特学科的"艺术"。"艺术"作为一门独特的学科的出现意味着以大写字母 A 开头的抽象的艺术代替了以小写字母 a 开头的具体的艺术活动。不仅如此，关于这些艺术的理论开始形成，艺术的本质、艺术的定义、艺术的特征成为思想家们所讨论的话题。

到了 19 世纪，艺术等同于"美的艺术"的观念被进一步强化，艺术成为人们理想中的美的代表，伴随着这一现象出现的是艺术家地位的空前提高。"十九世纪后期，艺术家走在我们中间俨然像是超人，连衣着打扮和一般凡人都大不相同。"[①] 艺术家不再是地位低下的工匠，他们自命不凡，认为自己与普通人不同，他们是具有特殊才能的创造者，"艺术家"

---

① ［英］科林伍德：《艺术原理》，王至元、陈华中译，中国社会科学出版社 1983 年版，第 5 页。

这个词也不再适合于用各种材料制作作品的人了，只有有灵感的"天才"才配得上这个称号。同时，这些艺术家将艺术作品从生活中抽取出来，让它与世俗生活决裂，这样，以大写的 A 开头的抽象艺术就成为一块圣地，它被抬高到远离生活之外的理想领域，这个理想领域就是古希腊人所寻求的真善美的世界。这个世界充满了对物质的贬抑和对精神的褒扬，是生产活动无法触及的，只有通过最高的认识方式——凝神观照才能获得，于是，对艺术作品的欣赏也与观照紧密联结在一起，审美观照和静观成为欣赏艺术的主要方式。这样，经过两千多年的演变，艺术逐渐从工艺中分离出来，相比较古代的艺术观念，现代的艺术概念更加狭窄，艺术在获得自身身份的同时，也成为远离日常生活的非凡的东西。艺术只存在于画廊、音乐厅或博物馆中，它的生产者局限于受过学院化训练的艺术家，它的欣赏者也多为受过良好教育、有鉴赏趣味的上层人士。由此可见，古希腊那种二元论的思维模式延续下来，并蔓延到艺术领域之中。

通过对艺术概念的梳理我们发现，将艺术作为完全独立于生活的"美的艺术"并不是自然形成的，而是在近代随着人们划分知识门类以及掌握一些抽象的艺术规则的需要而产生的。因此，艺术与实践的分离只是一定历史时期的人为规定，并不具有永恒的意义。但是近代以来，这种人为规定却被实体化了，其结果就是使艺术成为脱离日常生活的、高不可攀的客观化实体，它高高在上，普通人难以企及，因而在它的面前只能顶礼膜拜。杜威深刻地看到了当代艺术的弊病，他坚决地摒弃了近现代艺术理论将艺术与生活相分离的观念，从日常生活中去寻找艺术的答案，力图重建艺术与经验的连续性。

二 传统的艺术定义

在美学史和艺术史的历程中，许多美学家和艺术家尝试对艺术进行定义，期望以此方式来把握古往今来的各种艺术形式。从古到今，主要的艺术定义有以下几种：

（一）艺术即模仿

最古老的关于艺术的定义是：艺术是对现实的模仿。从古希腊到 18 世纪，这个定义曾被广泛地接受。柏拉图认为，在现实世界之外存在着一个理念的世界，它是真实的世界，是真、善、美统一的世界，现实世界是对理念世界的模仿，艺术又是对现实性世界的模仿，因此，艺术与理念世界隔了三层，它是不真实的、虚幻的。亚里士多德继承了柏拉图的这一思想，但是，他赋予模仿以新的含义，他认为，模仿并不意味着忠实地复制现实，艺术性的模仿可以把事物呈现得比实际上更美，艺术是现实的理想化，它按照事物能够或应该成为的样子来描述它们，具有独特的价值。人们可以看到，亚里士多德的模仿说更重视艺术的独立性和创造性。他的观点对后世带来了巨大影响，从贺拉斯到达·芬奇，从布瓦洛到杜博斯，都将艺术定位于对现实的模仿，使它成为持续时间最长、影响最广的一个定义。

将艺术定义为模仿显然不是一个完善的艺术定义，人们很容易找到将艺术定义为模仿的反证，一方面，存在着毫无模仿的艺术作品，如许多音乐片段、无对象的绘画和抒情诗歌等，很难说它们模仿了什么。另一方面，许多模仿的东西又不是艺术作品，如日常生活中的许多模仿行为，很少有人把它们当作艺术作品来欣赏。因此，把模仿当作艺术的唯一规定性是不够严谨的。

（二）艺术是创造美的活动

这个定义的最初起源也在古希腊，几乎与模仿说具有同样长的历史，可以在亚里士多德的理论中找到根据，文艺复兴时期的艺术家将这一理论继续发扬，可以说，近现代的艺术发展史与这一理论有重要联系。它的基本内涵是：艺术的目的是通过有意识的活动来获得美，美是它的主要价值，"美、漂亮、好看，这些都决不在物质，而在艺术和构图；决不在物体本身，而在形式或是造成形式的力量。"①

这一定义同样有其局限性，且不说"美"这个概念本身在历史上就是一个有争议的概念，"美"到底是客观事物的属性，还是主体人的内在感觉，是一个争论已久的问题。单就说这个定义本身也是不成功的，它并不适用于所有的艺术，比如说，哥特式建筑主要表现的是崇高感，浪漫主义艺术更是要表现一种激情，这与宁静的审美愉悦并无关系。尤其是19世纪末至20世纪初的艺术、荒诞的艺术大行其道时，把艺术与美联结在一起的理论就显得更加格格不入了。

（三）艺术即表现

当以大写字母A开头的艺术观念广泛流传之后，艺术的定义也必须相应地有所改变。19世纪末至20世纪初，艺术即表现的定义在美学界开

---

① 北京大学哲学系：《西方美学家论美和美感》，商务印书馆1980年版，第94页。

始兴起并流行起来，德拉克洛瓦、鲍桑葵、克罗齐、科林伍德都是这一理论的代表人物。艺术即表现批评了艺术即模仿的机械性，强调艺术必须是以表现情感为主。克罗齐的两个命题"艺术即直觉""直觉即抒情的表现"在 20 世纪初产生了广泛的影响。在克罗齐看来，一切感性认识活动都是一种创造，这种创造可以是刹那间在人们的心中完成的，将这种刹那间的创造用物质形式表现出来的活动，只是实践活动而不是艺术活动，它产生的也不是艺术作品，而是艺术作品的"备忘录"，因此，艺术最重要的是心灵的表现。

将艺术界定为表现也是一个极不完善的定义，人们也可以轻而易举地找到许多工作反证，许多艺术并不表现情感，如达·芬奇的绘画运用了大量的理智因素，但仍然是所有艺术的典范。同样，更多的情感表现也不是艺术作品。

（四）艺术即游戏

这个定义首先是由德国古典美学的奠基者康德提出，后由席勒、斯宾塞等人发展、完善。艺术即游戏的定义认为，艺术本质上是一种游戏，是由游戏发展而来的。一方面，艺术和游戏具有虚构的力量，富于拓展性和能动性；另一方面，它们所引起的快感是消除了一切主观偏见和现实差异的，是忘我的。席勒认为，艺术和游戏一样，是消除人性分裂的一种特有的理想活动。

应该说，艺术与游戏确有相通之处，但两者又有本质区别。游戏给予人们的是纯粹的虚幻性，艺术则提供给人们深刻的现实性；游戏可以使人们沉浸在单纯的悠闲的快感中，艺术却能以其深邃而广阔的思想内涵，给人们以美感的同时给予其人生启迪。因此，把艺术仅归结为游戏是片面的。

（五）艺术即形式

从形式方面定义艺术的人有很多，最有影响的是克莱夫·贝尔的定义：艺术是有意味的形式，"在各个不同的作品中，线条、色彩以某种特殊方式组成某种形式或形式间的关系，激起我们的审美情感。这种线、色的关系和组合，这些审美的感人的形式，我称之为有意味的形式。'有意味的形式'，就是一切视觉艺术的共同性质。"① 贝尔的这个定义是对 19

---

① ［英］克莱夫·贝尔：《艺术》，周金环、马钟元译，中国文联出版社 1984 年版，第 4 页。

世纪末以来的西方艺术创作实践的理论总结。自从古希腊以来，西方艺术由于受到亚里士多德的影响，一直注重再现现实。这种情况到了19世纪末才有了根本的改变。后印象派、立体派、抽象派等绘画的兴起，彻底改变了传统的艺术观念。绘画中的再现因素被降低到极不重要的地位，代之而起的是对符合主观感觉的形式的塑造。从此，形式主义在西方艺术中取得了主导地位。贝尔的定义正是在这种形式主义的潮流下诞生的。所谓"意味"，贝尔认为是指纯形式背后表现或隐藏着的艺术家独特的审美情感，审美情感是意味的唯一来源。艺术就是艺术家创造的、能展现艺术家的审美情感并激发欣赏者同样情感的纯粹形式。

"艺术是意味的形式"这一定义只能局限于19世纪以后产生的艺术作品，确切地说，是19世纪以后的造型艺术，因此，它只涵盖了艺术的一小部分；另外，"意味"一词是一个含混性的概念，就像"美"的概念一样，很难用它来界定艺术的本质。这个定义也是不完善的。

还有一些其他的关于艺术的定义，如娱乐说、教化说等，人们可以迅速地找到反证来证明这些定义的不充分性。事实上，这些艺术的定义相对于艺术本身来说既过于简单，也过于狭窄。"艺术"本身非常广泛，也非常复杂，从内部看，它所指称的对象并不具有共同的特征，将鲁本斯的绘画和莎士比亚的十四行诗作比较，人们几乎无法发现它们之间的共同性。从外部看，这个概念的外延也模糊不定，至今对于一些物品或活动是否是艺术还存在着争论，如：照片、园艺、宣传画是否可以称之为艺术？为什么博物馆里放置的古代人的武器是艺术而我们这个时代的所有武器都不能被冠以艺术的名称？总之，迄今为止，准确而明晰地定义艺术的尝试并未获得成功，很多艺术哲学家认为，"艺术"这个概念所蕴含的统一性是不存在的，要在所有的艺术中找到一个共同的本质或属性更是不可能的。其中最著名的就是维特根斯坦主义中关于艺术的观点，其主张艺术如同一场语言游戏，它没有固定的规则，更没有一个永恒不变的本质，所有的艺术作品之间的关系是"家族相似"，这使艺术不能获得一个固定的外延，而是永远处于开放状态。

在维特根斯坦之前，杜威已经指出了为艺术定义的不必要性。在他看来，定义本身不是目的，它只是达到经验的一个工具。艺术是具体的、经验性的，本身是不可定义、不可分类的，用一个抽象的语词来概括它的本质更是不可能的，因为在具体的经验面前，任何"本质"都是虚幻无力的。杜威曾经说："美离开分析的词语是最远的，因此离一种可用理论来描绘，以成为解释与分类的手段的观念是最远的。不幸的是，它被凝固化，成为一个特殊的对象。"[①] 艺术也是一样，严格的定义与分类对艺术来说是不利的，因为它使艺术成为一个僵化的物质实体，而忽略了艺术本身丰富而独特的经验。艺术不是普通的经验，而是"一个经验"，它是完满的，体现了经验的张力，形成了经验的积累与释放。因此，一种有价值的美学不是给出确切的艺术定义，而应该是有效地引导人们产生更多、更丰富的审美经验，从而提高和完善人的生存和生命活动。

杜威将艺术等同于经验，但并不等于说杜威像传统的美学家一样要定义艺术。事实上，杜威从未把定义艺术作为自己的任务，他明确反对把艺术定义为物态化的对象，坚决摒弃了传统上狭隘的本质主义的艺术观。在他看来，艺术是一种经验的性质，一种经验的张力，而不是一个实体，一个物质对象。这样一种对艺术的理解方式与传统的艺术定义在界定方式上有明显不同，它使杜威的艺术理论呈现出一些有别于传统的新的特征。

第二节 艺术的起源

"艺术是模仿"的观念在美学史和艺术史上长期占有重要地位，从另一个角度来说，它也阐述了艺术的起源。在美学史上另外一个有影响的关于艺术起源的观念是艺术起源于巫术，杜威关于艺术起源的理解比这二者都要广泛，在其《经验与自然》与《艺术即经验》两部著作中，杜威通过探讨艺术的历史形成机制明确了艺术与经验的密切关系。

一 艺术是自然界发展的顶点

在杜威看来，艺术源自经验，艺术是人类实际生活需要的产物，是早期人类经验的有机组成部分。杜威所说的艺术不是现代美学所理解的大写的艺术，而是回到前现代时期的那种原初意义的艺术。在古希腊人那里，艺术并不是什么引发美感的东西，艺术首先是实践的手段。杜威认为，生命体生活的环境是一个充满了危险和不确定的世界，自然界是不安定、不稳定的，危险时常而又不规律地出现，艺术是人们对变动不定的自然界的

---

① ［美］约翰·杜威：《艺术即经验》，高建平译，商务印书馆2005年版，第143页。

一种应对，"艺术产生于需要、匮乏、损失和不完备"①。为了适应自然使自然材料能够为人所用，"他建筑房屋、缝织衣裳、利用火烧，不使为害、并养成共同生活的复杂艺术。"② 因此，艺术之所以产生在于人们要通过艺术来利用自然的力量从而在危险的自然界寻求安全，正是通过艺术，自然界的材料被重新调整，改造了对人不利的方面，使自然成为人们直接享受和使用的对象。在这种意义上，艺术与经验是同一意义的不同语汇，"经验是处于它是经验的程度之时，生命力得到了提高。不是表示封闭在个人自己的感受与感觉之中，而是表示积极而活跃的与世界的交流；其极致是表示自我与客体和事件的世界的完全渗透。不是表示服从无序的变化，而是向我们提供一种唯一的稳定性，它不是停滞的，而是有节奏的、发展着的。由于经验是有机体在一个物的世界中斗争与成就的实现，它是艺术的萌芽。"③ 在杜威的经验自然主义中，经验不是主观的，而是发生在自然之内的，通过经验人们探索自然并不断深入自然的心脏揭示自然的奥秘。艺术同样具有这种力量，艺术是人们直接与丰富多变的自然界打交道的工具。在这里，杜威将艺术与人的生存实践紧密联系起来。

杜威认为，艺术与自然的关系不仅仅在于艺术作为经验对自然的调整与改造，艺术本身就是自然界完善发展的结果，"艺术——这种活动的方式具有能为我们直接所享有的意义——乃是自然界完善发展的最高峰。"④ 在这里，杜威的观点与现代以来的艺术观有很大区别，在德国古典美学和浪漫主义美学之后，艺术与自然的对立是被普遍公认的。许多现代艺术家认为，艺术是独立自为的，是能够见出心灵的活动和自由的美的存在，而自然是自在的、变动的、不完善的，无法体现出心灵的创造性，因而自然与艺术是对立的。但是，在杜威看来，艺术的起源与自然的运行和发展有密不可分的关系，"我们从含蓄的意义方面来讲，把经验当作艺术，而把艺术当做是不断地导向所完成和所享受的意义的自然的过程和自然的材料。"⑤ 艺术是一个动态的生产过程，在这一过

---

① ［美］约翰·杜威：《经验与自然》，傅统先译，江苏教育出版社 2005 年版，第 226 页。

② ［美］约翰·杜威：《确定性的寻求》，傅统先译，上海人民出版社 2004 年版，第 1 页。

③ ［美］约翰·杜威：《艺术即经验》，高建平译，商务印书馆 2005 年版，第 19 页。

④ ［美］约翰·杜威：《经验与自然》，傅统先译，江苏教育出版社 2005 年版，第 228 页。

⑤ 同上。

程中，杂多的、零散的自然被调整为规则的、圆满的状态，美就是这个圆满状态的呈现，"当自然过程的结局，它的最后终点，愈占有主导的地位和愈显著地被享受着的时候，艺术的'美'的程度愈高。"① 从这方面来说，美的艺术是自然不断发展的结果。杜威清晰地看到，正是通过自然的稳定性和一致性，艺术获得了最早的形式，"有机体与周围环境的相互作用，是所有经验的直接的或间接的源泉，从环境中形成阻碍、抵抗、促进、均衡，当这些以合适的方式与有机体的能量相遇时，就形成了形式。我们周围世界使艺术形式的存在成为可能的第一个特征就是节奏。在诗歌、绘画、建筑和音乐存在之前，在自然中就有节奏存在。"② 随着自然的一致性和规律性被不断地发现，艺术美的程度越来越高。但是，这并不是说变动的、偶然的、不规则的自然对艺术来说毫无意义，相反，自然的偶然性是艺术产生的重要因素，"因为只是在有艺术的地方，偶然的和进行着的东西跟形式的和重复的东西便不再是向着相左的目的发生作用，而是在和谐的状态之中混合在一起了。"③ 也就是说，艺术是自然中的偶然性与规律性、杂多性与一致性的结合，虽然没有自然界的一致、和谐、秩序就没有艺术，但如果把这些形式的因素绝对化，离开了自然的动荡、偶然、新奇，艺术就会因为缺乏质料或素材而逐渐枯竭，因此，伟大的艺术是形式的一致性与"对新颖的惊奇和对无理的宽容不可分辨地混合在一起的。"④

当把艺术当作经验、当作一种实践力量时，艺术与自然、实践及审美就不再是分裂的，而是自然而然地联系在一起的。在杜威看来，艺术作为一种实践方式，将自然中对人类是片面而生糙的地方变得完满，将自然改造为能够为人类所享受和使用的对象，从而成为人类统一经验中的重要组成部分。当自然的力量与自然的运行达到最高度的结合，并使经验由其完满性而使其呈现出审美性质时，艺术与美就融合起来。"形成经验的行动和遭受，按照经验是理智的或富有意义的程度，成为动荡的、新奇的、不

① ［美］约翰·杜威：《经验与自然》，傅统先译，江苏教育出版社 2005 年版，原序，第 5 页。

② ［美］约翰·杜威：《艺术即经验》，高建平译，商务印书馆 2005 年版，第 103 页。

③ ［美］约翰·杜威：《经验与自然》，傅统先译，江苏教育出版社 2005 年版，第 229 页。

④ 同上。

规则的东西跟安定的、确切的和一致的东西所形成的一种联合——这也就说明艺术的和美感的东西的一种联合。"① 在这种意义上，杜威认为，艺术是实践与审美的融合，自在和自由的统一，杂多和一致的协调，感性和理性的和谐。美学必须重视自然与艺术的连续性，必须将艺术视为经验与自然的连续性与统一性的集中体现，才能够纠正"为艺术而艺术"的观念，使艺术与自然、实践、生活密切联系起来，从而拓展艺术的功能和意义。

二 艺术是生命活动的拓展

杜威认为，艺术不仅是自然界圆满发展的结果，同时也是人的生命力量不断增长的结果。每一个生命体要想生存，就必须从周围环境中获取生存所需的材料，生命活动就是生命体不断发生需要又不断使需要获得满足的过程，也就是生命体与生存资料平衡性的不断丧失以及不断恢复的过程。但在杜威看来，这种恢复不是回到原有的状态，而是生命体在与环境相互作用的过程中生命不断拓展的过程。"当一个暂时的冲突成为朝向有机体与其生存环境之间的更为广泛的平衡过渡时，生命就发展。"② 也就是说，在生命体与环境相互作用的过程中生命不断成长。在杜威看来，人的生命历程是经验不断增长的历程，随着生命活动的发展，原有的经验被人的智慧与实践不断整合到新的经验中，使经验在时间的进程中不断获得创造性的发展。

前文已经说过，艺术的发展是自然界发展和经验推进的结果。但同时，艺术作为实践的工具也使人类经验不断扩展，生命活动也因此更加有效。在杜威看来，一切艺术都是工具性的。工具性使人的活动与动物的活动区分开来。尽管杜威将经验看作一切生命体的活动，并主张要从动物的整体性经验活动出发来重新理解已经被人类活动弄得支离破碎的人类经验的完满性，"为了把握审美经验的源泉，有必要求助于处于人的水平之下的动物的生活。当工作就是劳动，而思想引领我们从世界退隐时，狐狸、狗与画眉的活动也许至少可以成为被我们这样分为几部分的经验整体的提

---

① [美] 约翰·杜威:《经验与自然》，傅统先译，江苏教育出版社2005年版，第229页。
② [美] 约翰·杜威:《艺术即经验》，高建平译，商务印书馆2005年版，第13页。

示与象征。"① 但是，艺术作为人类生存的工具则表明，尽管经验可以在任何生命体的生命活动中找到，但是艺术却只是人类的活动，因为只有人类会制造工具，从而通过工具改造自然使自然为人类利用。杜威高度赞扬了人类制造工具的行为，认为工具对于人类文明史具有重要意义。很多人因为杜威对工具的重视将其哲学称为工具主义（对杜威的工具主义将在下文中阐述）。杜威认为，艺术的产生与人类利用工具求得生存是同一历史过程，人们利用工具砍树、击杀动物、造房、取火等，通过这些行为改善人类的生存条件，拓展了其生命活动的领域。因此，艺术作为实践活动最生动地体现了生命体面对粗糙的自然时的经验性力量。艺术的工具性意味着它在人类的经验中具有无可替代的转化性功能：艺术使自然变成了人化自然，成为人类可以把握和驾驭，进而可以享受和利用的自然，一种对人类来说有意义的存在。在杜威看来，艺术作为工具意味着艺术具有满足人类需要的功能。

　　艺术不仅开拓了生命活动的领域，也使人的感觉活动鲜活起来，"艺术是人能够有意识地，从而在意义层面上，恢复作为活的生物的标志的感觉、需要、冲动以及行动间联合的活的、具体的证明"②。在生命体与环境相互作用的过程中，艺术的工具作用使生命体内在的冲动得到了实现，使自然的材料转化为令人满意的状态。这样，人的感觉和情感等要素在人的生存实践中弥漫开来。杜威所说的感觉并不是如近代经验论所说的那样只局限于认识论的狭小范围内，"感觉"具有很宽泛的含义，它包括"感受、感动、敏感、明智、感伤以及感官"，③ 几乎包含了所有显现在直接经验中的生命的意义。感觉是生命活动的一种最直接的经验方式，它与行动结合起来，与理智结合起来，从而服务于生命体与周围环境的相互交流与作用之中。在杜威看来，艺术是将感觉、需要、行动、理智结合起来的完美的经验，它意味着人在利用自然的材料和能量满足自身的需要时，具有扩展自身生命活动的力量，这种生命活动不仅是理性的，而且是感性的；不仅是物质的，而且是精神的。艺术意味着生命的整体通过克服自然的粗糙而使生命得到扩展的强烈力量，而艺术的美则是这种力量在知觉和

---

① ［美］约翰·杜威：《艺术即经验》，高建平译，商务印书馆 2005 年版，第 18 页。
② 同上书，第 26 页。
③ 同上书，第 22 页。

情感中的呈现，"任何活动，只要它能够产生对象，而对于这些对象的知觉就是一种直接为我们所享受的东西，并且这些对象的活动又是一个不断产生可为我们所享受的对于其他事物的知觉的源泉，就显现出了艺术的美。"① 因此，艺术的美是与生命活动结合在一起的，它体现了生命活动的不断扩展与丰富。或者说，艺术自身就是一种生命的活动，它产生于生命活动的不断深入与完善之中。

由此，杜威从艺术起源的角度解构了美学史上的所有艺术定义。艺术既然是在生命体与自然相互作用的过程中自然而然的经验活动，是人的生存实践以及生存实践过程中的工具性力量，那么艺术就不是起源于人类某种特殊的心理或技能，它的根基就潜藏在人与自然相互冲突又不断协调的经验活动之中。因此，生命体与环境相互作用、相互构建的经验活动是艺术的基础，同时也是一切历史、文化和文明的基础。正是在此意义上，杜威认为，艺术即经验，它不仅与日常生活中的普通经验具有连续性，同时也意味着一种完满的经验，一种经验的理想，是普通经验不断趋向圆满的实践性力量。

第三节　艺术即经验

在前文关于艺术的定义中本书已经对美学史上的各种艺术定义进行了初步评判，也指出了杜威基本的艺术观念。在杜威看来，艺术即经验不是在为艺术下一个固定的定义，而是要告诉人们在艺术中真正重要的不是对象，而是艺术怎样在经验中起作用或者说艺术为人们的经验做了什么。正是从这一角度，本书可以说艺术就是经验，而且是经验的最完满形式。

一　艺术产品(the product of art)与艺术作品(the work of art)

从艺术起源的角度上，杜威表明了艺术的产生与经验的发展是同一历史过程，二者是统一在一起的。那么，在艺术的现实存在方式上，艺术与经验的密切关系又体现在何处呢？杜威通过对艺术产品与艺术作品的区分来说明艺术与经验的连接。

在杜威看来，"艺术产品（雕像、绘画，或其他什么）与艺术作品是

---

① ［美］约翰·杜威：《经验与自然》，傅统先译，江苏教育出版社2014年版，第361页。

有区别的。前者是物质性的和潜在的；后者是能动的和经验到的。后者是产品所做和所起的作用。"① 也就是说，艺术产品是指建筑、雕塑、诗歌等物质性产品，而艺术作品是与经验相关的动态的过程。艺术产品是传统美学对艺术品的理解。传统美学将艺术品作为人类经验之外的存在物，一旦一件产品被作为艺术品，它就取得了尊贵的地位，并与其他产品区分开来。当艺术作品被奉为经典之后，它更成为独立的存在物，人们必须以一种无功利、无目的的审美态度来对待它，才能把握其意义和价值。将艺术品与其他产品独立出来的结果是：在艺术品周围围起了一堵墙，任何艺术理论都无法真正把握它，"在一般观念中，艺术品常被等同于存在于人的经验之外的建筑、书籍、绘画或雕像。由于实际的艺术品是这些产品运用经验并处于经验之中才能达到的东西，其结果并不容易为人们所理解。"② 这样，艺术品与艺术理论陷入了康德式的二律背反中：艺术理论本来是阐述艺术品的，但是艺术品的存在却成为它们自身理论的障碍。杜威认为，之所以产生这样的悖论，原因就在于艺术品与经验的脱离，艺术品本来是在经验中产生并通过经验才能获得其意义与价值，但是当艺术品成为物态化的存在并获得了某种特权之后，却成为外在于经验的东西，因而也就外在于任何艺术理论。

在杜威看来，艺术品不能与经验相脱离，这是因为：首先，任何一件艺术品都是在经验过程中产生的，因为"在每一类艺术和每一件艺术作品的节奏之下，作为无意识深处的根基，存在着活的生物与其环境间关系的基本模式。"③ 其次，艺术品的价值不在于物态化的产品中，而在于动态的经验过程之中，"为了理解艺术产品的意义，我们不得不暂时忘记它们，将它们放在一边，而求助于我们一般不看成从属于审美的普通力量与经验的条件。我们必须绕道而行，以达到一种艺术理论。"④ 对杜威来说，任何一件艺术品都是在生产过程中产生的，艺术的生产过程既是人类经验的积累和凝结，也是人类经验的不断扩展和深入，艺术生产本身不能脱离经验；同样，人们在观赏艺术品时，只有欣赏者与艺术品发生互动，并获得新的经验时，艺术作品的价值才真正体现出来。这种不断与动态的经验

---

① ［美］约翰·杜威：《艺术即经验》，高建平译，商务印书馆2005年版，第179页。
② 同上书，第1页。
③ 同上书，第166页。
④ 同上书，第2页。

发生作用的艺术品就是艺术作品。因此，在杜威这里，艺术产品与艺术作品的区分在于：艺术产品是静态的存在物，它是固定不变的物态化的客观对象，而艺术作品是能够被主体知觉到并产生经验的动态的审美对象。要想理解艺术，不能通过艺术产品去思考，而应该通过艺术作品重返经验之流，找到艺术与经验的连续性，这样才能建立一种对日常生活具有价值和意义的艺术理论。

　　作为审美对象的艺术作品不仅仅是客观对象，也不仅仅是被主体所观赏，而是始终处于与主体经验相互作用的过程中。同时，它也是被经验到的艺术品对主体产生的效果，"一件艺术作品，不管它多么古老而经典，都只有生活在某种个性化的经验之中时，才在实际上，而不仅仅潜在地是艺术作品。作为一张羊皮纸、一块大理石、一张画布，它历经时代沧桑，却始终如一，但是，作为一件艺术作品，在每次对它进行审美经验时，都是再创造一次。"① 也就是说，作为艺术产品，艺术品是不变的存在，但是当主体带着原有的审美经验对其欣赏时，原有的经验被融入到新的情境中，使经验获得了新的内容。因此，同艺术产品的始终如一不同，艺术作品是变化多端、不可重复的，因为它包含着每一个个人的具体的经验过程，"每一个个人在发挥其个性时，都带进了一种观看与感受的方式，这种方式与旧材料相互作用时创造出了某种新的东西，某种以前没有存在于经验之中的东西。"② 艺术作品是通过与每一个人的个性化的经验联系在一起而被知觉到的，不同的人由于成长环境、知识背景以及艺术修养不同，在欣赏同一件艺术作品时，所获得的经验是不同的。因而每个人的欣赏都具有创造的意味。即便是同一个人，在不同的时间、不同的地点、不同的心境下欣赏同一件艺术作品时，这件艺术作品给人带来的知觉感受也是不同的，每一次的欣赏带给人们的感受都是崭新的，每一次欣赏都意味着新的创造。因此，杜威说："问一位艺术家他的作品的真正的意义是什么，是荒谬的：他自己会在不同的日子和一天的不同时间里，在他自身发展的不同阶段，从作品中发现不同的意义。如果他能够说清楚的话，他会说'我就是那个意思，而那个是指，你或者任何一个个人能够真诚地，

---

①　[美] 约翰·杜威：《艺术即经验》，高建平译，商务印书馆 2011 年版，第 125 页。
②　同上。

即根据你自己的生命经验，从中得到的意思。'"① 对杜威来说，真正的艺术品不是外在于经验的物质实体，而是不断带给人们崭新经验的艺术作品。伟大的艺术品之所以是永恒的、经典的，不在于它创作时间的早晚，也不在于它由谁而创造，而是因为它让不同时代的具体的个人不断产生新的、个性化的经验。每一个时代的人听到贝多芬的《第五交响曲》都会感到震撼，并与他所处的时代特点结合起来领会其内涵。同样，一个具体的个人随着其年龄和阅历的增加，每一次听到这首乐曲也会有不同的感悟。人们在观看莎士比亚的戏剧、毕加索的绘画、罗丹的雕塑时也会有这样的感觉：人们每一次对这些艺术作品的欣赏，都会因在不同的时间、不同的地点、不同的情境下产生不同以往的新的经验，也给人们带来独特的、千差万别的感受与理解这些艺术作品的方式。

正因为艺术作品是不可重复的，它总是不断带给人们崭新的、丰富的经验，因而，艺术的欣赏与艺术的创造是统一的。对杜威来说，艺术欣赏不是在艺术品支配下的被动活动，而是一种与创造结合在一起的活动。"感受性不是被动性。它也是一个由一系列反应性动作所组成，这些动作积累下来指向客体的实现。"② 人们在欣赏作品时，虽然不是像艺术家那样从事艺术品的制作，但是他们在欣赏中创造自己的经验，他们根据自己的经验和文化积淀对艺术品进行新的创造。欣赏者的每一次欣赏活动，都使艺术作品的内容获得了新的理解，使艺术作品的意义获得了新的阐发，使艺术作品的价值获得新的体现。可见，欣赏活动可以使欣赏者在以往全部经验的基础上产生一种新的经验，因此，欣赏本身就具有一种创造的活力。在杜威的思想中，本书看到了接受美学的萌芽。

杜威对艺术品的理解颠覆了传统的艺术观念。传统美学认为，艺术是由艺术家创造的有边界的物质性存在，它或者是一幅画，或者是一首诗，或者是一段音乐等，而它们都是凝固的有边界的存在物，一幅画要画在画布或墙壁上，一首诗有开端结尾，一段音乐要有高潮和起伏。但是，当杜威明确区分了艺术产品和艺术作品之后，人们就会发现，一件艺术品的真正意义不在于一个孤立的存在物，而在于它带给人们不同于以往的新的经验。可以设想一下，如果艺术家生产了一件艺术产品，却没有进入欣赏者

---

① ［美］约翰·杜威：《艺术即经验》，高建平译，商务印书馆2005年版，第118页。
② 同上书，第56页。

的经验之流，那么这件艺术品的存在意义又是什么呢？因此，一件艺术产品就是一部潜在的艺术作品，艺术产品可以有界限，但艺术作品却是一个过程或一个事件，它在具体的情境中发生，却进入到人们的经验之流中。当艺术产品被人们欣赏时，它就作为艺术作品进入到人们每个人具体的经验中，并在不同的人的经验中重新被理解，这样，艺术作品的内容和意义在我们的经验之流中不断得到扩展和深化。一首动人的乐曲，一部精美的影片，当它进入到人的经验之中时，人们不仅会在欣赏时觉得引人入胜，在欣赏之后也会觉得回味无穷，不同的心境下艺术作品会引起心灵不同的共鸣，使人不断产生新的经验，同时，也不断扩展艺术作品自身的意义。

在对艺术作品不断循环往复的审美中，艺术作品也不断进入到更大领域中，这个领域就是整个宇宙。在杜威看来，任何物种的活动都包含着被自然强加的必然性，但只有人能够在艺术这种必然性活动中感受到自由。因为在艺术创造和欣赏活动中，人的生命的力量与自然的力量合而为一，人的活动既不顺从自然，也不违背自然，而是在与自然的相互作用中自由地积极地回应自然。处于经验之流的艺术作品是人的生命内在活力的表现，这种活力使人在与环境的相互作用中通过不断地积累经验而使自身面向更大的领域。杜威将艺术作品不断向未知领域扩展和敞开的特征称为艺术作品张力。当然，杜威认为，任何活动都使经验得到不断积累，过去的经验是对现在经验的一种指示，现在的经验是对未来经验的一种预期，经验不断伸展着，但所有的经验都是宇宙的一部分，任何经验都是向宇宙敞开，并被一种更大的、不确定的未知领域包围着，这个未知领域就是整个宇宙。"不管视觉范围是大是小，我们都将它经验为一个更大的整体，一个包罗万象的整体的一部分，我们只是将经验的焦点集中在这个部分之上而已。我们也许会将范围从窄向宽扩大。但是，不管范围扩大到多宽，它在感觉中仍然不是整体；边缘后退，直到无限的扩张，在它之外，想象力称之为宇宙。"① 但是，这种经验积累和释放活动在艺术作品经验中变得更加强烈而清晰了，当人们面对艺术作品时，艺术作品既具有艺术品自身的整体性，同时又属于比它更大的、包罗万象的宇宙的整体性，于是，艺术作品不仅是它自身，而且由于自身的张力而向整个宇宙敞开，它引导人们循着所获得的新的经验进入到更宽广的领域中，"我们仿佛是被领进了

---

① ［美］约翰·杜威：《艺术即经验》，高建平译，商务印书馆2005年版，第214页。

一个现实世界以外的世界，这个世界不过是我们以日常经验生活于其中的现实世界的更深的现实。我们被带到自我以外去发现自我。除了艺术品以某种方式深化，并使伴随着所有正常经验的包罗万象而未限定的整体的感觉变得高度明晰外，我看不出这样一个经验的特性有什么心理学的基础。那么，这一整体就被感到是自我的扩展。"① 也就是说，在经验之流中，艺术作品可以使人超越现实的自我，使自我向着未知的世界敞开，并在这种超越中发现宇宙的整体性和统一性。因此，杜威认为，艺术作品与艺术产品的不同不仅在于艺术作品与经验相联系，可以使人们不断获得崭新的经验，更在于艺术作品的张力使艺术作品与整个宇宙的存在联系起来，它可以使我们超越现实的存在，在自身之外去发现自身，在自然之外去发现宇宙的整体，并从统一性和整体性中获得满足感，"这种隐含在日常经验中的包罗万象感，在画与诗的结构之中变得更加强烈。正是由于这个原因，而不是由于任何特别的净化，我们才能接受悲剧事件。"② 所谓悲剧快感不是由于净化带来的，而是由于艺术作品的张力使我们超越了自身的现实存在，从而使自身的生命力获得了增长。

杜威对艺术产品与艺术作品的区分使人们进一步思考传统的艺术定义，传统的艺术定义——不管是把艺术当作模仿，把艺术作为表现还是把艺术作为审美或娱乐——都是将艺术作品当作一个对象来把握。但杜威指出，在艺术作品中真正重要的不是作为一种产品而制作出来的东西，而是它怎样成为人们经验之流的一部分，怎样扩大和丰富人们的经验。从这里人们可以发现，杜威艺术即经验的理解不仅是要解构传统的艺术定义，而是要从根本上取消为艺术定义的做法。

二 艺术的节奏与秩序

在美学史上，美学家们对艺术的研究除了对艺术进行界定外，还经常有对艺术分类的做法。常见的艺术分类主要有两种，一种是将艺术分为时间艺术和空间艺术，另一种是将艺术分为表现艺术和再现艺术。在第三章第二节中本书已经论及了杜威对表现与再现的理解，这里我们再看看杜威对时间艺术与空间艺术的理解，进而阐述杜威对艺术分类的看法。

---

① ［美］约翰·杜威：《艺术即经验》，高建平译，商务印书馆 2005 年版，第 215 页。
② 同上书，第 214 页。

　　时间艺术与空间艺术的划分早在 18 世纪就已存在，莱辛在《拉奥孔》中分别从媒介、题材和所使用的感官和心理功能等方面论证了艺术中的空间对称性和时间节奏性之间的差别对艺术的影响；黑格尔在《美学》中把建筑、雕刻和绘画划入空间艺术，把音乐归入时间艺术。而当代美学的普遍理解是，空间艺术包括绘画、雕塑、书法、建筑等，时间艺术则包括音乐、诗歌等艺术门类。但事实上，这种区分的方法不能适用于所有艺术种类。舞蹈既不仅仅是空间艺术，也不单纯是时间艺术，它不仅要配合音乐的节奏和韵律呈现人体形态的变化，而且还需要配合舞台布景，追求视觉效果，并通过造型的变化来唤起观众对空间的想象和感知。它是将时间的流动与空间的展现结合在一起，在空间中进行，在时间中延续。电影作为一种时空综合艺术，使观众在时间的延续中，通过视觉来感受，在幻觉空间中进行叙事、展开情节。因此，人们很难简单地用空间艺术或时间艺术来指称某种艺术门类。

　　杜威明确反对将艺术划分为时间艺术与空间艺术。在他看来，传统美学中对时间艺术与空间艺术的划分，是在关注时间艺术中的节奏特征以及空间艺术的对称特征。但是，节奏并不只出现于时间艺术中，事实上，节奏是所有艺术的特征，"节奏是一个普遍的存在模式，出现在所有的变化之秩序的实现之中，所以所有的艺术门类：文学、音乐、造型艺术、建筑、舞蹈，等等，都具有节奏。"① 同样，秩序也并不是空间艺术的特征，而是有机体与环境相互作用的过程中所达到的自然状态。杜威认为，因为生命体生活的环境是一个变动与稳定相结合的世界，在这样的世界中，生命体要想生存就不但要满足自身的需求，还要在变动的世界中努力获得与环境的和谐。当生命体通过经验活动协调了由于自身的需求而与环境发生的冲突而与环境重新达到一种和谐时就体现为一种秩序。而当这种经验活动持续不断、周而复始的周期性发生时，节奏就产生了。因此，秩序与节奏并不是自然强加于人的，而是在人类经验的过程中与自然相互作用的结果，它是生命体与环境处于相互和谐的关系时能量发展的自然状态。当经验中的节奏与秩序呈现于人的知觉时，这种经验就成为审美经验了。在杜威看来，节奏与秩序是所有艺术共有的特征，那种认为节奏只存在于所谓的时间艺术中，其实是将节奏等同于反复出现的规律性的观点在作祟；同

---

　　① ［美］约翰·杜威：《艺术即经验》，高建平译，商务印书馆 2005 年版，第 166 页。

样，那种认为秩序只存在于所谓的空间艺术中，也不过是将秩序简单地诉诸视觉感官的对称性罢了。

在杜威看来，节奏虽然具有反复出现的特征，但这种反复出现不是机械性的、始终如一的重复，而是寓变化于一致的审美的重现。"审美的重现，简言之，是生命的、生理学的、功能性的。重现的是关系而不是成分，它们在不同的语境中重现，产生不同的结果，因而每一次重现，都不仅是回顾，而且是全新的。"① 这就意味着，节奏首先是一种变化，变化是本质性的，但节奏不是任意的，而是有规律的，在变化中包含着秩序。正是变化与秩序的对立统一，才不断推动经验向前发展。因此，杜威说："在有节奏的秩序中，每一次结束与休止，就像音乐中的休止符，既是区分和赋予个性，也是联结。音乐中的休止不是空白，而是一个节奏性的沉默，它对已有的是一个加强，而同时又传达一种向前的冲动，而不是驻足在它所确定的这一点上。"② 节奏既包含着秩序，又包含着变化，包含着向前推进的关系。当一个变化与秩序的周期结束时，新的变化又开始了，新的变化同样不是对以往的重复，而是包含着新的期待的经验的又一次推进。

在杜威看来，并不是节奏在艺术中产生，而是艺术在节奏中产生，正是因为节奏，艺术才成为艺术。因为艺术不是艺术产品，而是艺术作品，它不会在瞬间被知觉，而是经验的积累与释放的过程中不断呈现出它的内容和意义，"没有艺术作品可以在瞬间被知觉，因为那样的话，就不存在保存与增加紧张的机会，并因此没有释放与展开赋予艺术作品以内容的东西的机会。"③ 在经验的积累与释放中，节奏呈现出来。也就是说，艺术作品是一个节奏性的过程，在这一过程中，欣赏者与艺术作品不断相互作用，艺术作品的内容和意义在这种相互作用中不断呈现，而每一次呈现出的内容和意义都不是重复的，而是独特的、崭新的，因为它包含了以往全部经验的积累，每一次的相互作用，都把前一次的经验作为新的积累带入到经验之流中，因此，每一次的欣赏都具有新的意义。杜威举了人们观赏教堂的例子来说明这种积累性："人们必须在教堂前来回走动，进进出

---

① ［美］约翰·杜威：《艺术即经验》，高建平译，商务印书馆2010年版，第196页。
② 同上书，第191页。
③ 同上书，第211页。

出，还需要多次造访，使教堂的结构在不同的光线中，再联系变化着的人的情绪，逐渐为观赏者所把握。"① 也就是说，在欣赏艺术作品的过程中，人们不能机械性地走马观花，机械的走动只是盲目的和随意的，没有节奏性，也就没有审美性。人们的欣赏是有安排、有预期、有情感的，每一次的安排和预期都意味着新的经验的引入，在对教堂的观赏中，每次的走动、进出以及参观之间，都存在着节奏性的驻留，以便总结和完成这一步，再将预期紧张地推进下去。同时，任何一次欣赏都是伴随着主体当下的情感的，在不同的情感中，艺术作品所呈现的内容与意义也是不同的。正因为如此，走马观花式的、不带有任何情感的浏览不是审美欣赏，同样，如果艺术欣赏活动不能带来不同以往的新的经验也不是真正的艺术欣赏。

不仅艺术欣赏是在节奏中产生的，艺术创造活动也是在节奏中产生的。艺术家创造艺术作品并不是事先在心灵中酝酿好了作品的形式，然后再通过技巧将其展示出来，事实上，艺术创作也是一个经验的积累与释放过程。艺术家首先是对艺术作品有个大致的预期，这个预期推动艺术作品向着完善与圆满发展。在这一过程中，原有的经验作为能量的积累和聚集成为创作的要素，它与材料一道形成被创作过程选择和整合，由此在创作者心灵构想出模糊的形式，之后，经验活动形成节奏性运动，直到所构想的东西被呈现出来，成为可见的艺术产品。在杜威看来，艺术创作的经验过程就像呼吸一样，是一个呼与吸的节奏性运动，当连续性被打断，运动有了暂时的中止的时候就形成了节奏，而节奏又构成了一个阶段的停止和另一个阶段的开始。中止和运动就是经验过程中能量的收缩与释放，经验的每一次中止处都把前面活动的能量吸收进来重新组织，再在下一次的运动之中将重新这种被重新组织的能量释放出来，从而使每一阶段的经验活动都带有可吸取和融合的意义，"能量的组织是零碎的，以一个取代另一个，而在艺术的过程中，则是累积性和保存性的。因此，我们再次碰到节奏问题。无论何时，我们向前迈进一步，都同时是对以前的总结和完成，并且，每一次完成都将预期紧张地向前推进，这时，就有了节奏。"② 节奏使艺术作品各个部分均被赋予个性，同时又彼此连接，已经做过的东西

---

① ［美］约翰·杜威：《艺术即经验》，高建平译，商务印书馆 2005 年版，第 244 页。
② 同上书，第 190 页。

得到加强，预期要做的东西得到推进，这一切都处于一种有节奏的安排之中。杜威认为，每一个艺术家的创作活动都是臻于完成的持续性活动，在这一过程中，艺术品作为整体的实现存在于每一阶段的活动中，作品的意义并不在活动的某一阶段完全显现，但是每一阶段又都是有意义的，艺术家必须时刻"处在保持和总结作为已经做的，作为一个整体的一切，又时刻考虑作为一个整体的将要做的一切"[①]。艺术创造是处于经验节奏中的持续性活动，它既是多样性的运动，又具有稳定性的整一，同时，在整个创造过程中又弥漫着艺术家的情感与感受，它们引导着创造过程的发展，使艺术创造活动成为独一无二的具有个性的存在。正是这些因素的共同作用构成了艺术创造的整体。因此，那些没有人生经验积累的小说和内容空洞的音乐是难以被称为艺术作品的，而那些没有经过经验的摄取和消化等节奏性运动的活动也不是真正的艺术创作活动。

杜威对于节奏和秩序的理解使人们重新艺术的分类。在杜威看来，所谓时间上的节奏与空间上的对称都是能量的组织形式，它们是不可分割的。"简单而概括地说，当注意力特别放在完整的组织所显示的特征与方面时，我们就特别强调对称，即一事物与它事物之间的度的关系。对称与节奏是同一样东西，由于在感受时具有不同的侧重点，注意它时带有不同的兴趣，它们才不同。"[②] 节奏与对称是同一能量运作过程的两种形态，而不是两个要素，只是感受时的侧重点和兴趣不同而已。当休止或间隙成为视觉的特征时，人们就意识到了对称；当运动成为人们的关注点时，节奏就突出了。在经验世界中，事物的时间和空间这两个维度或属性是不可分割的。人们通过各种渠道而感知这个世界。每种媒介都不是独立地起作用的，人们在对事物进行感知时，并不可能独立地使用一种感官能力。人们在看时，也在听，同时感觉到冷或热，或闻到某种特殊的气味。在艺术中也一样，任何艺术都不仅属于单独的时间或空间，都兼有时、空两种要素。在罗丹的雕塑中，人们不仅能感受到躯体的动态，肌肉的跳动，而且还能感觉到时间的延展；有的音乐听起来似乎遥远、空灵而缥缈，人们几乎能感觉到它们与人们之间的距离……事实上，人们将绘画的线条和色彩放到空间之中，把音乐中的音调放到时间之中，是由于人们把通过反思和

---

① ［美］约翰·杜威：《艺术即经验》，高建平译，商务印书馆 2011 年版，第 66 页。
② 同上书，第 207 页。

分析得出的结论应用于直接经验。也就是说，人们只有在从知觉过渡到分析性反思时，才特别地意识到音乐与诗歌中的时间顺序，意识到建筑与绘画中空间的存在。因此，杜威说："艺术家总是不得不与知觉的而不是概念的材料打交道，并且，在所知觉的对象中，空间与时间总是一道的。"①

通过对节奏与秩序的阐述，杜威告诉人们美学史和艺术史对艺术分类的做法只不过是一种人为的结果，并不具有本然的合理性。事实上，节奏和秩序并不仅存在于艺术品中，它本身就是经验的形式，它的根源就在于生命体与环境相互影响、相互造就的活动中。

三　艺术的批评与判断

美学家们对艺术的研究除了确定艺术的定义、对艺术进行分类外，还有就是对艺术展开艺术批评。艺术批评在艺术创造和欣赏中也占有重要地位。艺术批评引导着人们对艺术的欣赏，同时，它也制约着艺术家的创造。杜威在对传统的艺术批评进行批判的同时，阐述了自己独特的艺术批评理论。

杜威认为，传统的艺术批评主要有两类：司法式批评（judicial criticism）和印象主义批评（impressionist criticism）。司法式批评就是用司法判决的方式来进行艺术批评，也就是说，司法意义上的法官占据着一定社会权威的位置。他的判决决定了一个人或一项事业的命运，并且在一定的情况下，决定了未来行动方针的合法性。在艺术批评领域中，司法式批评是指出于获得权威的欲望，规定统一的外在标准来衡量任何的艺术对象，并将这种标准看成是客观的，如法律条文一样不可违反。在杜威看来，这种批评并不适合针对艺术，"最终的、解决某一事务的判断更适合于罪孽深重的人的本性，而不是一种作为深刻实现了的知觉在思想上发展的判断。"② 这种批评的缺陷在于用惯例和权威取代了直接经验，因而过分注意技巧和熟练运用这种技巧的能力。而事实上，对这些问题的机械关注是缺乏知觉力的批评家的重要特征。这些批评家一般都把大师的作品作为典范来顶礼膜拜，却忽视了这些规则最初也来自于大师们的尝试。大师们本身也曾经是学徒，但当他们成熟时，他们就将所学到的东西吸收进了个人

① ［美］约翰·杜威：《艺术即经验》，高建平译，商务印书馆2005年版，第202页。
② 同上书，第333页。

的经验、视野与风格之中。他们是大师的原因，恰恰在于他们既不追随某种模式，也不遵循某种规则，他们只服从于自己的经验以及经验扩大的目的。杜威举例说，所有的后印象主义画家在他们的早期作品中都显示出对前一辈的大师们的技巧的掌握。库尔贝、德拉克洛瓦甚至安格尔的影响在他们身上到处可见。但是，当这些画家成熟之时，他们就有了新的视野，以一些新的方式来看世界，而他们的新题材也要求有新的形式，于是，他们被迫实验，从而适应环境变化而创造了新的表现形式。但司法式批评家们对这些却视而不见，他们用统一的标准来衡量具体的艺术，限制了艺术的发展与创新。因此，司法式批评的缺陷在于：它"不能应付新的生活模式的出现——要求新的表现模式的经验的出现。"① 司法式批评限制了知觉，压制了新的创见，并且有一种鼓励模仿的倾向，它阻碍而不是推动了艺术的发展。

印象主义批评是在意识到司法式批评所存在的问题并予以解决的过程中出现的。杜威认为印象主义批评在于："不管它的要求如何，批评都绝不能超出对印象的说明，这种印象在一个特定的时刻，由一件艺术作品制造出来，对我们起作用，而这件艺术品也是艺术家本身对他在某一时间里从世界接受的印象的记录。"② 印象主义批评家认为，那种司法判断意义上的批评是不可能的，批评家应该关注艺术品所引起的情感反应与想象。艺术品是直接被经验的，不能加以分析，而判断需要研究、探寻，这只能在印象之外进行。在杜威看来，印象主义批评否定判断、只要印象的观点是站不住脚的，"一个新的思想在进行广泛研究之后也许会终止于精细的判断，但在开始时只是一个印象，甚至对于一位科学家或哲学家来说，也是如此。但是，要定义一个印象，就要对它进行分析，而分析只有在超越印象，求助于它所依赖的基础和它所导致的后果时，才有可能进行。而这一过程就是判断。"③ 因此，批评不能离开判断。印象主义批评的弊端在于批评家把强调点放在某一个特定时刻，缺乏对连续性的关注。"说艺术家的印象出现于'某时'，以及批评家的印象发生在'某刻'，这里面包含着一种不合法的暗示。这就是说，由于印象存在于一个特定的时刻，它

---

① ［美］约翰·杜威：《艺术即经验》，高建平译，商务印书馆2005年版，第336—337页。
② 同上书，第338页。
③ 同上。

的意味就局限于那个狭小的时空之中了。"① 杜威认为，如果直接的印象中没有蕴含着从先前丰富积累的经验发展出来的意识，那么这种批评就是贫弱的。事实上，人们必须根据艺术品与经验的关系和联系来进行批评，否则这种批评就是无意义的。这正是印象主义批评的根本谬误。

杜威指出，司法式批评和印象主义批评的错误在于对"标准"（standard）观念的极端做法。司法式批评采用了一种具有外在性的标准的观念，这个标准是为着实际的目的而在使用中发展起来的，得到了法律的认可；而印象主义批评则与司法式批评相反，它假定不存在任何种类的标准。对于杜威来说，"标准"这一概念是一个物质性的事物，它不能衡量价值，并且它只是数量上的测量准则，只能得出比较性评价。批评家所从事的是判断，而不是低级的测量工作。并且，由于至今没有得到法律或公众承认的所谓的批评标准，因此，用一个标准对艺术进行客观的评价是不可能的。"批评家所做的只是判断，而不是测量物理事实。他关注某种个体的东西，而不是比较——像所有测量所做的那样。他的题材是定性的，而不是定量的。没有对所有相互作用都一视同仁的规律所规定的外在与公共的事物，可被物质性的应用。"②

在这两种批评模式的影响下，艺术批评实践中出现了两大谬误：约简和范畴的混淆。约简谬误（reductive fallacy）是过分简单化的结果。它把艺术作品的某个要素孤立起来，然后将整体约简为这个单一而孤立的要素。如将一种感觉的性质，色彩或音调从关系中孤立开来，孤立出纯形式的成分；或者将一件艺术品约简为专门的再现价值。更多的约简谬误是从历史、政治或经济的单一关注点出发，对艺术作品进行批评，将莎士比亚的艺术创作完全归因于他的恋母情结，把贝多芬的音乐基调与他的耳聋联系在一起或把《安娜·卡列尼娜》的主旨归结为女子的失德，这些都是约简谬误的例子。杜威认为，艺术以外的事物与批评是有关的，但是它们不能构成批评的主体，因为它们不能替代对作品本身的性质和关系的理解。只有当历史的、社会的、政治的、经济的和心理分析的因素与艺术品的其他构成要素联系在一起时，才是相关的。另一大谬误是范畴的混淆（confusion of categories）。历史学家、心理学家、生理学家、传记作家都

---

① ［美］约翰·杜威:《艺术即经验》，高建平译，商务印书馆 2010 年版，第 354 页。
② 同上书，第 341 页。

具有他们自身的研究主题和研究领域，艺术作品为他们的特殊研究提供了相关的资料。研究希腊人生活的历史如果没有将希腊艺术的典范作品考虑在内的话，就不能建构出他对希腊生活的报告；传记作者如果要构筑歌德的一幅生活画面而不使用他的文学作品的话，就是失职。但是，艺术批评不同于历史判断或心理分析，它有属于自己的范畴。从《西斯廷圣母》中获得的宗教经验不能取代对这部作品的审美经验；达·芬奇的绘画也不能作为严格意义上的医用解剖图。批评应聚焦于艺术作品本身的特性，其他领域的见解只能作为一种辅助性的信息，如果用它们来控制具有自身特性的艺术作品的话，就只能产生混乱。

　　尽管对司法式批评与印象主义批评这两种艺术批评理论进行了批判，但是杜威认为，对艺术作品进行客观批评不是不可能的，在他看来，批评是判断。但它不是像司法式批评那样用外在的统一标准来衡量不同的事物，而是指向具体对象的。"判断从中生长出来的材料是作品，是对象，但是，这一对象进入到批评家的经验之中，经过了与批评家自己的感受性与知识的相互作用，并得到了所保存的过去经验的支持。"① 也就是说，批评家对某一艺术作品进行评价时，必须将其带入到自己的经验之中，并且深入了解涉及该作品的背景知识，由于判断会受各种因素的影响，在它成为一种对直接的知觉材料所施行的活动之前，应该先对那些影响它的因素进行清理。

　　杜威认为，艺术作品并不存在批评的标准，但是却存在着判断的准则。这些准则不是规则或规定，它们是寻找作为一个经验的艺术作品是什么的努力的结果。也就是说，准则是为了陈述作为一个经验的艺术作品是什么，并且使对特殊艺术作品的特殊经验更切合于所经验的对象，更了解其自身的内容与意图。因此，批评家所关注的是具体的作品，而不是像司法式批评那样用预定的规则去衡量不同的事物，不是用简单的"好"或"坏"这样的术语做出的判断。对艺术的真正批评是所有对它作出反应的人对它的经验，批评的目的是为了使知觉变得更敏锐，从而增加对生活的洞察力。

　　杜威进一步认为，进行艺术批评还需要对某一艺术作品的背景知识进行深入细致的把握。"批评的历史充斥着粗疏与任性，对那些除了以熟练

———————

① ［美］约翰·杜威：《艺术即经验》，高建平译，商务印书馆2011年版，第358页。

的技术来使用材料以外没有长处可言的作品，充满着赞美之词；如果有了充分的关于传统的知识的话，就不会如此了。"① 批评家赞赏那些技巧熟练的学院派作品，原因之一是未能对所有的知识传统进行全面的了解，导致他们错把技巧等同于形式。一位合格的批评家需要大量的知识铺垫，否则他的判断就会贫乏而缺乏洞察力，是片面的甚至扭曲的。因此，真正的批评家应该熟悉各种艺术传统，不仅了解希腊艺术，而且也了解发源于波斯、埃及、中国和日本的艺术，这样他的判断才不至于单一而片面，才不至于由于背景知识单一而使批评不着要点。熟悉西方透视法的欧洲人在刚刚接触到中国山水画时，感到生疏而不自然，很难欣赏它们，但这种隔阂仅仅是由于对另一种表现手法和绘画语言的不习惯，不能因此而否定后者的艺术价值。但是不幸的是，由于大多数批评家只受过一种单一传统的训练，因此他们口味单一，屈从于陈规陋习，满足于例行公事，只赞赏那些已被确定艺术地位的学院派作品。这就使艺术批评与它自身的目的背道而驰。杜威认为，一个真正的批评家在面对作品中具有他不熟悉的质料时，他应该小心谨慎，避免立刻就做出谴责，如果该作品丰富了他以往的经验的话，他就会欣赏其所存在的多种特殊形式，提防将所有形式等同于他逐渐变得喜欢的某些技巧。这样，不仅他的一般背景得到扩大，而且他还熟悉了有更多经验方式的题材走向实现的条件。

　　批评家应当理解各种各样的传统，并不是说批评家不能有自己的偏好，但这种偏好必须有充实的基础、充分的理由，并建立在全面的知识和对艺术多样性的同情之上。如果批评家偏好是建立在党派之争的基础上，那么他将认为所有的艺术偏离都是背离艺术本身。"他然后就会失去所有艺术的关键，即形式与质料的统一，而失去的原因在于由于他本身的与接受到的片面性，他对于活的生物与他的世界之间相互作用的巨大的多样性缺乏足够的同情。"② 只有将偏好建立在由于充分了解独特艺术的传统而产生的亲切感的背景之下，偏好才是真诚的，它才会使批评本身更为敏锐、更富洞察力。

　　不仅如此，知识应该成为引起兴趣的背景，有很多学识渊博的批评家，由于对题材本身没有强烈的兴趣，缺乏对自然的敏感，他们在对艺

---

① ［美］约翰·杜威：《艺术即经验》，高建平译，商务印书馆2011年版，第361页。

② 同上书，第362页。

品进行判断时就会平淡而冷漠，不能进入艺术品的内部，体会到它的核心。从这种意义上来说，批评家仅有背景知识是不够的，更重要的是他要有丰富的关于艺术品的经验。"学识必须成为兴趣之温暖的燃料。对艺术领域的批评家来说，这种有见识的兴趣意味着熟悉这门独特艺术的传统；这种熟悉并不仅限于关于对象的知识，因为它来自于个人与那些构成了传统的对象的亲密接触。"① 因此，好的批评家不仅总结对客观质料的经验，而且他的判断与他作为一个个体的存在本身是联系在一起的，他真诚地对作品进行敏感的感知和理智的检验。在这个过程中，存在着他的经验的积累，并且这种经验的积累在面对艺术作品时活跃起来，形成一种新的综合，这种综合是贯穿所有细节的统一的线索。在杜威看来，艺术批评作为判断存在着某种统一的阶段，这种统一不是批评家必须自己生产出一个完整的整体，而是将某种统一作为特征存在于艺术作品之中。"批评家应捕捉住某种实际存在着的谱系或线索，将之清楚地展示出来，使读者有一个新的提示，从而对他自己的经验起引导作用。"② 从这种意义上来说，批评也是一种新的创造，它使批评自身也成了一门艺术。

更确切地说，在批评家与艺术作品之间存在着互动，这种互动会随着批评家的知识敏感性、过去经验所储备的意义的不同而有所变化。但是，批评就是判断，而任何判断都要履行特定的功能，即唤起对作品的特定组成部分的明确意识，以及对构成整体的各部分之间关系的认识。可以说，批评的任务是阐明艺术作品的意义，它虽然不能取代艺术作品的个性化的经验本身，但它可以提供信息，展现艺术发展的线索。这一工作极其重要，因为人们只有经历了艺术家在生产作品时所经历的生命历程，才能真正掌握一件艺术作品的全部含义。真正的批评家的判断能为其他人对作品进行更完满的欣赏奠定基础，或者能引导人们经历艺术家在生产艺术作品时的心中历程，使其他人更好地理解他们可能错过的精彩之处，从而对普通人的艺术知觉进行再教育，使他们的知觉指向一个更为完满、更有秩序的对艺术作品的客观内容的欣赏。杜威认为，每一位批评家都必须像艺术家一样经验或观看这个多样而丰富的世界，因为在这个世界中包含着具有吸引力的无限多样的其他性质和无限多样的其他反应方式，它们能使批评

---

① ［美］约翰·杜威：《艺术即经验》，高建平译，商务印书馆2005年版，第344页。
② 同上书，第348页。

家在多种不同的整体经验中丰富他们的知觉经验，进而在判断中控制艺术作品的知觉题材，使人们不断丰富他们的生存经验，拓展生命活动的意义。因此，杜威的艺术批评理论是"艺术即经验"观点的延伸和展开，这种理论在整个西方艺术批评史中具有独特的价值。

　　通过以上表述可以看到，杜威建立了一种全新的艺术理论，提出了一种全新的衡量艺术的标准：艺术与经验一样，是一种生命探求活动，它体现了人在使用自然的材料和能量中扩展其生命意图的力量。因此，能否在生命活动的意义上拓展和丰富人的经验成为衡量艺术作品的一项的重要标准。在杜威看来，一件生产出来的静态的艺术产品并不是艺术，真正的艺术是人们在欣赏艺术品时获得的动态的经验，如果这一经验不仅是独特的，而且通过它直接而自由地对扩展与丰富人的生活做出贡献，那么这一艺术产品毋庸置疑是一件伟大的艺术作品。

第五章　艺术与生活

在杜威的美学中，艺术作为人的实践活动，在很大程度上与经验是同一语汇。艺术与经验一样，是对变动不定的自然的一种应对，是生命体与自然相互作用的结果。因而，艺术不是高于日常生活的超越之物，它的根基就蕴于日常生活之中。但是，艺术不是普通的经验，而是完满的、理想性的经验，它是所有经验的典范，可以作为榜样指导着日常经验之流的发展。

第一节　艺术与生活的连续性

杜威认为，艺术与经验是天然地联系在一起的，它并不是脱离日常经验之外的孤立的东西，它是日常经验的强烈而集中的形式，是日常经验的积累和延续，美学的任务就是"恢复作为艺术品的经验的精致与强烈的形式与普遍承认的构成经验的日常事件、活动以及苦难之间的连续性。"[①]艺术与经验的关系就像是山峰与大地的关系，山峰不仅是由大地支撑的，从另一个角度看，山峰本身就是大地。当艺术与经验的连续性被恢复之后，艺术与生活的隔阂也消失了。

一　艺术经验与日常生活经验的连续性

杜威认为，在日常生活中，经验无处不在，任何事件或场景，只要它有始有终，能够抓住人们的注意力，能够使人们的情感得到满足，都是"一个经验"或者是圆满的经验。这样的经验为人们指向了一条通向艺术之路。"救火车呼啸而过；机器在地上挖掘巨大的洞；人蝇攀登塔尖；栖

---

① ［美］约翰·杜威：《艺术即经验》，高建平译，商务印书馆2005年版，第1—2页。

息在高高的屋檐上的人将火球扔出去再接住。如果一个人看到耍球者紧张而优美的表演是怎样影响观众的，看到家庭主妇照看室内植物时的兴奋，以及她的先生照看屋前绿地的专注，炉边的人看着炉里木柴燃烧和火焰腾起和煤炭坍塌时的情趣，他就会了解到，艺术是怎样以人的经验为源泉的。"① 也就是说，在日常生活之中，当经验获得强烈而清晰的发展并在审美中呈现的时候，就是艺术产生之时。在杜威看来，任何一种艺术形式，其起源都与人的生活经验紧密相连，"舞蹈与哑剧这些戏剧艺术的源泉作为宗教仪式庆典的一部分而繁荣起来。弹奏拉紧的弦，敲打绷起的皮，吹动芦笛，就有了音乐艺术。甚至在洞穴中，人的住所装饰着彩色图画，这些画活生生地保存着与人的生活紧密相连的、对于动物的感觉经验。"② 即便是在古希腊和文艺复兴时期，艺术仍然不能从直接经验的背景中脱离开来，在古希腊，艺术是有意义的生活的一部分：绘画、雕塑与建筑统一起来，为人的生活服务；器乐与歌唱是社群生活与制度的不可分割的一部分；戏剧是集体生活的传说与历史的生动再现。古希腊的"艺术是模仿"观念的流行也证明了艺术与日常生活是紧密联系在一起的。同样，文艺复兴时的艺术之所以伟大，是因为它们来自生活中的手工艺术，它并非空穴来风，而是在普通的和日常的生活形式中发现意义的过程。也就是说，艺术并不是发生于与审美相关的特定情境中，在任何具有完整性的经验中都有艺术存在的潜能。

事实上，在人们现实的生活中，艺术经验与日常经验的区分也不是绝对的。日常生活中，处处都可见艺术之光的闪现。在布置房间时，人们常常会考虑各种家具的摆放位置是否合适，墙壁上是否需要安装壁灯，茶几上是否要摆放上一只花瓶等诸如此类的问题；上班或者参加聚会之前，人们一般会在衣服和饰品的搭配上花费很多心思：这双鞋的颜色是否与这身西装相配，这个花色的领带配那件衬衫的效果如何，这条裙子是否可以与那件衣服搭配，戴上一条珍珠项链是否可以为这身衣服带来出其不意的效果等。人们不知道这些组合搭配有什么规则可言，人们也无法准确地说出人们究竟想达到一种什么样的预期效果，人们只是凭借模糊的、不太清晰的感觉来行动，但是一旦达到一种和谐时，人们就会立刻产生圆满或满意

---

① ［美］约翰·杜威：《艺术即经验》，高建平译，商务印书馆 2010 年版，第 5 页。
② 同上书，第 7 页。

的情绪，一种完成创造活动的欣喜之情也会油然而生。人们生活中的这些活动与艺术家的工作颇有一些相似之处，只不过与生活中处理的这些事情比起来，创造艺术品的过程要复杂得多。但是归根结底，艺术并不是像康德所说的那样是天才的创造，在普通人的生活经验中，人们就能够发现艺术创作的潜质。在杜威这里没有对天才的浪漫幻想，他认为艺术家和其他人没有什么根本性的差别，艺术家使用各种艺术媒介来工作，他面临各种各样的困难和可能性，他的成功依赖于对材料的充分运用。普通人与艺术家之间的区别，类似于一个能干的主妇与烹饪师之间的区别，或一个对美酒小有研究的人与品酒师之间的区别。"聪明的技工投入到他的工作中，尽力将他的手工作品做好，并从中感到乐趣，对他的材料和工具具有真正的感情，这就是一种艺术的投入。无论是在工场里，还是在画室里，这样的工人与无能而粗心的笨蛋间都同样具有巨大的差别。"① 艺术家与普通人的区别在于：艺术家以一种高度精练的方式实现这种活动。艺术家对事物的敏感使他能发现其他人没有注意到的东西，他在作品中展现这些被忽略的事物，从而使其他人也能注意并分享它们。艺术并不与生活脱节，或是生活的外在装饰品，艺术就蕴含在人们的日常生活之中。

对杜威来说，艺术绝不是传统上仅局限于音乐、美术、绘画等范畴的狭隘领域，"任何活动，只要它能够产生对象，而对于这些对象的知觉就是一种直接为我们所享受的东西，并且这些对象的活动又是一个不断产生可为我们所享受的对于其他事物的知觉的源泉，就显现出了艺术的美。"② 在传统美学中，艺术仅仅是与审美经验相关的，而审美经验却与普通经验之间存在着裂痕。在杜威看来，任何一个经验都具有审美的性质，"甚至一个粗俗的经验，如果它真的是经验的话，也比一个已经从其他方式的经验分离开来的物体更加适合于提示审美经验的内在性质。"③ 因此，要恢复审美经验与日常经验的连续性，就要"回到对普通或平常东西的经验，发现这些经验中所拥有的审美性质。只有在审美已经被分区化了，或者只有当艺术作品已经被放在一个独特的地位，而不是作为公认的普通经验之物时，理论才会从公认的艺术作品开始，并由此出发。"④ 也就是说，对

---

① ［美］约翰·杜威：《艺术即经验》，高建平译，商务印书馆2005年版，第3—4页。
② ［美］约翰·杜威：《经验与自然》，傅统先译，江苏教育出版社2005年版，第233页。
③ ［美］约翰·杜威：《艺术即经验》，高建平译，商务印书馆2005年版，第10页。
④ 同上。

艺术品的理解不能从艺术品本身出发，而应该从生活的正常过程出发，这样，艺术才能够真正增强人的审美经验，提高和完善人的审美能力。

很多人认为，杜威建立艺术与经验的连续性的做法会取消艺术的独特品格，最终会取缔艺术本身。事实上，正如本书之前描述艺术概念的起源时所阐述的那样，所谓"艺术的独立性"只有在现代哲学和美学的语境才显得弥足珍贵，如果抛弃现代文明对艺术的理解，那么关于艺术失去其独特性的担心就会消失。而杜威就是要超越现代语境，将艺术恢复到前现代的情境中，找到艺术的真正身份和价值。在他看来，艺术在产生之初就是人们对美好生活的展现，而在现代，艺术却与生活脱节，如果艺术不能让人们更好地生活，仅仅执著于艺术的独特性则毫无意义。进一步说，杜威建立艺术与经验的连续性，但从未简单地将艺术等同于任何普通经验，他说：艺术品"来自于日常经验得到完全表现之时，就像煤焦油经过特别处理就变成了染料一样。"① 也就是说，艺术作品来自日常经验，但必须经过处理和提炼。如果在对一部作品进行生产和接受时，它没能澄清或传达一种提高和精炼了的日常经验，那么它就不是艺术。同样，艺术也不是生活本身，而是生活的最高理想，是生活应该成为的样子。艺术帮助人们探索生活各种各样的特征，它告诉人们人的活动获得了什么，人的生活应该怎样去过。当生活达到完满的极致时，它才是艺术。在艺术中，手段与目的合为一体，这正是生活所应具有的状态，也是社会应该达到的目标。

二 高雅艺术与通俗艺术的连续性

除了恢复艺术经验与日常生活经验的连续性之外，杜威还努力恢复高雅艺术与通俗艺术之间的连续性。人们知道，在18世纪出现了"美的艺术"的概念，并逐渐等同于艺术本身，大写字母A开头的"艺术"（Art）与小写字母a开头的"艺术"（art）被区分开来。那些以大写字母A开头的艺术被认为是具有一种混杂着敬畏与非现实的"灵韵"（aura）的精神性，被人们供奉起来，并放进了博物馆之中，于是，高雅艺术与通俗艺术被区分开来。在杜威看来，高雅艺术与通俗艺术之间的区分并不是艺术的内在本性决定的，而是由艺术的外部因素决定的，其中最为重要的因素之

---

① ［美］约翰·杜威：《艺术即经验》，高建平译，商务印书馆2005年版，第10页。

一就是博物馆制度。

艺术博物馆作为艺术品陈列的场所在人们今天看来是平常的，似乎是自来就有的。但事实上，它是伴随着资本主义的发展而出现的必然产物。"资本主义的生长，对于发展博物馆，使之成为艺术品的合适的家园，对于推进艺术与日常生活分离的思想，都起着强有力的作用。"① 在近代资本主义以前的时代，或者不知现代文明为何物的国度，博物馆根本就不存在。到了资本主义时期，资本主义为了扩大资本市场，进行了大规模的征服与掠夺。"作为资本主义制度的重要副产品的新贵们，特别热衷于在自己的周围布置起艺术品，这些物品由于稀少而变得珍贵。一般说来，典型的收藏家是典型的资本家。他们为了证明自己在高等文化领域的良好地位而收集绘画、雕像，以及艺术的小摆设，就像他们的股票和债券证明他们在经济界的地位一样。"② 社群和国家也将修建歌剧院、画廊和博物馆作为它们在文化上具有高尚趣味的证明。同时，贸易与人口的流动带来了经济上的世界主义的增长，它使艺术品离开生产它的地方，被作为战利品和稀有物品来摆放和珍藏。这时，艺术品就失去了曾经是它自然表现的地方特性，丧失了原初的意义和作用，而成为博物馆艺术。"艺术品在失去了它们的本土地位之时，取得了一种新的地位，即成为仅仅是美的艺术的一个标本，而不是别的什么东西。"③ 另外，资本主义的市场经济的发展使艺术品也像其他物品一样是为了在市场上出售而生产的，这种市场化也使艺术品从普通经验中分离出来，成为权力、财富与趣味的证明。

杜威认为，博物馆制度本身对艺术的影响是相当巨大的。当博物馆艺术成为艺术的典范时，会影响人们对于艺术的判断标准。例如：一尊希腊的神像和一幅野兽派的绘画都能够被请到博物馆中，并被冠以"艺术"的名称，但人们看不出二者有任何相似之处，这就使人们模糊了"什么是艺术"的观念。并且，博物馆由于受到场地、机缘等条件的限制，能搜罗到的艺术品的数量相当有限，很多场域内的巨幅壁画、历史悠久的宗教建筑、一场完美的戏剧或音乐表演等都不能被放入博物馆中，但摆在博物馆中的这些受局限的少量艺术品却被假定为代表作为整体的艺术这个门

① ［美］约翰·杜威：《艺术即经验》，高建平译，商务印书馆2005年版，第7页。
② 同上。
③ 同上书，第8页。

类，它强迫欣赏者以一种特殊的审美态度对待这些艺术作品，而对其他让人们产生审美情感的事物不屑一顾。更为重要的是，艺术博物馆搜集各个时代的艺术家的作品，将它们当成艺术来展示，但是这些作品可能在它们的创造者眼中根本不是什么艺术作品，或者是被艺术家本人认为的并不成功的作品，比如当时为了取悦贵族所画的肖像画，在艺术家眼中可能并不是什么伟大的作品，但在博物馆中也变成了著名艺术品。最重要的是，博物馆似乎成为一个与日常生活相隔离的场所，它赋予艺术以崇高的地位，使艺术成为一个远离现实的独立领域，从而造成了艺术与人的日常生活、高雅艺术与通俗艺术之间的分离。

事实上，现在被放到博物馆中去的那些所谓"艺术品"，有很多在其产生之初并不是作为艺术来生产的：拉斯科洞穴中的壁画表现了狩猎民族对于动物的感觉经验；半坡氏族陶罐上的鸟的图案表现了他们对上天的敬畏；南澳洲人的盾牌上的装潢图案起着威吓敌人的作用；就连巴黎圣母院的壁画也不过是为了让基督教信徒牢记《圣经》中的教诲……它们是日常生活的一部分，是加强普通的社群集体经验的必需品。杜威说："文身、飘动的羽毛、华丽的长袍、闪光的金银玉石的装饰，构成了审美的艺术的内涵，并且，没有今天类似的集体裸露表演那样的粗俗性。室内用具、帐篷与屋子里的陈设、地上的垫子与毛毯、锅碗坛罐，以及长矛等，都是精心制作而成的，人们今天找到它们，将它们放在艺术博物馆的尊贵的位置。然而，在它们自己的时间与地点中，这些物品仅是用于日常生活过程的改善而已。它们不是被放到神龛之中，而是用来显示杰出的才能，表示群体或氏族的身份，对神崇拜，宴饮与禁食，战斗，狩猎，以及所有显示生活之流节奏的东西。"① 但是现在，它们是艺术，并被摆放在了博物馆中的尊贵位置。杜威清醒地看到了博物馆制度对现代人的艺术观念产生的根本性影响，"将艺术与对它们的欣赏放进自身的王国之中，使之孤立，与其他类型的经验分离开来的各种理论，并非是它们所研究的对象所决定的，而是由一些可列举的外在条件所决定的。这些条件仿佛是嵌入到制度与生活的习惯之中，由于不被意识到而具有更强烈的效果。于是，理论家们假定这些条件已被嵌入到物体的本性之中。但是，这些状况的影响并不局限于理论。正如我所指出的，这深深地影响着生活实践，驱除作为

---

① ［美］约翰·杜威：《艺术即经验》，高建平译，商务印书馆2010年版，第11—12页。

幸福的必然组成部分的审美知觉，或者将它们降低到对短暂的快乐刺激的补偿的层次。"① 日常经验与审美经验、通俗艺术与高雅艺术的裂痕出现了，普通人对高雅艺术产生了某种敬畏的心理，或者觉得高雅艺术由于不可理解而变得苍白无力，于是转而去欣赏便宜而粗俗的东西来解决审美需求。

对艺术造成分离局面的另外一个重要因素就是艺术家的审美个人主义的出现。由于现代工商业的发展，工业被机械化了，艺术家由于不能机械性地大规模地生产而与社会的结合不那么紧密了，这时，就出现了一种独特的"审美个人主义"。"艺术家们发现，通过孤独地进行'自我表现'来从事自己的工作，是他们义不容辞的责任。为了不迎合经济力量的趋势，他们常常感到有必要将他们的分离性夸大到怪异的程度。相应地，艺术产品带上了某种更大程度的独立与秘奥的气氛。"② 这种境况进一步造成了高雅艺术与通俗艺术之间的分离，高雅艺术成为仅供具有艺术天才或有教养的贵族欣赏的东西，而人民大众由于缺乏财力和教育水平只能欣赏博物馆之外的通俗艺术。

杜威认为，高雅艺术与通俗艺术之间的分离对艺术的发展来说是灾难性的，一方面，高雅艺术使普通人望而生畏，无法接近，造成了高雅艺术与日常生活的分离；另一方面，人民大众只能将电影、漫画或报纸上的爱情、凶杀、警匪故事等低劣艺术视为最具活力的艺术来满足审美饥渴。这是因为，"当所承认的艺术被驱逐到博物馆和画廊之中时，对本身可使人快乐的经验的不可抑制的冲动就指向了这些由日常环境所提供的出路。"③ 更糟糕的是，博物馆制度将高雅艺术视作是有钱有闲人的专利，认为能够对它们进行欣赏是良好的文化修养的体现。在高雅艺术的小圈子里，将艺术与普通生活联系起来时，会招致莫名其妙的反感。这些有文化修养的人将为了大众而写的小说、流行的大众音乐称为低劣的，潜意识里把它们当作没有艺术价值的东西。于是，精英文化与大众文化之间形成了尖锐的对立。

在杜威看来，既然高雅艺术与通俗艺术的分离并不是艺术的本性，而

① ［美］约翰·杜威：《艺术即经验》，高建平译，商务印书馆 2005 年版，第 9 页。
② 同上书，第 8 页。
③ 同上书，第 4 页。

是由于艺术的外在力量造成的，那么，寻求二者之间的统一性就是自然而然的。对杜威来说，一切加强了直接生活感受的对象，都是欣赏的对象。"一种愤怒的情感、一个梦境、辛劳后四肢的松弛、互相开玩笑、恶作剧、击鼓、吹哨子、放爆竹和踏高跷，同样有着被尊称为美感的事物和动作所具有的那种直接的和移情的终极目的性。因为人们不仅仅生活，而更多地沉湎于丰富迷人的生活之中"。① 艺术不仅存在于博物馆、画廊和音乐厅中，而且它还弥漫于人们的生活之中。"当所选择与区分出来的物品与一般行业的产品具有紧密联系之时，也正是对前者的欣赏最为通行和最为强烈之时。而当这些物体高高在上，被有教养者承认为美的艺术品之时，人民大众就觉得它苍白无力，他们出于审美饥渴就会去寻找便宜而粗俗的物品。"② 因此，高雅艺术与通俗艺术的分离是艺术狭隘化的结果。只要人们放弃艺术与生活相分离的偏见，艺术就可以从博物馆的铜墙铁壁中解放出来，高雅艺术与通俗艺术的隔离就会消失。当艺术与生活融为一体时，也是真正伟大的艺术品产生之时。

三 美的艺术和实用艺术的连续性

为了彻底恢复艺术与日常生活之间的连续性，杜威进一步试图建立美的艺术与实用的艺术之间的连续性。通过梳理艺术发展的历史人们发现，美的艺术和实用的艺术之间的分离实际上是近代文明的产物，在近代之前或在没有进入近代文明的社会，美的艺术与实用的艺术没有区别，艺术是与社会的日常生活紧密结合在一起的。希腊的巴特农神庙在人们今天看来是美的艺术的伟大代表，但在古希腊，它却是雅典公民祭祀和纪念的场所；达·芬奇的《最后的晚餐》是绘画史上的伟大艺术品，但是它的主旨却是让人们从一个全新的角度领悟《圣经》中所蕴含的死亡主题；同样，"黑人雕塑家所做的偶像对他们的部落群体来说具有最高的实用价值，甚至比他们的长矛和衣服更加有用。"③

但是在近代，美的艺术却与实用的艺术区分开来，尤其是当代社会，很多生产者只考虑产品的实用性，却并不注重产品的美，社会上存在着大

---

① [美] 约翰·杜威：《经验与自然》，傅统先译，商务印书馆 2014 年版，第 82 页。
② [美] 约翰·杜威：《艺术即经验》，高建平译，商务印书馆 2011 年版，第 6—7 页。
③ 同上书，第 30 页。

量在使用时不能令人感到身心愉悦的产品。杜威认为，这种分离也不是艺术品内部所固有的，而是由于艺术作品的外部力量造成的，也就是说，是由于历史、时间和地域所造成的社会文化环境，即经济压力、大工业生产对效率的极端重视、流水线作业带来的麻木不仁等造成的。"一个产品也许常常不能在使用它的人心里激发美感。但是，这个问题与其说是由工人，不如说常常是他的产品将流向市场的市场状况所造成的。"① 杜威这里所指的"市场状况"主要包括两点：其一是工业化社会大批量流水线生产，过分注重效率和数量；其二是成本低、价格低廉的产品更受市场欢迎。在这种条件下，生产者自然无暇考虑美观的问题。所以，"只要在生产行动不能成为使整个生命体具有活力，不能使他在其中通过欣赏而拥有他的生活，该产品就缺少某种使它具有审美性的东西。"②

　　除此之外，将美的艺术与实用的艺术对立起来的做法还有哲学方面的渊源，在古希腊的柏拉图那里，真、善、美就是存在于"理念世界"的一种超脱价值，只有通过哲学上的观照才能体验到，而现实世界是变动的世界，只有实用的东西，不存在永恒的真、善、美。人们在哈奇森、康德、克莱夫·贝尔以及门罗·比尔兹利那里看到了这种思想的不同程度的体现。这种思想逐渐被延伸到艺术领域中，美的艺术被褒扬为纯粹的审美观照，当人们对艺术品进行审美观照时，只关注它的形式，以及从中获得的纯粹的愉悦，这种观照是脱离欲望的、无利害的，丝毫不涉及对事物的实用性的功利考虑的；而实用的艺术被贬斥为一种技术性的实践，它具有功利性、目的性，是可操作的，因此是低贱的。哲学上的二元论加剧了美的艺术与实用的艺术的分离，并将这种分离认为是理所应当的事。

　　由于美的艺术与实用的艺术的对立这一观念的影响，在人们的生活或者是艺术设计中经常会发生这样的事情：一件衣服只有与它的实用性分离时，人们似乎才能欣赏它的颜色或质地所体现出来的美；一座房子只有在它不被使用时，人们才把它当作是艺术作品。但事实上，消费者对服饰的要求是不仅能御寒保暖，而且还能修饰形体、展示身份、愉悦心情，而设计师设计服装也不仅希望它美观，更希望能通过服饰引导消费者的知觉，丰富他们的审美经验；房子也是如此，只有将美与实用性真正结合在一起

---

① ［美］约翰·杜威：《艺术即经验》，高建平译，商务印书馆2005年版，第4页。
② 同上书，第27页。

才能真正满足人的需求。再看一看人们周围的环境，从日常使用的器皿、室内的家具和摆设，到体育场、音乐厅、主题公园等各种公共设施，如果它们的设计合理而成功的话，人们很难看到美与实用的对立。很难想象在一家格调独特的餐厅用餐时，人们只会埋头狼吞虎咽，而丝毫不去欣赏周围充满情调的物品，比如别致的水晶壁灯、形状简洁的沙发、有着流畅柔和曲线的酒杯、墙壁上挂着带有异域风情的装饰品……每一件东西都是美与实用结合的典范，以合适的布局将它们放置在一起，使它们彼此映照，互为背景，给用餐者带来更多层次的审美愉悦，从而也最大限度地实现了美与实用的渗透和融合。

　　因此，美与实用是可以并且应该结合在一起的，在人们平常所说的艺术品中同样也可以实现这样的结合。建筑可以称得上最注重实用性的艺术，从古至今，世界上出现了许多华丽崇高、巍峨壮观的建筑，却绝少有哪座建筑物不考虑实际的功用，只为可供欣赏的外观而建造。要想证明这一点，人们不需要引述建筑史上的名作，只需想一想金融机构的大厦、富丽堂皇的宾馆以及布满装饰的拜占庭教堂，它们由于满足了人和社会的需要而非常清楚地体现了深层意义上的美；绘画同样带有某种程度的实用意义，它或者是为了记录某个特征，或者是为了表现某个主题，或者是为了伸张某种意义，总之在不同的情境下产生了不同的绘画作品；再想一想似乎距离实用性最远的音乐，人们往往从音乐的形式特征出发，根据形式与美的独特关系，认为音乐只能表现美。但是，音乐艺术的抽象性并不代表它不能成为在经验中传达意义的工具，也不代表它不涉及日常的情感和经验。人们常常被音乐打动，感到欢乐或忧郁，这种愉悦源于内心深处的震动。实际上，较之绘画或文学，音乐更直接地对精神产生作用。这是心理学和医学完全承认的事实，在古希腊就有通过音乐的宣泄作用来驱散人的疾病的医疗手段，现代医学甚至用音乐来治疗人的心理疾病，去除心灵创伤。可以说，音乐从最深层次体现了中国古代思想家所向往的"无用之大用"。更具说服力的例子是，在博物馆里，展示着大量美得炫目的艺术品——花瓶、容器、钟表、服饰。现代人在观赏时，更注重其精致而完美的外观，把它们当作美的艺术。但它们最初都是日常生活的必需品。因此，真正的艺术品应该是美与实用的完美结合。

　　人的需求也体现了美与实用的有机结合。工业生产为人们提供了各种各样的便利条件，满足了人们的衣、食、住、行等多方面的需要，但人们的需要并不仅限于此，人们在希望这些东西满足人们实用性的同时，也希望它们具有审美价值：人们需要能为人们和家人遮风避雨的房屋，同时也希望这幢房子宽敞明亮、温馨雅致；人们需要可口的食物，同时也希望它有悦目而诱人的颜色，在享用它的同时，也获得美的享受。因此，美和实用的分离并不是人们的内在要求，相反，当实用的东西同时也可能成为美的艺术时，它满足了人的物质需求与精神需求的完美结合。并且，当艺术为现实的人类需要服务时，无论对于艺术，还是对于人类都是有益的：通过回归现实，艺术恢复并保持了活力，而人类获得了健康和教益。"一个钓鱼者可以吃掉他的捕获物，却并不因此失去他在抛杆取乐时的审美满足。正是这种在制作或感知时所体验到的生活的完满程度，形成了是否是美的艺术的区分。"[①] 从这个意义上说，任何美的艺术，都具有最广泛意义上的工具性和实用性，从进入经验，对人产生作用这一点来看，它们是丰富我们日常经验的手段，它们都是实用的艺术。

通过将艺术与普通经验连接起来，杜威恢复了艺术与生活的联系。普通经验具有发展为艺术的潜力，日常生活能够不断向审美领域推进。"一种从美的艺术与普通经验间已发现性质的联系出发的关于美的艺术的观念，将能够显示有助于从一般人类活动向具有艺术价值的事物的正常发展的因素与动力。"[②] 艺术并不是高高在上的超越生活的神秘之物，它的根基就蕴含于日常生活之中。现在的很多经验之所以从表面上看不属于艺术，原因在于人们的经验方式出了问题，一旦这些问题得到了克服，艺术与日常生活的连续性就呈现出来了。

第二节　作为生活理想的艺术

艺术虽然与日常生活紧密联系在一起，但艺术毕竟不同于日常生活，它有其自身的独特性，在杜威看来，艺术经验是"摆脱了阻碍与搅乱其发展的力量的，作为经验的经验；也就是说，摆脱了那些使一个经验处于从属地位，仿佛它指向某种它本身之外的东西。"[③] 这种处于完整性状态

① ［美］约翰·杜威：《艺术即经验》，高建平译，商务印书馆2005年版，第27页。
② 同上书，第10页。
③ 同上书，第304页。

的经验正是艺术经验的独特性所在。在杜威看来，从经验的角度来说，艺术与日常生活都是经验的流动。球场上精神高度集中、姿态优美的球员，田地间专心致志、满怀希望的农民，工厂中有条不紊、不断求新的工人等，他们既是在进行日常生活的活动，从另一角度来说也是在进行艺术创作。因而，艺术活动同样是人与环境的相互作用，同样是人们生活的一部分。但是，它与日常的生产性或操作性活动的不同之处在于，它的经验过程体现了内在的意识领域与外在操作活动的统一，体现了手段与目的的统一，同时，也体现了艺术经验内在的有机统一。从这一角度来说，艺术是完整的经验，是日常生活的完满状态，体现了日常生活的理想。

一　艺术性与审美性的统一

从词源上来说，"艺术性"（artistic）通常是指积极的艺术生产者的经验的性质，它主要与生产或制作有关。"艺术表示一个做或造的过程。对于美的艺术和对于技术的艺术都是如此。艺术包括制陶、凿大理石、浇铸青铜器、刷颜色、建房子、唱歌、奏乐器、在台上演一个角色、合着节拍跳舞。每一种艺术都以某种物质材料，以身体或身体外的某物，使用或不使用工具，来做某事，从而制作出某种可见、可听或可触摸的东西。"[①]而"审美性"（aesthetic）则被理解为消极的旁观者的经验的性质，主要与欣赏和知觉有关。"它是嗜好、趣味；并且，正如烹调，准备食品的厨师明显需要有技艺的活动，而消费者需要趣味；在园艺中，种植与耕作的园丁与欣赏完成了的产品的住户之间也有类似的差别。"[②]艺术性与审美性的这种区分在古希腊人的生活中最明确。在古希腊人看来，艺术性由于主要涉及生产，因而属于变动的领域，代表了自然界的偶然与流变的一面，因而是低贱的；而审美性则是通过观照获得永恒不变的知识因而展现了最高的必然性和普遍性，与艺术性相比，它具有更高的地位和重要性。这种分裂影响了后来的美学理论，在康德的美学中，艺术作品来自天才的创造，而艺术欣赏则属于观众的审美判断力，当二者发生矛盾时，天才的创作要服从于观念的鉴赏力。这样，艺术的创作和欣赏之间就呈现一种分裂状态，毫无共通或交叉之处。

———————

① ［美］约翰·杜威：《艺术即经验》，高建平译，商务印书馆2005年版，第50页。
② 同上。

杜威指出，正如在经验中"做"与"受"是内在统一的一样，作为生产的艺术性与作为知觉与享受的审美性之间的区分在艺术中是不存在的。"实施中的完善不能根据实施来衡量和定义，它包含了对所实施的产物的知觉与欣赏。"[①]　就像厨师在为顾客准备食物时，他所准备的东西的价值就存在于消费之中一样，在艺术家的创作过程中也有欣赏，它在工作时必须考虑欣赏者的态度，必须时常以观众的角度来看自己的作品，只有能打动他自己的作品才能打动别人。如果一部艺术品仅仅是创作者的技巧的展现，而丝毫不考虑他人的知觉与感受的话，那么，它就至多只是技术性的，而不是真正伟大的艺术作品。"要想成为真正艺术的，一部作品必须同时也是审美的——也就是说，适合于欣赏者的接受知觉。经常的观察对于从事生产的制作者来说，是必要的。但是，如果他的知觉不同时在性质上是审美的，那么它就是苍白的、冷漠的对所做的事的认知，仅成为一个本质是机械的过程的下一步的刺激物。"[②]　也就是说，艺术家在制作过程中如果没有审美的知觉，那么艺术家就不是在创作，而是在机械地活动。这就像一场没有听众的谈话一样，不仅是不完整的，而且是无意义的。在艺术创作过程中，必须包含具有直接感受性的因素，艺术作品才是真正具有艺术性。换句话说，艺术是为欣赏而生产的，如果没有对制作和享受的整个过程进行欣赏，那它就不是完全的。因此，从这个意义上来说，观众是艺术家的合作伙伴，观众的趣味和欣赏是被融合于艺术创作过程的一个非常重要的因素。传统美学倾向于认为，艺术家是在独自创造艺术作品，但事实却是，艺术家在创作中必然包含有公众与社会的因素，他会在创作过程中时刻注意公众的存在与需要，努力争取观众的合作，甚至会部分地改变自己原有的创作主张和审美倾向。"艺术家会不断地制作再制作，直到人在知觉中对他所做的感到满意为止。当结果被经验为好的时，制造就结束了——并且这种经验不是来自仅仅是理智的和外在的判断，而是存在于直接的知觉之中。"[③]　因此，艺术家必须首先要具有充沛的经验，然后才能成为用某种媒介来进行表现的大师。同普通人相比，一位艺术家并不仅仅具有某种艺术技巧，而且还具有对事物异常敏锐的感受

---

① ［美］约翰·杜威：《艺术即经验》，高建平译，商务印书馆2005年版，第50页。
② 同上书，第51页。
③ 同上书，第53页。

力，这种感受力也指导着他去创作。

同样，对艺术品的欣赏活动也不仅是一种被动的消费活动，而且是一种与创作结合在一起的活动。"感受性不是被动性。它也是一个由一系列反应性动作所组成，这些动作积累下来指向客体的实现。"① 在杜威看来，欣赏者的欣赏活动是在经验的积累下的知觉，观众是按照自己的兴趣和观点进行欣赏活动，正如艺术家是在自己的经验和兴趣下创作一样。因此，"为了进行知觉，观看者必须创造他自己的经验。并且，他的创造必须包括与那种原初的创造者所经受的相类似的关系。"② 观众也像艺术家一样，在意识中体验艺术品的组织过程，而这一过程，就是再创造的过程，对杜威来说，"没有一种再创造的动作，对象就不被知觉为艺术品。"③ 观众在欣赏作品时，虽然没有从事物质方面的制作，但是他们在欣赏中创造自己的经验，他们根据自己的经验和文化积淀对艺术品进行再生产。也就是说，艺术家所创造的艺术作品作为审美对象还只是一种潜在的存在，其审美价值还没有得到完全实现，只有在观众的欣赏活动中，艺术品的现实价值才能得到充分体现。并且，当观众经历了艺术家在生产作品时所经历的生命历程时，他就能更深切地把握艺术品的含义。因此，观众的欣赏活动是在以往全部经验的基础上产生的一种新的经验，欣赏本身就具有一种创造的活力。

因此，在艺术活动中，艺术性与审美性是紧密结合在一起的，艺术活动的过程的是二者相互渗透的过程。人们平常所说的艺术性与审美性之间的差别不是本质上的，只是侧重点不同而已。要想真正地具有艺术性，一部作品必须是审美的，也就是说，适合于欣赏和感知。同样，审美性中也内在地包含着操作的因素，审美并不是自身独立的，而是与其结果的活动联系在一起的。审美性的缺乏不是由于对象本身，而是由于生产它的行动，如果整个艺术生产活动中缺少审美性，那么在观众那里，也不会具有审美性，而作为审美经验的因素也就不会活跃起来。当真正地对一部艺术作品进行经验时，欣赏者与艺术家一样，都成为这部作品的创造者。

艺术经验的艺术性与审美性的统一意味着艺术活动是一个沟通与创造

---

① ［美］约翰·杜威：《艺术即经验》，高建平译，商务印书馆2005年版，第56页。

② 同上书，第58页。

③ 同上。

相统一的过程。当发生了对一件艺术作品的欣赏的时候，观众调动起了自己以往的全部经验力图与艺术品发生某种联系，从而产生新的经验，在这个新的经验中，不但艺术品成为其中重要的组成部分，创造艺术品的艺术家的经验也成为新经验的参与者，这一过程就是欣赏者与艺术家的沟通。而艺术品也在欣赏者这一新的经验系统内获得了新的意义。同样，观众的参与也为艺术家的再一次创造产生重要的影响，艺术家会在观众欣赏作品的结果中与观众发生交流，从而在下一次创作中注意到观众的审美趣味和审美倾向。这一过程也是欣赏者与艺术家的沟通过程。因此，对于观众与艺术家来说，一个完整的艺术经验是一个沟通与创造相统一的过程，不仅艺术作品在不同的经验对象下增长了它的意义，而且对于观众与艺术家来说，他们不再是相互外在的关系，而是发生了沟通与交流的交互作用的积极创造者。

二　手段与目的的统一

杜威明确指出，艺术具有工具作用。正是由于艺术的伟大的工具作用，先在于人的自然成为为人们所享受和使用的对象，自然成为人的自然。同样，艺术的工具性所带来的使用和享受也成为直接的目的。在传统哲学中，工具这一概念往往具有贬义，它常常被理解成为达到某种目的而采取的手段，而手段与目的相比总是低级的。而且，工具一词又常常与个人的功利联系在一起，而功利性总是与道德对立的。因此，人们对工具大多采取一种蔑视态度。但在杜威看来，工具对人类具有重要意义，它开创了人类文明并使文明不断发展，那种对工具的蔑视的观点与传统社会中社会等级的划分以及对劳动者的蔑视直接相关。在杜威的哲学中，经验不仅是人类的直接活动，同时也是人类探究自然的工具。因而，杜威的经验自然主义也被称为工具主义。杜威认为，在日常生活的其他活动中，目的常常是外在于手段的。但在艺术中，使用和享受的目的不是外在于艺术的工具性质的，而恰恰是内在于艺术的工具作用之中的。

手段和目的是一个操作活动中所必须包含的重要因素。在传统哲学中，手段和目的关系是相互外在的。手段是指事情发生的一个强制性前提，一种外在的和偶然的先在因素；而目的则是指一个单纯的终结，一个最后的或结束一个过程的停顿点。于是，相对目的而言，手段就成了卑贱的仆从或具有狭隘意义的"工具"的东西。相应地，手段与审美价值没有任何联系，只有拥有目的的一刹那才是审美的。这种观念是这样一种社会现实的反映：以享受为目的的社会阶层高于提供手段的社会阶层。目的阶层不可能、也不愿意谋求与手段阶层的沟通与渗透。这导致了理论上目的与手段的相互脱节。杜威认为，在古希腊，一切工业的活动是建立在奴隶劳动的水平上，这些工业活动被希腊思想认为是一种外在的必需品，对于一个真正人类的理性生命而言，它们就是手段，而绝不是目的。亚里士多德的一段话"概括地说明了手段和目的之间这种外在的和强迫的关系的全部原理"。他说，"当有一个东西是手段而另一个东西是目的的时候，在它们之间是没有什么共同之点的，而所有的只是一个是手段，在生产，而另一个是目的，在接受所产生的结果。"① 在这样的观念下，手段就是卑贱的、仆从的，仅是工具性的；它意味着艰辛、劳作，与变易的对象打交道。目的则是高尚的、自由的；它意味着美感静观，认知实在，与和谐、永恒同在。由于这种区分，人也就成了两栖动物，"当人们与自然的险恶作斗争、受到自然的蹂躏、夺取自然资源以求生存的时候，他们是自然的一部分。但是在认识方面……人们既超出了这个感觉和时限的世界，便与神灵发生了理性的感通。人成了最后实在境界的真正参与者。"② 这种观念决定了传统哲学的基本思路：不在操作过程中而在实在领域中寻觅美的本质。

在杜威看来，作为原因条件的手段跟人们所选择的后果之间，并非是一种外在的强制的或单纯连续的关系。因为所谓预见的终结是在手段过程的每一个阶段上表现出来的，即在每一个阶段的每一点上逐渐累积和组合起来而变成后果的组成部分。因而，所谓终结就不再是一个处于导致这个终点的条件以外的终止点，而是在一个前进的阶段上经常地和累加地重新加以改进并包含着原因条件所具有的效力的。"'手段—后果'的联系永远不是在时间上单纯连续的一种联系，作为手段的这个因素过去了、消逝了，而这个目的便开始了。一个主动的过程是在时间中开展出来的，但是在每一个阶段和每一点上总有一种积累，逐渐地累积和组合起来而变成了后果的组成部分。一个对于产生一个目的真正具有工具作用的东西，也总

① ［美］约翰·杜威：《经验与自然》，傅统先译，江苏教育出版社 2005 年版，第 235—236 页。

② ［美］约翰·杜威：《确定性的寻求》，傅统先译，上海人民出版社 2004 年版，第 294 页。

是这一个目的所具有的器具。它使得它所由体现出来的对象继续地具有效能。"① 手段与目的的分离完全是人为的，在经验过程中的手段与目的是能够相互渗透的，这种渗透意味着人类的解放。"因为人们的一切理智的活动，无论是表现在科学中的、美艺中的或社会关系中的，都是以把因果结合、连续关系转变成为一种'手段—后果'的联系，转变成为意义，作为它们的工作任务。当这个任务完成的时候，结果就是艺术：而在艺术中手段和终结（目的）是一致的。"② 手段与目的的统一也就是活动过程与活动结果的统一，是工具性的东西与圆满终结性的东西的统一，意义与感受的统一，"如果任何活动同时是这两个方面，既非在两者之中选择其一，也非以其中一者代替另一，那么这种活动就是艺术。"③

杜威认为，艺术的媒介最能体现艺术活动过程中手段与目的的统一，人们通常用媒介一词来称呼艺术的物质载体，如绘画的媒介是颜色，音乐的媒介是声音，建筑的媒介是石头与木头，雕塑的媒介是大理石或青铜，文学的媒介是词，舞蹈的媒介是鲜活的身体。在杜威看来，媒介并不是单纯的或外在的手段，而是指被吸收进目的（结果）之中的手段。"并非所有的手段都是媒介。存在着两种手段。一种处于所要实现的东西之外；另一种被纳入所产生的结果之中，并留存在其内部。有一种目的仅仅是令人愉快的结局，而另一种目的是此前发生的事的完成。"④ 于是，在艺术作品中，所有的媒介都是与艺术作品本身统一在一起的，如果将作品的媒介进行转换，那么所得的结果就不是一件艺术品了。所以杜威说："色彩就是绘画；音调就是音乐。一幅用水彩画的画，在性质上就不同于用油彩画的画。审美效果在本质上就属于它们媒介；当用另一个媒介取代之时，我们所得到的是绝技表演，而不是一件艺术品。"⑤ 从这个意义上来说，杜威认为，虽然从倾向和追求上来说，每个人都是艺术家，但是艺术家的独特之处就在于其具有捕捉特殊种类材料并将它变成可靠的表现媒介的力量，普通人则需要许多渠道和大量的材料才能给予想要说明的东西一个表现。而且，所使用的材料由于多样性相互干扰而使其表现变得不清晰和杂

① ［美］约翰·杜威：《经验与自然》，傅统先译，江苏教育出版社 2014 年版，第 364 页。
② 同上书，第 365—366 页。
③ 同上书，第 357 页。
④ ［美］约翰·杜威：《艺术即经验》，高建平译，商务印书馆 2005 年版，第 217—218 页。
⑤ 同上书，第 218 页。

乱无章，最终影响了它成为一个作品。因此，目的与手段的统一在艺术创作中具有重要作用。

进一步说，在艺术活动中，手段与目的的统一主要表现在，一方面，手段获得目的性，手段不是外在的、强制的，手段具有了直接享受的意义；另一方面，目的具有了手段性，目的弥漫于整个经验过程中，它的圆满终结为手段带来了新的意义。具体来说，手段具有这样的一些特性：第一，手段的意义来自对原因——结果的认识。要使一种远离目的的、作为手段的操作活动具有直接享受的意义，唯一的途径是在操作的同时就领悟到此刻的活动与未来目的的关系。这种关系越密切、越丰富，对这种关系的认识就越深刻、越全面，操作活动的直接享受性就越大。这种情况下，手段不是外在目的的，手段是目的在时间上的不同阶段，在空间上的不同排列。手段也不是强迫的，尽管每一操作活动的价值意义并未实际显现，但这种意义已为操作者所理解。它推动着、吸引着操作者，从而使得作为手段的经验过程充满趣味。"在这种知觉中，具有工具性的方面和圆满终结的方面乃是在一种特殊的情况之下互相交杂着的。在美感的知觉中，一个为意义所渗透的对象是直接所给予的，它也许被视为理所当然的，它邀请和等待着人们直接专有的享受。……在沉溺于欣赏之中的状态下，知觉便走向已经通过一种松弛和激动的方式而变成了愉快结局的倾向上去。"①第二，作为手段的操作活动孕育着目的。目的不是在手段终止的时候突然出现的，目的由预设到实现经历着一个生成的过程。这个过程就是作为手段的操作过程。手段不能等同于目的，但手段中包含了目的因素。目的随着手段的进展而不断显现，这种不断显现的目的既是对此前活动的积累，又是对此后活动的激励，它使得整个活动有联系、有节奏地进行。这种活动过程即是创造的过程，也是欣赏的过程。它既包含理解，也包含感知；既有希望，又给人带来享受，这就是艺术。"它吸收了许多的意义在内，而这些意义包含着各方面的存在物，是融会贯通的。它标志着长期继续努力的结果，标志着坚持不懈的寻索和检验的结论。简言之，观念就是艺术和艺术作品。作为一种艺术品，它直接解放了以后的行动，而使它在创造更多的意义和更多的知觉中获得更为丰富的果实。"②

---

① ［美］约翰·杜威：《经验与自然》，傅统先译，江苏教育出版社2005年版，第239页。
② 同上书，第237页。

当手段具备这样的特性之后，目的相应地也呈现新的特色。目的不再是绝对的、永恒的、从外面强加于手段的。目的就产生于经验之中。经验中首先出现的是原因条件，对原因条件的发展产生出了结果，把某种结果选择为行为的方向时，就构成了目的。杜威称这种目的为预见中的结果（end－in－view），这样的目的，不涉及终极（end）问题，而是涉及圆满终结（consummation）的问题。[①] 这样的目的也是一般经验过程中可以圆满实现的目的，它从两个方面展现了艺术创造经验的特征：一方面，目的渗透在整个操作过程中。目的并非静候在终点；由于它是从原因——结果转化而来的，它能在活动过程中选择手段，保证经验过程的顺利进行；另一方面，目的意义并非仅仅是活动的最后一刹那的感受。目的是经验过程的终结，它意味着参与活动的各种材料与因素的关系与意义的最充分、最完美的体现。手段没有因为目的的实现而被抛弃、被忘却，相反，目的的光辉照在手段之上，给整个经验过程以新的意义。"终结便是一个在预见中的终结（目的），而且是在每一个前进的阶段上经常地和累加地重新加以改进的。它不再是一个处于导致这个终点的条件以外的终止点，它是现有倾向所具有的继续发展着的意义——这种在我们指导下的事情就是我们所谓的'手段'。这个过程便是艺术，而它的产物，无论是在哪一个阶段上所得到的产物，便是一种艺术作品。"[②]

因此，在艺术活动中，具有工具性的手段和圆满终结的目的是相互统一、相互渗透的。艺术中手段与目的的统一使它在人类生活中扮演着重要的角色：它能不断帮助人们创造新的经验，能够不断产生一个个足以激起不断刷新的愉快心情的对象，能够在整个经验过程中不断发展新的意义，而这些意义又提供了独特的新的享受方式。"这样有意识地进行的美术具有特殊的工具作用的性质。它是为了便于进行教育而实施的一种实验设计。它是为了一种特殊的专门用处而存在的，这个用处就是对知觉方式所从事的一种新的训练。如果这种艺术作品的创造者们是成功了的话，他们就应该受到我们所给予显微镜和扩音机的发明者的那种敬意。结果，他们

---

① 美学史上的二元论思维导致这样一个现象：把统一性、永恒性、完备性等理性的东西结合在一起，而把复杂性、变易性、片面性以及感觉和欲望放在一起。前者涉及终极问题，而后者涉及圆满终结问题。

② ［美］约翰·杜威：《经验与自然》，傅统先译，江苏教育出版社2005年版，第238页。

开辟了可为我们所观察和享受的对象的新园地。"①

三 实质与形式的统一

在美学史上，实质（或质料 substance）和形式（form）的关系经常是以这样的方式出现：即质料与形式的关系或内容与形式的关系。前者主要根据亚里士多德的四因说，认为任何事物都经历了一个由质料到形式的过程，形式是高级的，质料是低贱的，一件艺术作品的核心因素是形式，质料是为形式服务的；后者是根据黑格尔的观点，认为质料只是艺术作品的最初依据，当一件艺术作品完成了的时候，质料就转化为内容，这样的内容已经是质料与形式结合的产物了，因此，形式是为内容服务的，形式不具有真正的独立性。不管哪一种方式实际上都是把实质与形式分离开来。杜威认为，实质与形式的分离是基于哲学上二元论的传统，是将人与世界、主体与客体相互割裂的产物。杜威根据自己的哲学立场，提出了实质与形式统一的新关系。

在杜威看来，如果一件艺术作品仅仅被看作是自我表现的，那么实质与内容就是分离的。而事实上，一件艺术作品所赖以组成的材料是属于普通的世界，并不是私人的，因而就不全是自我表现的。但是，当这些材料以一种独特的方式被重新构造的话，方式的个性化意味着在艺术中存在着自我表现，也就是说，由于一般材料所呈现的方式使一件艺术作品的性质是独一无二的，这就是一种新鲜而具有活力的实质。在这里，杜威将质料进行了区分，质料可以分为"为艺术生产的质料"（matter for artistic production）和"艺术生产中的质料"（matter in artistic production），前者指的是作品的话题（subject），它是外在于艺术品的，可以用其他的方式来描述，后者指的是实质，不能用其他方式来表现，因为它实际上就是艺术品本身。举个例子来说，达·芬奇的《最后的晚餐》的话题是犹大出卖基督，这个取材于《圣经·新约》全书的话题早已为基督教传统中的人所熟知，但是这幅画的实质，却是画本身，也就是这个话题经过达·芬奇的处理所变成的东西。人们可以向别人传达这幅画的话题，但是，要传达这幅画的实质，只有把他带到这幅画前，让他自己去经验。同样的话题可以有多种多样的实质，基督受难的话题在鲁本斯、波提切利和安吉利科那

① ［美］约翰·杜威：《经验与自然》，傅统先译，江苏教育出版社2005年版，第249页。

里获得了不同的实质。实质是自我表现的产生，它通过个人化的经验而赋予同一话题以新的意义。并且，对杜威来说，"一件艺术作品，不管它多么古老而经典，都只有生活在某种个性化的经验之中时，才在实际上，而不仅仅潜在地是艺术作品。"① 因此，实质而不是话题才是艺术作品中核心的东西。即使不知道《草地上的圣母》这幅画的名称，丝毫也不会减少我们对画面中自然而和谐的境界的欣赏；贝多芬喜欢用"第五交响曲"、"第七交响曲"，舒伯特用"C大调交响曲"作为作品的标题，这种模糊的话题同样也不会妨碍人们陶醉于美妙的乐曲中。

在大多数情况下，主题或话题只不过是一个标签，服务于辨认的目的。"主题或者话题除了服务于实际辨认的目的之外，也许一点也不重要。"② 当观光客在博物馆解说员的带领下走马观花地从一部作品到另一部作品时，就是如此。标题有时会起到引导观众经验的作用，但从另一个方面来说，它也限制了后者。如果不能将话题与实质分来，艺术作品就会被当作提醒某事物的一个暗示。如果有人喜爱一尊雕像是因为它使他想起一位老朋友，或因为一幅风景画使他记忆起自己的童年乡村生活而喜欢它，这也是很平常的事。只要这有助于欣赏眼前的作品，增强对于它的经验，就不必遭到排斥。但是，如果作品仅仅用来提示熟悉的场景，唤醒过去的记忆，那就会影响对艺术的审美知觉，同时也不利于新的经验的积累与丰富。"在这样处理时，绘画就此而言不再是一幅绘画，而成为目录册或文档，仿佛它是一幅为了历史或地理目的，或为侦探工作所拍的彩色照片。"③ 因此，音乐家通常用数字来称呼他们的作品，画家喜欢用模糊的标题，都是为了避免将观众的注意力引向过去经验过的某个具体事件或场景，并将作品所表现的东西与之联系起来。

杜威认为，话题可以用语言来表达，而实质却不可言传。因为实质是每一个个人面对一部作品时所产生的不同经验，也就是说，个人对原有的题材进行了创造，创造了属于自己的新经验。当一个人听一段音乐时，他产生了复杂而奇妙的经验。之后他将这种经验描述给他的朋友，尽管这对于他的朋友来说增长了见识，但却并不能使这个人对这段音乐产生个性化

---

① ［美］约翰·杜威：《艺术即经验》，高建平译，商务印书馆2005年版，第118页。
② 同上书，第122页。
③ 同上书，第123页。

的经验。因此，一个人最多可能传达作品的主题，却不能传达它的实质。可以说，作为一件艺术作品，在每次对它进行审美经验时，都会被再创造一次。实质是无限多样的，会在不同的时间、空间及场景下被持续地激发。"经久不衰的艺术产品也许，并可能就是由于某件事而被偶然唤起的，而这个某件事也有属于自身的时间与地点。但是，所唤起的东西只是一个实质，它以其自身的形式而能够进入到其他人的经验之中，并使他们具有更为强烈而更为完整的他们自己的经验。"① 因此，一件艺术作品的价值不是由话题决定的，而是由实质决定的。勃鲁盖尔的画常常以最朴实的平凡生活为题材，但是人们却从未因此而感觉这些画不美或没有价值，因为画家使这些人物获得了新的生命感和引人入胜的魅力，并因此而引发了观赏者的新的经验。

再看一下形式，形式这一术语在西方哲学史中几乎与实体具有同样重要的地位。在古希腊哲学中，在亚里士多德四因说的背景下，形式被当作某种内在的东西。人们是根据形式获得关于对象的知识的，因此，形式成为事物的本质或属性。也就是说，正是由于某物具在这样的形式，它才成为这种事物。因此，只要人们认识了某物的形式，就知道了它的性质，也就认识了它。于是，形式被抬高到永恒的本体地位，质料则被贬斥为易变的、低贱的。这也造成了质料与形式的永恒分离，这对传统的美学理论也具有重要的影响，使艺术作品成为质料、成为屈从于形式东西。如在康德美学中，形式就是一种先验之物，是预先注定的，是处于生产者之外的、被给予的东西，是主体加于对象之上的，因而是心灵对感知的对象的贡献，它使人们以独特的"形式"去体验事物。

在现代思想中，形式是指事物的排列或外观，主要用于视觉艺术，形式与形状的含义并无太大区分。从形状入手，有助于理解"形式"一词的内涵。在日常语言中，事物的形状通常是与其用处结合在一起，自行车、桌椅、钢笔、房屋，这些事物的设计都最好地切合它们的目的，因为设计是为用途服务的。但是，"当这个形式从一个具体目的的限制中解放出来，也服务于一个直接而具有生命力的经验的目的之时，形式就是审美的，而不再仅仅是有用的了。"② 因此，在艺术作品中，形式是非常重要

---

① ［美］约翰·杜威：《艺术即经验》，高建平译，商务印书馆 2005 年版，第 119 页。
② 同上书，第 128 页。

的，它是所有造型手段的综合与融合，是色彩、线条、声音等因素和谐地融为一体。

对于杜威来说，形式是自然材料的组织，是在各要素之间建立起关系，因此，形式必须根据关系来理解。"各部分间相互适应以构成一个整体所形成的关系，从形式上说，是一件艺术作品的特征。"① 在一般情况下，当人们谈到"关系"时，指的是一种相互作用，相互影响，它建立在事物之间的冲突与和解、推动与抑制、刺激与抵抗的方式之上。关系是通过自然界的事物的一种动态运作而建立起来的，它是积极的充满活力的东西。形式就是通过关系来确立的，它并不是存在于物质性的艺术产品中的静态的东西，而是动态的相互关系，它"负载着对事件、对象、景色与处境的经验的力量的运作达到其自身的完满实现。"② 当环境以恰当的方式与有机体的能量相遇时，形式就构成了。形式与感觉材料合为一体，对能量和资源进行组织。对象的力量与经验本身的能量相互作用塑造了对象的结构，并形成了艺术品。"如果该对象要服务于具有完整而充满活力的整个生命体的时候，这种媒介的所有特性间相互融合是必要的。由此规定了所有艺术中形式的性质。"③ 正是通过形式，事物的意义才凸显出来。

杜威通过把形式与关系、与能量的运作联系起来，恢复了形式与质料的统一。在杜威看来，形式与实质的联系是任何事物的内在固有的性质，形式是任何作为一个经验而存在的经验的特征，它不是强加到实质上的东西，对于实质来说，形式不是外来的、浮于表面的，也不能独立于实质而为人们所经验。形式与质料的分离是艺术上不真诚的表现。"艺术上的不真诚具有一种美学的，而不只是道德上的根源；在所有实质与形式的分离之处，都会找到这种不真诚。"④

对杜威来说，形式是在处理质料的过程中形成的一种关系，因此，它不是事先规定好，再从外部强加给质料的，实际的情况是，事物成为什么，是由它怎样做来决定的。回想一下乒乓球运动员的击球动作就可以明了这一点：当他接球时，眼睛辨认球来的方向，判定它的运行趋势，决定在什么样的位置、以什么样的姿势来击打它，以反击对手，让对手不容易

---

① ［美］约翰·杜威:《艺术即经验》，高建平译，商务印书馆2005年版，第149页。
② 同上书，第151页。
③ 同上书，第129页。
④ 同上书，第140页。

接到球。在他挥拍的一刹那，这些思想活动得到实现，他的眼睛、手、整个身体和大脑的活动协调一致，而完成这一切动作的时间不到一秒钟。他击球的方式与所产生的结果结合在一起，正因为明白这一点，他才能做出前面的一系列判断。在艺术中也是如此，托尔斯泰在创作《安娜·卡列尼娜》时，并不是事先设计好安娜的人物性格及整个故事的发展脉络的，而是在创作中根据安娜的性格发展与故事自身的驱动自然走向结局的。画家进行绘画时，也是如此。因此，伟大的艺术家在创作过程中所要做的就是如何在材料之间建立起相互关系以及如何实现实质与形式的统一。杰出的艺术作品的设计与材料，也就是说，它的形式与实质是融合在一起的。如果把形式作为一个预设的目标和结局，不允许发生任何变化，其结果就是机械性的。事实上，在艺术生产过程中，总是会出现出乎意料的情况。正如科林伍德所说："在感受的表达完成之前，艺术家并不知道需要表现的经验究竟是什么。"① 形式也是如此，新异性使作品避免了机械性，很多时候，它是出乎意料的，是艺术家自己也没有明确地预见到的东西，正因为如此，艺术家才常常在工作时对自己所创造的形式感到惊奇和欣喜。

在一件艺术品中，形式与质料也是联系在一起的。"质料的奥秘在于，在一个场合中是形式，在另一个场合中却是质料，反过来也是如此。"② 以音乐为例，当曲调涉及某些性质与价值的表现性时，就是质料；而当它传达悲伤或喜悦的情绪时，则是形式。绘画也是如此，当色彩成功地表现了画面所强调的主题时，它就是质料；而在用来传达一种微妙而精彩的愉悦时则是形式。因此，"除了在思维之中之外，不可能在形式与实质之间做出区分。作品本身是被形式改造成审美实质的质料。"③ 但是，形式与质料在一件艺术品中联系在一起并不意味着它们是同一的，而仅仅表示，它们并不作为两个相互分离的东西出现，作品是形式化了的质料。只有事后对作品的各要素进行分析和反思时，它们才会被人为地分离开。并且，"除了某种特殊的兴趣之外，第一件艺术产品都是质料，并仅仅只是质料。因此，存在的不是质料与形式的对比，而是较少形式化的质料与

---

① ［英］科林伍德：《艺术原理》，王至元、陈华中译，中国社会科学出版社1983年版，第29页。

② ［美］约翰·杜威：《艺术即经验》，高建平译，商务印书馆2005年版，第140页。

③ 同上书，第119页。

充分形式化的质料的对比。"① 绘画中的任何一个因素都不是独立自存的。线条融入了对象，它不是孤立地存在于那里，它是对象的一个有机组成部分，它如此自然地构成对象，以至于人们根本意识不到单独的线的存在。但从整体看，绘画当然有它的形式，好的作品与低劣作品之间的区别恰恰在于质料是否充分地实现与形式融合。

因此，在艺术经验中，实质通过形式来得到实现，伟大的作品之所以能超越时空的限制，正是因为它们所唤起的实质以新的形式进入到每个时代的每个人的经验之中，并且，只要人和自然中存在着相互渗透、相互作用的关系，质料与形式的结合就是内在而崭新的。"由于形式与质料在经验中结合的最终原因是一个活的生物与自然和人的世界在受与做中的密切的相互作用关系，区分质料与形式的理论的最终根源就在于忽视这种关系。"② 在不同的经验进程中，在不同的历史条件下，艺术通过不同的形式唤醒质料，从而不断丰富人们的经验本身："不管艺术作品沿着哪条道路，正是由于它具有完全而强烈的经验，它使日常世界中的经验保持充分的活力。它通过将那种经验的原始材料化约为通过形式安排过的质料来达到这一点。"③

由此，我们发现，在艺术活动中，艺术与审美、目的与手段、质料与形式、欣赏和创造都是完美地统一在一起的，在操作性活动中就存在着知觉性的欣赏与满意。因此，在杜威看来，艺术不仅是日常经验不可分割的一部分，是内在于日常生活之中的经验活动；而且，艺术经验作为经验的最完美的表现形式，自身体现了一种真正的统一性，而这种统一性正是长久地处于分裂状态下的人们的生活、知识、社会等所寻求的美好理想。

---

① ［美］约翰·杜威：《艺术即经验》，高建平译，商务印书馆2005年版，第210—211页。
② 同上书，第146页。
③ 同上书，第147页。

第六章 艺术与文化

在前面几章中，我们已经触及杜威关于艺术的功能问题：艺术能丰富我们的知觉，带给我们更多、更好的经验，从而改变我们感受世界的方式，使我们的生活更加完满。这一章中，我们要将视野进步扩大，通过艺术深入到整个文化领域中，探讨文化的交流与整合问题。如果说前一章主要探索艺术经验内部的统一性问题，那么这一章则要走出艺术自身，探索更大领域的统一性问题。

第一节 艺术在不同文化模式间的交流

文化模式是作为整体的文化的存在方式，"文化模式是特定民族或特定时代人们普遍认同的，由内在的民族精神或时代精神、价值取向、习俗、伦理规范等构成的相对稳定的行为方式，或者说是基本的生存方式或样法。"[①] 不同的文化模式可以在共时态的视野中，也可以在历时态的视野中。这里的共时态的视野主要指的是在特定时代共同存在的不同文化模式，如在当今时代背景下东西方文化之间文化模式的差异，在公元前 4 世纪前后中国先秦的"天人合一"的文化模式与古希腊的"天人相分"的文化模式间的差异等。而历时态的视野主要指的是在特定地域内不同文化模式的历史演进。在这里，人们把历时态视野中文化模式的演变称为文明的传承，把共时态视野中文化模式的沟通称为文化的理解。在杜威的理论中，无论是在共时态的文化模式中，还是在历时态的文化模式中，艺术对文化的交流与融合都起了重要作用。

---

① 衣俊卿：《文化哲学》，云南人民出版社 2001 年版，第 91 页。

一 艺术与文明的传承

在杜威看来，艺术是一个文明的生活的记录与赞颂，也是进入一种文明的途径。历史学家根据出土文物上的图案来确定它所代表的文明和大致的年代就是艺术显示文明的一种印证。杜威说："'希腊的辉煌和罗马的伟大'对我们绝大多数人，很可能对几乎所有的历史学者来说，都是对这些文明的总结；辉煌和伟大是审美。对于几乎所有古物研究者来说，古埃及就是它的纪念碑、庙宇与文学。特洛伊对我们来说，只是在诗歌中，在从废墟中恢复的艺术物品中活着。米诺斯文明在今天就是它的艺术产品。异教的神与异教的仪式一去不复返了，但却存在于今日的熏香、灯光、长袍与节日之中。假如字母只是为了方便商业活动而设计的，没有发展为文学，它们就仍是技术性设施，而我们自己就可能生活在比我们的野蛮祖先好不了多少的文化之中。如果没有仪式庆典，没有哑剧和舞蹈，以及由此而发展起来的戏剧，没有舞蹈、歌曲，以及伴随的器乐，没有社群生活提供图样，打上印记的日常生活的器皿与物件（这与那些在其他艺术门类中的情况相似），远古的事件在今天就会湮没无闻了。"① 艺术之所以能够成为人类文明生活的轴心，是因为艺术尽管是个人的活动和经验，但是个人的经验内容却是由他们参与其中的文化所决定的。

杜威用人类学研究的方法考察了艺术作为一种经验性力量在各种不同的文明形态中的重要地位。在原始社会，人类有服丧仪式、战争与收获的舞蹈、魔法、饥饿等各种各样的经验，人们把最强烈的、最容易把握和记忆最长久的经验记录在武器、垫子与毛毯、篮子与罐子等的图案之中，从而成为美的艺术的最初形式。所以杜威认为，原始社会中审美的线索尽管到处存在，但是它们并不仅仅是艺术，而是一种异常深刻的形式，它把各种社会价值结合进一个审美综合体中，集中体现了与社群生活密切相关的强烈而持久的经验；到了雅典时代，艺术对文明的影响更大了，柏拉图要求对诗歌和音乐进行检查，是这些艺术对文明所施加的影响的证明。到了亚历山大时期，由于帝国的兴起所导致的公民意识的普遍丧失，艺术退化为可怜的模仿，语法与修辞的艺术与教养成为艺术的主流，艺术被纯粹化，艺术脱离了生活。杜威认为，这是此后将艺术当作某种从外部引进到

① ［美］约翰·杜威：《艺术即经验》，高建平译，商务印书馆2005年版，第363页。

经验之中的东西的理论的最初源泉。到了中世纪，由于教会的发展，艺术再次与人的生活联系起来，成为人与人之间联合的黏合剂。"对人民大众的日常生活有价值的、给他们某种统一感的，是由处于审美线索中的圣餐、歌声与绘画、仪式庆典，而不是由其他的某个东西所提供的。雕塑、绘画、音乐、文学出现在礼拜进行之中。"① 由于这些美的艺术，宗教教导更容易传达，也更持久。通过艺术，宗教教义转化成了活的经验。同时，宗教力量对艺术的有意识的控制也说明了艺术对文化甚至是社会与政治的决定作用。文艺复兴时期，创新性艺术形式的出现是与世俗经验的扩展以及从古希腊罗马文化中所汲取的营养紧密相关的。通过这些考察，杜威认为，艺术作为经验的产物，它用深刻的形式记录了一个时代的丰富内涵，表现了特定时期人类的一般态度与理想，是对一个文明质量的最终的评判。

杜威认为，艺术不仅是人类文明生活的轴心，更是人类文明得以传承的决定性力量。"文化从一个文明到另一个文明，以及在该文化之中传递的连续性，更是由艺术而不是由其他某事物决定的。"② 史书只能用文字描述文明的每个时期的重大历史事件，不论如何精彩生动，都只能增加知识，而不能进入文明的内核。而艺术是一种经验的性质，它使经验成为圆满的有规则的和有节奏的运动。在这种运动中，多种多样的过往事件被艺术的持续不断的力量结合起来，被组织成意义，形成心灵。"拥有心灵的个人一位接一位地逝去了，意义在其中得到客观表现的作品保存下来，它们成为环境的组成部分，而与环境的这个状态相互作用成为文明生活中持续性的轴心。"③ 也就是说，艺术作为一种持续的经验性力量，代表着某一种文明的内在精神，借助于它们，借助于它们所唤起的想象与情感，人们能够进入到自身之外的其他文明形式中，甚至是参与到其他文明形式中。杜威认为，艺术不是文明的美容院，它既内在于文明，同时又作为一种经验的性质独立于某一种文明，正因如此，艺术可以促进文明的传承与发展，而每一种艺术门类都以某种方式成为文明传递的一种媒介。但是，艺术在当代却被科学技术与机器工业异化了：艺术孤立于文明，成为博物

---

① ［美］约翰·杜威：《艺术即经验》，高建平译，商务印书馆 2005 年版，第 365 页。
② 同上书，第 363 页。
③ 同上书，第 362 页。

馆艺术，成为一个纯粹的审美对象。因此，要想恢复艺术在文明中的有机位置，就要将作为过去遗产的艺术作品与现在知识的洞察力重新组合进新的经验中，在经验中重新获得艺术的持续性生长力量。

二　艺术与文化的理解

当艺术家以一种独特的方式选择并吸收材料，并以一种新的形式构成对象，表现就带有了艺术家的个性。但这并不是艺术家的自我表现，自我表现把艺术产品看成是私人性的内在状态的外在流露，这时艺术家处于一种类似于癫狂或自恋的状态，不考虑诸如观众能否理解他的作品、他所表达的东西是否有意义等因素。这种不进入他人经验的自我表现，是杜威所排斥的。杜威认为，表现是交流性的，它不是艺术家的独语。初涉人世时，人们对这个世界一无所知，要生存下去，就必须依赖周围人的帮助。人们在这样的环境中逐渐学会用各种交流方式来表达自己的需要：用哭泣来表达饥饿，用某种手势来表示对某个东西的渴求，在这个过程中，人们获得自我意识，并获知这些行动的意义。此时，交流开始了。因此，表现是艺术成为一种最普遍、最自由交流形式的保证。

杜威指出，正如艺术作品中具有创造者个人的个性一样，艺术也反映了文化的集体个性，这种集体个性在不同的文化集团所生产出来的艺术上留下了无法抹去的痕迹。"像南太平洋岛屿上的、北美印第安人的、黑人的、中国人的、克里特人的、埃及人的、希腊人的、希腊化时期的、拜占庭人的、穆斯林人的、哥特式的、文艺复兴时期的艺术的表达方式，都具有真实的意味。"① 因此，艺术也是一种集体经验，它是统一的集体生活的符号。在这里，就有一个棘手的问题：艺术是某一种文化模式的集体经验，但这种文化模式事实上对人们来说在时间上是久远的，在文化上是陌生的，那么人们如何再造他们的经验进而对他们的艺术达到真正的欣赏呢？这实际上就涉及文化的理解和认同问题。杜威承认人们对世界的态度和这些艺术品的生产者相距甚远，因此人们无法对这些艺术品产生与他们完全相同的经验。但是，艺术经验是作品与人相互作用的产物，事实上，即使生活在同时代的两个人也不可能对同一事物产生完全相同的经验，而同一个人在不同的时间状态下对同一事物也会产生不同的经验，因此，将

① ［美］约翰·杜威：《艺术即经验》，高建平译，商务印书馆 2010 年版，第 382 页。

产生相同的经验作为判断是否理解一种文明的前提是不明智的。"没有理由说，为了成为审美的，这些经验就必须相同。只要在各自的情况下存在着一种有秩序的经验内容的运动达到一种满足，就存在着一种占主导地位的审美状态。从根本上讲，这种审美性质对希腊人、中国人和美国人来说是相同的"。① 在杜威看来，艺术不能由自身来获得理解，而必须作为人与世界在调适过程中的一种态度，也就是说，人们必须了解另一种文化或文明的艺术中所表现的态度，才能从内部来了解它。举例来说，希腊艺术与拜占庭艺术有很大的区别，前者是有生命力的，自然主义的，而后者是几何性的。这种形式上的差异就是由根本的态度、欲望与目的不同造成的。前者具有一种通过与自然的形式与运动的愉快交流而渴望增加所经验到的生命力的欲望；而后者来自一种没有对自然感到喜悦，没有对生命力追求的经验，它们表示一种面对着外在自然的分离的感情。但是，西方人习惯于将自己对欲望与目的的态度当作是所有人的本性所固有的，从而当作衡量所有艺术作品的尺度，当作构成所有艺术作品应该符合与满足的要求，因此无法与其他的文化形成交流和理解。杜威认为，只有进入艺术作品生产者及其同时代人的观念和态度中，才能达到文化的真正理解。"从集体文化对创造与欣赏艺术作品的影响的角度说，正是由于艺术表现了深层的调适态度，一种潜在的一般人类态度的观念与理想，作为一个文明特征的艺术是同情地进入到遥远而陌生文明的经验中最深层的成分的手段。通过这一事实他们的艺术对于我们自身的人性含义也得到了解释。它们形成了一种对我们经验的扩大与深化，在我们据此所把握的在其他形式经验中的基本态度的范围内使它们变得更少地方性与局部性。"② 也就是说，艺术能够使人进入到陌生而遥远的文明的最深层面，体现了生产者的观念与态度。因此，在什么程度上进入艺术所带来的经验之中，决定了人们达到对来自另一个文明的文化的理解程度。

　　当一种文化的艺术进入到决定人们经验的态度之中时，文化的交流与沟通就产生了。杜威认为，当一种文化的艺术作品不是对外来作品的模仿，而只是代表着生产者自身的具有个性的经验时，它可以导致一种将人们自己时代独特的经验态度与远方民族的态度的有机混合，从而使远方文

---

① ［美］约翰·杜威：《艺术即经验》，高建平译，商务印书馆2005年版，第368页。
② 同上书，第369页。

化对艺术的影响内在地进入到艺术创造之中。这是因为，远方的艺术作品对人们来说不仅仅是装饰性的或形式性的，而是进入到艺术作品的结构之中，从而引发了一种更为广泛、更为完满的经验。这些艺术作品对在进行知觉与欣赏的人身上的持久效果是对这些人的情感、想象与感觉的一种扩展。因此，杜威说：在通过艺术作品进行的文化交流中，"我们自身的经验并不因此失去其个性，但是，它将那些扩大其意义的因素吸收进自身，并与之结合。那种并非具有物质性存在的共同性与连续性是被创造出来的。那种通过将一套事件与一种体制为在时间上先于它的事件与体制的方法来建立连续性的企图，是注定要失败的。只有吸收了来自于与我们自己的人文环境不同的生活态度而经验到的价值，从而使经验得到了扩展，不连续的效果才能被消解。"① 艺术充满意义，艺术能为我们提供独特的东西，并在人们原有的经验结构之内同化与整合。艺术作品激发人们的交流与沟通，人们沉浸在各种艺术遗产、态度和社会习俗的相互理解中思考艺术的意义，并重新组合先前的知识，在关注艺术的差异中消除对他文化的恐惧。这里，杜威指明了不同文化进行交流的条件，每一种文化都具有自己的个性，也具有一种将其各部分结合在一起的图式，因此，通过时间的先后来确定文化的连续性毫无意义。正如埃及文明与艺术并不只是为希腊人做出准备，而希腊思想与艺术也不仅仅是它们借用其他文明的改编本一样。只有在承认不同文化个性的基础上，真正的交流与理解才能产生。

在杜威看来，艺术是最普遍而又最自由的交流形式，艺术语言是更有效的交流工具，它是比言语更为普遍的语言样式，存在于许许多多相互无法理解的形式之中。语言必须通过习得才能具有，但是艺术不受不同地域、不同种族、不同时代的言语偶然性的影响。"特别是音乐的力量，将不同的个人融合在一个共同的沉湎、忠诚与灵感之中，一种既可用于宗教，也可用于战争的力量，证明了艺术语言的相对普遍性。"② 英语、法语与德语之间的言语差别造成了障碍，当用艺术来说话时，这种障碍就被淹没了。

由此，杜威的艺术哲学展示了艺术在文化与文明的交流与沟通方面所具有的功能。杜威清醒地认识到当今时代不同国家、不同地区的冲突和战

① ［美］约翰·杜威：《艺术即经验》，高建平译，商务印书馆2005年版，第373页。
② 同上书，第372—373页。

争与文化的闭塞和分裂有很大关系，他期望重建分裂的文化的统一性。但是，杜威所描述的文化的统一性不是一切民族的本土文化的彻底消亡和一种无地域差别、无民族差异的大一统的世界文化的建立，而是多元的文化互动，这种互动是建立在文化的沟通与理解之上的。杜威认为，任何一个民族、地域的文化都有其存在的价值，都有与其他文化相互交流与沟通的可能性，在这种相互交流与沟通中，某一单一的文化得到修正、丰富和完善，世界的整体文化获得了健康发展，形成人类社会发展的共同氛围和文化环境，从而促进世界文明的真正"文明化"。"文明是不文明的，因为人类被划分不相沟通的派别、种族、民族、阶级和集团。"① 而真正的"文明化"是通过艺术的途径并在艺术之中实现的。艺术通过想象打破时间与空间的限制，通过经验构成人与人、文化与文化的交流，具有传承文明与沟通文化的可能性，是最有效的实现文化交流与统一的手段，并且它本身可能作为生活之目的存在于统一的文化之中。"作为动词的'文明化'却被定义为'用生活的艺术作指导，从而使文明的程度得到提高'。用生活的艺术作指导，与传达关于这种艺术的信息是不同的。这与通过想象来交流和参与生活的价值有关，而艺术作品是最为恰当与有力的帮助个人分享生活的艺术的手段。"②

第二节　艺术与其他文化形式的融合

这里所说的文化形式主要指的是科学、道德、艺术、宗教、教育等不同的文化门类。西方文化从文艺复兴之后，逐渐走向了各个学科领域的对立与分裂，各个学科之间存在着严格的学科壁垒，无法进行沟通，学者们也被束缚在固定的学科框架内从事自己的研究。尤其是康德将哲学划分为认识、道德与审美的领域之后，科学、道德、宗教、艺术等之间的屏障进一步坚固，这导致了整个现代西方社会的文化分裂。但是杜威在其经验哲学的基础上，反对任何文化的分裂与学科的隔绝。在他看来，艺术、科学、道德、宗教等都是经验后来的演化形式，所有这些领域的共同基础是经验，而艺术是经验的最典型、最精炼的形式，它不能

---

① ［美］约翰·杜威：《艺术即经验》，高建平译，商务印书馆2005年版，第374页。
② 同上书，第374页。

与其他的经验进行严格区分。杜威努力回到生活与世界的前认识状态，在艺术的基础上探寻人类文化的未分裂状态，以重新恢复各个文化领域之间的沟通与融合。

一 艺术与科学

现代以来，艺术与科学一直被当作毫不相关的两个领域，而艺术与科学的差异也似乎是显而易见的：艺术是在审美的领域，而科学是在真理的领域；艺术倾向于表现人的感觉世界，而科学倾向于对事物的知觉表象进行抽象；艺术总要保持感觉的丰富性，而科学有一种还原主义的倾向，牺牲事物的丰富性，把事物还原为最基本的要素和因果规律；艺术主要用感性形象表现主题，而科学则利用理智，用严密的逻辑推理和抽象的公式来得出结论；艺术不存在进步的问题，而科学有明显的发展进步的历史。人们习惯于将这种差异认为是自然而然的，并在艺术与科学的这种分区化的观念上思考问题。但是，在杜威看来，艺术与科学的差异不是先在的，而是文明发展到一定阶段的产物。

本书前面说过，在古希腊，艺术主要指的是一种生产性的制作活动，建筑师和雕刻家的作品是艺术，工匠和技师的作品也是艺术，并且，正是艺术的实践，使人类的一些常识性的信念逐步积累起来，促进了科学的产生。所以古希腊人用一个词"teche"来表示艺术与科学。杜威这样描述它们之间的关系："科学产生于艺术，物理科学产生于手艺和医疗、航海、战争的技术以及木工、铁工、皮革工、亚麻和羊毛工等；心理科学则产生于政治管理的艺术，我认为这是大家所承认的一个事实。"① 只是到了后来，人们为了理论上的需要，科学才渐渐从艺术中分化出去，但是这并不表明科学和艺术之间从此隔绝。在杜威看来，科学和艺术并不存在质的区别，二者都植根于人的生活、来源于人的实践。"科学就是艺术，而艺术就是实践，而唯一值得划分的区别不是在实践和理论之间的区别，而是在两种实践的方式之间的区别"。② 这两种实践方式的区别在于对活的生物与其周围环境相互作用的持续节奏过程的强调之处不同。"两者所强调的基本质料是一致的，一般形式也是一致的。那种认为艺术家不思考，

---

① ［美］约翰·杜威：《经验与自然》，傅统先译，商务印书馆 2014 年版，第 129—130 页。
② 同上书，第 353 页。

而科学研究者则除思考以外什么也不做的奇怪的想法，是将进展节拍与着重点的不同转变为种类的不同。"① 因此，科学也是一种艺术，科学工作内部也可以有审美性，而艺术中也包含着严肃的理智思维。

杜威认为，不存在纯粹的思想者，正如不存在纯粹的艺术家一样。科学家需要运用理智、使用工具去控制材料，通过明确的程序达到一个目的，这也正是艺术家工作的特点。审美的性质不仅存在于艺术作品之中，也可以存在于科学著作之中。"对于外行来说，科学家的资料通常是令人望而生畏的。对于研究者来说，这里面存在着一种达到完成与完美的性质，结论是对通向结论的条件的总结与完善。此外，它们有时还具有高雅的，甚至是严谨的形式"。② 也就是说，科学也具有欣赏价值，科学家的创造常常要从艺术中汲取灵感。据说 20 世纪的科学巨人爱因斯坦就常常从音乐等艺术中获取科学创造的灵感。同样，在进行认知和运用智慧方面，艺术丝毫也不亚于科学。"如果艺术家在工作过程中不是完善一种新的视象的话，那么他就是在机械地行动，重复某种像印在他的脑海中的蓝图一样的旧模式。大量的观察以及在对质的关系的知觉中所使用的那种智力，成为创造性艺术作品的特征。"③ 艺术并不是非理智的，艺术家除了有处理材料的技巧和对色彩的敏感之外，还必须有思考的能力，而同一题材在不同的艺术家那里获得不同的表现，正是因为他们的思考过程有所不同。艺术家根据性质的关系进行思考，并对意义进行感知，这种活动与科学工作有着类似的形式。"如果我们不以平常的专门方式来界说科学，而把它当作是运用有效地处理当前问题的方法时所获得的知识，那么医生、工程师、艺术家、技术工人都能说他们具有科学的认知。"④ 杜威认为，艺术不仅需要系统的认知和艰难的思考，而且也向人们揭示了超越知识的某些东西。"不管是在艺术品的生产还是在欣赏性知觉中，知识都得到了改变；它成了某种由于与非理性因素的融合而形成的值得作为经验存在的一个经验的、超越知识的东西。"⑤ 也就是说，艺术通过控制直接经验，

① ［美］约翰·杜威：《艺术即经验》，高建平译，商务印书馆 2005 年版，第 15 页。

② 同上书，第 219—220 页。

③ 同上书，第 54 页。

④ ［美］约翰·杜威：《确定性的寻求》，傅统先译，上海人民出版社 2004 年版，第 200 页。

⑤ ［美］约翰·杜威：《艺术即经验》，高建平译，商务印书馆 2011 年版，第 335 页。

使这种经验不断得到丰富，从而向人们揭示了比知识更高的东西，这种东西就是经验本身或者是存在本身。

杜威对艺术的这种理解与海德格尔对艺术与真理关系的解释颇有相通之处。海德格尔区分了两种真理，一种是作为"此在"的展开状态的原本的真理，是第一位的；另一种是认识的真理、科学的真理，是第二位意义上的真理。前者是存在之真理，后者是存在者之真理。存在的真理是一种揭示与被揭示的状态，在这一过程中，揭示者与被揭示者都处于一种无蔽的、本然的状态，一种澄明之境界。而艺术是揭示了这种存在意义上的真理的最好表达。因为真理有在艺术作品中栖息的倾向或嗜好，这种倾向与嗜好来自真理的本质：它本质上是置于存在者中的争执，在存在者中，以争执的形式显现自身，并要求栖息于存在者中，以便发生影响，艺术品恰是在具体存在者身上显化出来的真理，并一直保持真理的显化。而科学只考察一个句子或命题的正确性，并不顾及作为正确性基础的真理本身。并且，科学研究的对象是具体的存在者，而不是存在者的存在或存在本身，因而科学只揭示了存在者的真理。艺术与科学揭示的不是同一层面的真理。

与海德格尔不同的是，杜威赋予科学以更积极的意义。杜威认为，"科学是一种工具，一种方法，一套科学体系。与此同时，它是科学探究者所要达到的一种目的，因而在广泛的人文意义上，它是一种手段和工具。"① 这里，科学的工具性意义并不表明杜威对科学是轻视的，事实上，杜威高度赞扬科学对人类社会的巨大贡献，他说："科学在人类活动中产生的影响，已经打破了过去把人们隔离开来的物质障碍，大大地拓宽了交往的领域。科学以巨大的规模带来了利益的相互依赖，使人们深信为人类的利益而控制自然的可能性，从而引导人们展望未来而不是缅怀过去。"② 杜威虽然对科学极其推崇，但是，科学只是人类进步的工具，而绝不是人类进步的目的。在杜威看来，科学是由人类设计出来的众多的特殊工具和方法所构成，在可以对思考的程序和结果进行检验的情况下，人们运用这些工具和方法来从事思考。正是在这一意义上，科学对艺术起到了某种触发作用，并为艺术提供了新的材料。人们今天仍然把启蒙时代人的精神解

---

① ［美］约翰·杜威：《新旧个人主义》，孙有中、蓝克林、裴雯译，上海社会科学院出版社1997年版，第165页。

② 同上书，第183页。

放归功于科学，就是因为科学在人与自然关系上所获得的新的理解破除了过去宗教信仰的阐释，从而有力地促进了人文科学包括艺术的新发展。因此，科学的价值在于赋予人类理解和控制经验的能力，"总而言之，科学体现智力在规划和控制经验方面的功能，人们系统地、有意识地因不受习惯的限制得以广泛地继续从事这些经验。科学是有意识的进步的唯一工具。"①

杜威认为，科学的作用在于使人们更深入、更广泛、更丰富地了解和创造经验对象的意义，这与艺术的作用是一致的。事实上，正如本书前面所说，科学是一种艺术，二者的差别仅仅在于：它们是在不同的层面上，以不同的方式对经验发生作用。具体来说，艺术是用来建构经验的，"与散文性不同的诗性，与科学性不同的审美的艺术，与陈述不同的表现，起着某种不同于导致一个经验的作用。它构成一个经验。"② 科学是为经验提供条件的，"就绘画、诗歌和小说而言，科学的影响在于使材料与形式多样化，而不是创造一个有机的综合体。"③ 也就是说，艺术和科学在对象和活动方面尽管有着许多共同之处，但是它们所引起的直接经验是不同的，科学是一种陈述方式，用来陈述意义，而艺术本身就表现意义。表现是具体的、个性化的，而陈述是一般化的。并且，艺术描述经验的性质方面的特征，也就是目的的直接实现；而科学则思考经验的认识方面的特征，也就是解决问题的技巧。"文艺在表述经验方面取得了巨大成就，所以别人了解这些经验的重要意义；科学的语言是以另一种方式设计的，它用符号来表述所经验的事物的意义，任何研究科学的人，都懂得这些符号。美学的表述方式揭示和提高人们已有的经验的意义；科学的表述方式，提供建立具有经过改造的意义的新经验的工具。"④

尽管艺术与科学有着共同的起源，分属经验的不同层面，但是，从获得和扩展经验的角度来说，科学与艺术存在着很大差异，"自然科学剥去了那种赋予普通的经验对象与场景的强烈性与珍贵性，在其科学表述的范

---

① ［美］约翰·杜威：《新旧个人主义》，孙有中、蓝克林、裴雯译，上海社会科学院出版社 1997 年版，第 187 页。

② ［美］约翰·杜威：《艺术即经验》，高建平译，商务印书馆 2005 年版，第 91 页。

③ 同上书，第 377 页。

④ ［美］约翰·杜威：《民主主义与教育》，王承绪译，人民教育出版社 1990 年版，第 241 页。

围之内，它使世界失去了构成其直接价值的特征。但是，艺术在其中起作用的直接经验的世界仍保持原来的样子。"① 也就是说，与科学相比，作为经验的艺术更直接影响着人们的生活状态。因此，杜威认为，科学作为一种工具、一种方法，作为一种用以完善对行动手段的控制的主要力量，它应该成为艺术与生活的奴仆，"艺术——这种活动的方式具有能为我们直接所享有的意义——乃是自然界完善发展的最高峰，而'科学'，恰当地说，乃是一个婢女，领导着自然的事情走向这个愉快的途径。"② 对艺术来说，科学始终是工具性的。由此，人们发现了杜威哲学与传统哲学的巨大差异。在传统哲学那里，认识本身就是目的，而科学是获得认识的最佳方式，艺术是从属于科学的。"传统认识论只注重对认识及其抽象条件进行现象描述，既不能追溯其深层根据，又不能把认识过程同人的现实生活及其价值指向统一起来，这就使它失去了对人类实际认识活动的规范意义：它只能告诉我们已有认识活动是怎样的，它是由哪些环节、因素构成，而不能告诉我们怎样才能有效地、更好地从事认识活动。"③ 杜威的理论从根本上转换了认识的根本意旨：认识不是目的，它本身是一种工具，是改造经验、完善生活的重要方式；科学也不是一切学科的标准模式，它只是一种经验方式，与其他方式一样是生活艺术化的手段之一。

由此，我们看到，在杜威那里，艺术与科学原本是统一在一起的，后来在文明的进程中发生了分裂。而表面上分裂了的艺术与科学从经验的角度来说是可以融合的，艺术与科学属于经验的不同层面：科学是为经验提供条件，并陈述经验的意义的。而艺术直接构成了经验以及经验的意义；科学是人类把握世界、利用自然的途径，为艺术的发展提供技术和材料。艺术具有科学所缺乏的感觉价值，它对于一个科学日益发展的社会中所存在的种种问题起到了有效的控制作用。因此，为了更好地生活，科学应该隶属并服从于艺术。如果某个时代的科学发展缓慢，一定与有学问的人忽略手工作业和日常生活的材料和制作法有关。但是，在一个健康的社会里，科学与艺术都是不可或缺的，二者是内在统一、密不可分的。"没有前者，人将成为他所不能利用又不能制驭的自然力的玩物和牺牲。没有后

---

① ［美］约翰·杜威：《艺术即经验》，高建平译，商务印书馆 2005 年版，第 375—376 页。
② ［美］约翰·杜威：《经验与自然》，傅统先译，商务印书馆 2014 年版，第 354 页。
③ 丁立群：《哲学·实践与终极关怀》，黑龙江人民出版社 2000 年版，第 415—416 页。

者，人类会变成一种经济的妖怪，孜孜向着自然追求利得和彼此推行买卖，此外就是终日无所事事，由于空闲而懊恼，或将它仅用于夸耀的铺张和越度的奢纵。"① 现代科学片面化的抽象的趋势，对科学创造性思维是一个极大的损害。在一个鲜活的生活经验中，科学与艺术、理论与实践、物质与精神是完全统一在一起的。

杜威将科学与艺术的内在统一关系进一步深入到自然科学与人文科学的关系之中。传统哲学总是倾向于认为人文领域内的知识是偶然的、变化的，或者从根本上不配成为知识。但在杜威看来，人文科学也同样是知识，它与自然科学的区别是在操作方法上而不是在实在类别上的区别。自然科学绝不是唯一有效的知识，在人们的经验生活世界中，并没有什么唯一的、最后的知识。杜威从根本上反对自然科学与人文科学这种人为的区分。在他看来，自然科学与人文科学、科学主义与人文主义之间既非对立，也非互补，两者其实都是由于对人与自然的关系认识出现偏差的结果，因此都是应该被克服的。事实上，自然与人生是连续的，科学与人文是统一的，在人的生活经验中，并不存在科学远离人文的事情，所有的文化和人的心灵都是靠近的。

二　艺术与道德

艺术与道德的关系是许多美学家关心的问题。在西方美学史上，关于艺术与道德的关系大致有这样几种倾向：

第一种是道德论者，他们为了达到道德的目的而否定美和艺术。柏拉图是这种倾向的代表人物。在他看来，艺术有两条最主要的罪状，不利于教育理想国的战士。其一是艺术家说谎。柏拉图认为，现存的世界可以区分为三种不同层次，第一种是理念世界，第二种是现实世界，第三种是艺术世界。理念世界是最真实的，永恒不变的；现实世界是对理念世界的模仿；艺术世界又是对现实世界的模仿。所以，艺术世界与真实的理念世界相隔遥远，它是模本的模本，影子的影子。柏拉图指责诗人说："从荷马起，一切诗人都只是模仿者，无论是模仿德行，或是模仿他们所写的一切题材，都只得到影像，并不曾抓住真理。"② 也就是说，诗（包括其他艺

---

① ［美］约翰·杜威：《哲学的改造》，许崇清译，商务印书馆2013年版，第76—77页。
② 柏拉图：《柏拉图文艺对话集》，朱光潜译，商务印书馆2013年版，第73页。

术）教给人们的不是真理，而是谎言，它使理想国离真理越来越远。其二是艺术家滋养不健康的情感。柏拉图认为，一个有道德的人必须用理智控制自己的情感，而诗和其他艺术则刚好相反，往往容易使人失去理智，放纵情感。因为诗人不失去平常理智，他就不能作诗。而诗人又把这种迷狂的情感传给他的听众，使他的听众被迷狂的情感牢牢地控制住，从而使听众成了情感的俘虏。柏拉图的这种理论对美学史有很大影响，中世纪的奥古斯丁、启蒙运动时期的卢梭等都是他的追随者。

第二种是将艺术看作道德的传声筒。他们认为，艺术与道德的关系是形式与内容的关系，艺术是形式，道德是内容，艺术是为道德服务的。持这种思想的人是古罗马的贺拉斯，他提出了"寓教于乐"的思想，认为真正的艺术作品必须使人获得教益。整个中世纪都是对这种思想的继承，即便是到了近代和现代，有许多美学家和艺术家也都对艺术持这种态度。

第三种是认为艺术具有独立的价值。这种思想在近现代才真正发展起来。法国著名的浪漫主义作家雨果公开宣称"为艺术而艺术"。他说："我们相信艺术的独立自主。艺术对于我们不是一种工具，它自身就是一种鹄。在我们看，一个艺术家如果关心到美以外的事，就失其为艺术家了。"[①] 艺术仅仅是艺术并且以自身为目的，那么道德上它就没有好坏之分。到了克罗齐那里，艺术与道德被明确区分为两种不同的活动，道德是实践的，起于意志；而艺术是情感的，起于直觉。这种思想后来成为20世纪的西方美学的主流，美学家们不再关心艺术与道德的联系，而是注重对艺术的独立性价值和艺术形式的研究。艺术家们也把艺术作为逃避生活与道德问题的避风港，在这里，他们不仅驾轻就熟地施展本领，发挥自由的想象力，根据自己的喜好处理材料，而且能从中获得美的享受。在艺术的王国中，不仅没有道德的束缚，而且现实社会中来自经济、职业、爱情等方面的压力都被弃置脑后，艺术就像一贴止痛的良药，让人们忘记现实中的苦恼。

从表面上看来，这三种观点表现了不同的甚至是对立的倾向：道德论者为了道德的目的抛弃了艺术，艺术独立论者为了艺术抛弃了道德，而认为艺术是道德的传声筒的观点是把艺术作为道德的工具，实质上是另一种形式的道德论者。但是从根源上看，这三种观点有共同的基础，那就是它

---

① 转引自朱光潜：《文艺心理学》，安徽教育出版社1996年版，第104页。

们都把道德与艺术截然分开，把道德理解为道德训诫，而把艺术与感官或者感情联系在一起。杜威认为，道德与艺术的完全分裂或者将道德作为目的，而艺术作为手段的观点是传统哲学的二元论在道德领域的体现，并不具有先在性和永恒的意义。事实上，道德与艺术在人类的原初经验中是一体的，只是在文明的过程中出现了分裂。但是，如果像传统道德学说那样将道德理解为道德原则的普遍确定性，使道德沦为枯燥的道德说教，那么艺术与道德之间的分裂将永远存在。因此，人们要重新思考道德的原本的、真实的含义，重建艺术与道德的统一性。

在杜威看来，将道德理解为道德训诫是传统的道德学说将道德原则看作是绝对的、抽象的、固定的、实体的具体表现。这些固定不变的道德原则，不仅脱离的实际的道德生活，而且越是遇到复杂的道德困境，越会使人们感到困惑。它们不过是在表面上遵从原则，而没有将注意力集中在具体行为中的积极的善，因而不能解决道德原则对于具体道德情境的适用性问题。由此杜威提出用具体的道德判断代替普遍确定的道德原则，从而改变传统的道德观念。传统的道德理论的目的在于为道德寻找一个终极至上的法则或"至善"，而杜威所说的具体的道德判断的目的就在于道德自身的"生长"（growth），"生活的目标并不在于已被定为最后决胜点的'完全'，而在于成全、培养、进修的永远的历程。诚实、勤勉、节制、公道和健康、富有、学问一样，如果作为目的看，虽似是可以占有的，实则并非可以占有的东西。它们是经验的性质所起变化的方向。只有生长自身才是道德的'目的'。"① 因此，传统的道德寻找的目的是一个外在的目的，而它的道德判断的目的就在道德自身之内。它不能从某种固定的、最终的至善概念开始，而必须从经验及生命体与动态环境的互动开始。杜威认为，当生命体与环境处于某种平衡状态时，人们会按照道德传统行事，一般不会发生道德判断的问题。也就是说，在安定和谐的社会里，人们会以现存的社会关系为依据，遵行社会上流行的风俗习惯以及道德传统。但是，一旦生命体与环境的平衡被打破，也就是当社会处于动荡和变化的时候，原来的风俗习惯、道德法则、组织制度便会失去其权威地位，而成为道德思考与道德判断产生的依据。新的道德学说往往就在这种情况下得以诞生。它不仅要遵守社会上保留下来的礼俗规范，更要尊重个体在道德上

---

① ［美］约翰·杜威：《哲学的改造》，许崇清译，商务印书馆2002年版，第95页。

的思考，这样才不至于变得僵化和停滞不前。那么，如何进行道德思考与判断呢？杜威认为，首先要将"理智"引入到道德思考之中。一个能进行理智思考的人，会对礼俗道德产生的原因、意义及其适用范围有一个清醒的认识，并使自己在新的环境中把握行动的方向。通常来说，社会风俗和习惯多是一些普遍确定性或约定俗成的道德原则和规范，它们虽然能使人了解行为的意义，但并不能决定行为，决定采取何种行为还要通过理智的方法，即根据具体情况做出具体判断的方法。也就是说，理智的方法不是教给人们一些普遍确定的或约定俗成的道德原则，而是教给人们在具体的道德情境之中做出理智判断的方法。在杜威看来，在道德上需要重视两种理智的方法，一是考察的方法，一是筹划的方法。所谓考察的方法就是用来确定具体道德情境的分析和判断；所谓筹划的方法就是应付具体道德情境的可实行性的假设。杜威认为，用理智的方法代替普遍确定的道德原则就能够改变普遍确定的道德规范和原则在解决具体问题上的无力与尴尬。当人们把道德生活的内容从遵守绝对法则或追求固定目标转移到发展有效的理智方法时，即当道德标准或法则成为人们分析具体道德情境的方法时，日常生活中出现的各种道德问题解决起来就变得相对容易得多。因此，判断道德原则是否有意义，要看这样的原则是理智的还是专横的。具有道德意义的原则应是理智的原则而不应是专横的原则，它可以引导行为的方向，但并不能直接决定行为，它的价值在于提供一种思考的视角，以利于个体在具体的情境之中做出独立的判断。在这个意义上，道德原则也成为指导道德行为的有效方法。

由此我们发现，杜威所说的道德不是要人们按照某种道德标准去行事，而是为人们在未来能够更好地行动而提供的条件；它不是教条性地将现有的价值视为必须遵从的、固定的、最终的命令，而是将它们看作进步的、变革的、生长的和改造的。这样的道德实际上意味着经验的发展、个人的成长和人性的解放。因此，杜威说："道德学是一切学科中最具有人性的。它是最接近人的本性的学科；它是根深蒂固经验的，而不是神学的，也不是形而上学的和数理的学科。"①

在此基础上，我们再来看杜威所说的艺术与道德的关系问题。在杜威

---

① John Dewey, *Human Nature and Conduct. The Middle Works of John Dewey* (1899 – 1924), Vol. 14, edited by Jo Ann Boydston, Southern Illinois university Press, 1985, p. 204.

看来，道德与艺术都是生命体与环境相互作用的结果，因而具有本原意义上的统一性。但是，在人们的现实社会中，由于受到工具理性的控制，手段与目的存在着严重割裂，艺术成为生活的附属品而与生活分离，人们不带感情去看和听，人们脱离世界寻求刺激，却在冲动之后陷入茫然，艺术仅仅成为漫不经心的欣赏。事实上，道德论者所讨论的许多话题，包括生活的意义、幸福的含义、生命的价值等都在艺术中得到了最鲜明而强烈的体现，并且，艺术能通过生动具体的形象和事件表现这些道德主题。不仅如此，由于艺术作品要进入到公共交流领域，它能促进不同民族、不同地域、不同社会的道德观念的交流，从而改变某一僵化的道德观念。因此，杜威说：艺术的功能"在于预防和医治活动乃至'道德'活动通常出现的过分和不足，并避免僵化的注意方式。"① 更重要的是，艺术本身具有道德功能，艺术的道德功能不在于艺术服务于道德，是道德的工具，而是说艺术具有自发的道德功能。"那种将直接的道德效果与意图归结于艺术的理论是失败的，因为它们没有将作为艺术作品在其中生产与欣赏的语境的集体文明考虑在内。"② 艺术的道德功能在于：它给予平常的人生活动赋予新鲜的且更深刻的意义。人们可以随着艺术家的陈述，进入另一个世界，体会剧中人的内心冲突和所受到的折磨，尝试人们在现实中不会接受的冒险，遨游人们从未到过，也许永远不会涉足的土地。在这个世界中，由于不需要付出实际的代价，人们甚至可以更加毫无干扰地欣赏和选择一种人们所向往的生活。艺术正是借助想象性的经验，以这样一种更为强烈而直接的方式影响和塑造着人们的道德观。"现在我们在严肃职业中所发现的大多数意义，均起源于并无直接用途的活动，然后逐渐进入客观有用的职业。因为它们的自发性以及不受外在需要的约束，使它们能够提炼意义并赋予它以生气，而这在过分关心直接需要时是不可能的。"③ 也就是说，艺术以曲折的方式，自发地表现了人们的现实生活，从而引发人们对现实的道德问题的思考与权衡，在一定程度上解放了原有的道德桎梏。所以，杜威宣称："艺术比道德更具有道德性。这是由于后者或者是，或者

---

① ［美］约翰·杜威：《新旧个人主义》，孙有中、蓝克林、裴雯译，上海社会科学院出版社 1997 年版，第 108 页。

② ［美］约翰·杜威：《艺术即经验》，高建平译，商务印书馆 2005 年版，第 383—384 页。

③ ［美］约翰·杜威：《新旧个人主义》，孙有中、蓝克林、裴雯译，上海社会科学院出版社 1997 年版，第 108 页。

倾向于成为现状的仪式、习俗的反映，既定秩序的强化。"①

杜威认为，艺术与道德作为经验的强化与发展，具有同样的人性解放作用。"艺术的道德功能本身是要去除偏见，消除阻挡视线的污垢，撕开风俗习惯的面纱，使感觉的力量得以完善。"② 艺术能够软化僵硬，放松紧张，缓解痛苦，驱散郁闷，打破由专业化的任务导致的狭隘，这是对人性的一种关怀与释放，这也是杜威所说的道德判断的功能。"当我们说艺术与娱乐具有一种尚未充分加以利用的道德功能时，我们是在肯定它们对人生，对丰富和释放人生的意义负有责任，而不是主张它们对一种道德规则、戒律或特殊任务负有责任。"③ 可以说，如果艺术在释放人性方面的功能被剥夺，那么也是对其道德功能的剥夺，这样艺术作为艺术会大为逊色。在一个美好的社会里，在一个手段与目的统一的社会里，道德和艺术会挣脱一切束缚，成为一种生长性的力量，为生活不断注入新的生命力。"如果艺术是一种公认的人与人之间联系的力量，而不被当作空闲时的娱乐，或者一种卖弄的表演的手段，并且道德被理解为等同于经验中所共享的每一个方面的价值，那么艺术与道德间的关系'问题'就不会存在。"④

三　艺术与宗教

今天很多人认为，艺术与宗教的关系经历了一个初合而后分的过程。在原始社会，艺术与宗教是相伴而生的，许多今天的艺术形式，包括戏剧、舞蹈、音乐都起源于初民的祭祀仪式和庆典活动。无论东方还是西方，都有这样的记载：远古时候，人们作为神的崇拜者，聚集在祭司的周围，载歌载舞，表现涉及神的降生、功绩、死亡及再生的传说，宣泄情绪、寄托祝愿，因此，艺术与宗教的产生是同一历史过程。但是，基督教产生之后，早期的教会是排斥一切艺术的，认为艺术用物质性的形象表现上帝是亵渎了上帝。后来，教会发现艺术的生动性与形象性可以成为宣传教义的有力工具，于是，艺术成为宗教的重要装饰品。直到今天，许多有关宗教的绘画、雕塑、建筑、音乐等都是珍贵的艺术品。但是，正是艺术

---

① ［美］约翰·杜威：《艺术即经验》，高建平译，商务印书馆 2005 年版，第 386 页。
② 同上书，第 360 页。
③ ［美］约翰·杜威：《新旧个人主义》，孙有中、蓝克林、裴雯译，上海社会科学出版社 1997 年版，第 108—109 页。
④ ［美］约翰·杜威：《艺术即经验》，高建平译，商务印书馆 2005 年版，第 386 页。

与宗教的这种关系使艺术沦为宗教的工具，并且使艺术脱离了普通人的日常生活，成为有闲有钱阶层炫耀身份地位的附属品。如果对艺术与宗教的关系的理解仅仅停留在此，那么哲学的二元论在文明中就永远存在。因此，杜威提出了一种与众不同的宗教观，并在此基础上理解艺术与宗教的关系。

在本书第二章中说过，在杜威看来，宗教是原始人类在动荡不定的社会中回应自然、寻求安全的一种方式，它通过在感情上或观念上改变自我的方式与自然形成和解。这种方式将行动的危险降至最低，为人们寻找到完全的确定性，因而受到当时社会的推崇。传统的宗教在现代社会开始之前与个人和社会的关系是和谐的，随着社会和自然科学的发展，传统的宗教发生了危机。一方面，由于自然科学和技术的发展，关于自然和历史的知识以及新研究方法的兴起，猛烈地摇撼了神学和哲学所赞同的天文学、物理学、生物学、人类学、历史学的基础。宗教和科学的冲突加剧了。另一方面，由于科学技术的发展，使得社会生活的教育、政治、经济、科学等方面不再依赖于宗教的观念，人的生活环境和社会发生了重大的改变。这种重大改变不仅产生了一些新事物，更为重要的是使人们生活和实践的方式发生了重大变化，从而深刻地改变了人们对宗教、人生和自然的看法。同时，这种改变也使宗教在社会中的地位发生了变化，宗教不再像传统社会那样是社会结构、社会生活的集中体现，而成为世俗社会中的一个特殊机构。人们生活的中心也开始由宗教方面转向了社会生活方面。同时，科学的方法已经深入人心，这种新的探求和反省方法已经变成人们对所有事件、存在和理智上认同的最后仲裁者。杜威认为，宗教要想彻底地摆脱危机，就是要进行彻底的变革，不仅仅是改变对宗教教条的看法和态度，还应该重新改变人们认识宗教的方法。杜威认为，传统的宗教都试图借助理智的力量来阐述自己的教条，让信仰者相信自己的教条是真的，是一种理智上的真理。但是，实际上，历史上的宗教教条都是经过历代的神学家的理性化证明的，而每一种证明都只不过证明了其他方式的无效性，却并不能证明自己的有效性。在现代社会，由于理智习惯和方法都发生了变化，这种论证方法更加不能彻底地解决宗教的危机，转变人们对宗教的看法。要想彻底解决宗教危机，就要重新回到宗教的起源——经验的基础上。

在《一种共同的信仰》（*A Common Faith*）中，杜威区分了宗教（religion）与宗教性（religious）这两个概念。宗教指的是像基督教、佛教、伊斯兰教等各种各样的具体宗教。在杜威看来，具体的宗教是和其产生的历史文化背景不可分割地联系在一起的，历史上的各种宗教都是在人们当时所生活的社会文化条件下所产生的。正是因为各种宗教产生的文化环境的不同，造成了各种宗教对信仰对象表达顺从和敬畏的方式的不同以及各种宗教所激励的现实的道德动机等方面的不同。宗教性指的是具体的宗教之间所具有的共同特征，杜威称之为形容词的宗教。"它并不指本身能够独立存在的东西，也不指能够被组织为一种特殊而不同的生存形式之物。它指的就是对一切对象和一切所提出的目的或理想所采取的态度。"①

杜威认为，宗教性的态度是建立在宗教经验（宗教性的经验）之上的。杜威所说的宗教经验与传统的宗教经验不同，传统的宗教经验是独立存在的经验，这种能够独立存在的宗教经验往往被用来作为证明信仰的手段。杜威所说的宗教经验不是自身独立存在的经验，也不是与审美、科学、道德等经验不同的一种特殊经验，它是经验的一种性质，存在于各种各样的经验之中，而这些经验是有机体与环境相互作用的表现。杜威认为，宗教经验与普通经验也存在着区别，但这种区别仅仅是量上的区别，而不是质上的差别。宗教经验是理想性的，理想性意味着它是一个整体经验，这种整体的经验必须通过想象来联结，"一个整体的观念，不论是个人存在上的整体观念，还是世界整体的观念，都不是一个实际上的观念，而是一个想象的观念。"② 也就是说，人们经验到的有限世界之所以成为整个宇宙，并不是由于理解与反思，而只是因为有了想象的作用。而宗教性的态度就是通过想象而把某些事物捆绑在一起，它不仅仅包含着道德和实践的动机，而是比道德更为广泛和全面的态度，在艺术、科学和良好的公民身份中也都能展现出这种态度的性质。因此，杜威认为，要获得宗教性的经验，不必依赖宗教教条或死守宗教陈规陋习，只要在经验中充分发挥想象的作用，富有创造性的想象是催生宗教经验的唯一力量。通过对宗教性以及对宗教经验的界定，杜威指出了宗教性的态度是基于经验而产生的，是经验的一种性质。这种经验不是什么与其他经验不同的特殊宗教经验，它只是一般经验或日常经验，而与日常经验不同的是，它是时间中的

---

① John Dewey, *A Common Faith*, New Haven. Yale University Press, 1934, p. 10.
② Ibid. , p. 18.

经验，是具有历史性的经验，是以想象的方式联结的经验。这样，杜威就把宗教及宗教经验建立在日常生活经验的基础之上，避免了传统哲学中关于宗教起源的二元论理解。

由此，人们可以发现杜威关于艺术与宗教的关系的与众不同的理解方式。在他看来，宗教性情感根植于人的经验，是人的日常经验的一个重要部分，因此，艺术经验与宗教经验并不存在质的区别，它们都根植于普通经验之中，并且，二者都是时间中的经验，都具有整体性，都是内含创造性想象的经验。杜威认为，宗教中的想象与艺术中的想象并没有什么不同，他甚至认为经验中的宗教性质和诗中所表现出来的想象性质是紧密相关的。他说："想象和自我的和谐之间存在着密切的联系，其密切程度超出了人们通常所认为的程度。不论是把个人的整个存在还是把整个世界看成是一个整体，都是富有想象力的，绝不是一种平庸的观念。我们所观察和反思的有限世界，只是凭借了想象的延伸，才成为我们所说的宇宙。"① 也就是说，把任何事物看成是一个统一体，在很大程度上都要依赖想象力的作用。要成功地拥有对艺术品的经验，人们必须发挥想象力的作用将自我与艺术品融为一体；同样，如果想获得宗教性的经验，人们必须成为共同面对大自然的原始材料的艺术家，当人们在想象中与世界融为一体，心灵相通时，人们的经验才能呈现出宗教性。"它是最普遍而最自由的交流形式。每一个强烈的友谊与感情的经验都艺术地完成自身。由艺术品所产生的共享感可以带上明确的宗教性质。"②

在这种共同经验的基础上，现实中的艺术与宗教也存在着统一的可能。人的经验达到圆满的状态时，就成为艺术，就具备宗教性。杜威引用桑塔亚那（George Santayana）的话来说明艺术与宗教统一性："宗教与诗在本质上是相同的，所不同的只是二者与实际事务相关联的方式。当诗介入生活时，它就会被称为宗教。而当宗教只是附着在生活上时，那它就只会被看作是诗。"③ 也就是说，无论宗教还是艺术，只要它们与生活存在着分裂，成为生活的附属品，那么它们之间就不会有真正的统一。要想实现统一，必须建立起它们与日常经验内在的、深层的联系，恢复它们原初

---

① John Dewey, *A Common Faith*, New Haven. Yale University Press, 1934, p. 19.

② ［美］约翰·杜威：《艺术即经验》，高建平译，商务印书馆 2005 年版，第 301 页。

③ John Dewey, *A Common Faith*, New Haven. Yale University Press, 1934, pp. 17 - 18.

的统一性。在杜威看来，宗教经验并不是什么神秘之物，也不是只有宗教界人士才可获得。事实上，任何人都可以获得宗教经验，而且，人们拥有这样一种宗教的感觉，是神志清楚、精神健康的表现，相反，那些丧失理智、疯狂的人往往只能孤立地看问题，因而只能生活在一个支离破碎的世界中。杜威认为，任何活动只要有了理想的指引，并且坚信这种理想的普遍和永久的价值，就会冲破障碍，不惧怕个人在活动中可能遭受的损失。此时，这种活动就拥有了宗教性。在杜威看来，理想不仅意味着整体性，还意味着可能性，在现实生活中，人们向着更好的目的的所有努力就是因为人们相信人们的努力都是朝向所可能达到的事物的，都是可能实现的。艺术家、科学家、市民都是被使命感召唤和激励着的，这个使命是一种控制着人们命运的未知的力量，这种未知的力量也是理想力量的表现形式，是一种可能性，这个可能性是基于现实而超越现实的，是一种基于现实而可能实现的可能性。他说："一件艺术品引发并强调这种作为一个整体，又从属于一个更大的、包罗万象的、作为我们生活于其中的宇宙整体的性质。我想，这一事实可以解释我们在面对一个被带着审美的强烈性而经验到的对象时所具有的精妙的清晰透明感。这也可能解释那伴随着强烈的审美知觉的宗教感。我们仿佛是被领进了一个现实世界以外的世界，这个世界不过是我们以日常生活于其中的现实世界的更深的现实。我们被带到自我以外去发现自我。除了艺术品以某种方式深化，并使伴随着所有正常经验的包罗万象而未限定的整体的感觉变得高度明晰外，我看不出这样一个经验的特性有什么心理学的基础。那么，这一整体就被感到是自我的扩展。"① 也就是说，强烈的审美沉涵的神秘，非常类似于与神交流的宗教经验，它使人生和自我的意义获得了丰富和深化。正是在这样的意义上，艺术与宗教融合在一起，并且这种融合有助于个人的升华与生命的拓展，从而成为日常生活中的指导性力量。

四　艺术与教育

杜威的教育理论在人类文化史上作出了卓越的贡献，对他来说，教育不仅塑造人，同时也是实现他的民主主义理想的首要工具。因此，教育理论是他整个哲学思想的重要组成部分。具体来说，杜威教育思想的

---

① ［美］约翰·杜威：《艺术即经验》，高建平译，商务印书馆2005年版，第215页。

主要内容包括以下几个方面：第一，教育即生活。杜威认为，教育是生活的过程，而不是对未来生活的准备。教育与过一种有意义的生活是一致的，它的最终价值正在于生活本身。因此，教育必须探索学生的兴趣、能力和习惯，克服教育与日常生活脱节的情况。在杜威看来，"使人们乐于从生活本身学习，并乐于把生活条件造成一种境界，使人人在生活过程中学习，这就是学校教育最好的产物。"① 也就是说，教育的效果，是过一种丰富而有意义的生活，教育是促进美好生活的手段，教育过程本身就是经历美好的生活。第二，教育即生长。生长不仅指体格方面，同时也指智力与道德方面。生活就是不断地发展和生长，教育正是这种发展的条件。教育不仅仅是学习对将来有用的东西，同时也是为了生长本身，"技术的修得、知识的占有、教养的成就，不是终局：只是成长的记号，继续生长的方法。"② 也就是说，生长本身就是目的。由于生活本身在发展，生长就是不可避免的，生长既表示一种持续不断的向上运动，同时也意味着潜力和可塑性。就像一粒种子，给它充分的阳光雨露、气候条件就能长成茁壮的植物，教育就是这样一个生长的过程。它的目的是保证继续生长的各种因素，从而使这种生长不断持续下去。第三，教育有利于经验的增长。杜威认为，教育只有真正进入到学生的经验中，使学生在教育的基础上，增加了控制和指导后来经验的能力，这才是教育的真正价值。对杜威来说，只有那些能促进发展的经验才是教育。杜威以此为基础，得出了教育的定义："教育就是经验的改造与改组，这种改造或改组，既能增加经验的意义，又能提高指导后来经验进程的能力。"③ 经验的改造既包括儿童个人经验的改造，也涉及社会环境的改造。生长的过程也就是经验改造的历程，教育就是这样一个不断改造、不断转化、不断发展的生长过程。对杜威来说，经验不是纯粹个人的，而是建立在交流基础上的。社会生活是所有社会成员共同参与经验的过程，要形成稳固的社会和共同的社会心理，有赖于人们之间的彼此交流和联系，而教育是构成这种交流的通道。"教育就是通过

---

① ［美］约翰·杜威：《民主主义与教育》，王承绪译，人民教育出版社 1990 年版，第 55 页。

② ［美］约翰·杜威：《哲学的改造》，许崇清译，商务印书馆 2002 年版，第 99 页。

③ ［美］约翰·杜威：《民主主义与教育》，王承绪译，人民教育出版社 1990 年版，第 82 页。

传递过程使经验的意义得到更新的过程。"① 没有教育，就不会有真正意义上的交流，也就不会有一个具有丰富的共同经验的社会。第四，教育本身就是目的。人们通常认为教育是有目的的：为了掌握知识，为了将来谋求一份好职业或为了提高社会地位、改变身份。杜威则认为，教育本身并无目的，所谓的目的，只是教师、家长人为设定的，因此是外在的、强加的，这种情形就像农民不顾气候环境条件，在播种前事先规划一个丰收的理想一样荒谬可笑。这种外在的目的由于没有考虑学生本身的欲望和要求，根据一些与教育本身无关的目标来培养学生，因此不仅不能促进生长，还会阻碍和限制生长。事实上，教育的过程本身就是目的，在它之外没有其他目的。

通过上文论述我们可以看到，杜威所总结的这些关于教育的特征或要求，与本书前几章所讨论的关于艺术的基本观点是一致的，也就是说，作为教育的根本立足点的生活、生长、经验以及实践，正是艺术的特征。在此基础上，杜威对艺术与教育的关系进行了细致的分析。

第一，杜威认为，"艺术内在的是教育，教育也可以成为艺术。"② 教育的作用就是引导人们在成长中获得日益丰富的经验，"教育的职责可以定义为解放和拓展人的经验。"③ 而艺术作为完满的经验为发展人们知觉的敏感性和经验的丰富性做出了重大贡献。因此，艺术与教育的共同基础是经验的改造和塑造，二者都体现了经验的扩展与深入。对杜威来说，经验不仅仅是其美学的基石，也是其教育思想的核心。因此，艺术的自身具有教育的价值，教育的目标应该是使自身成为艺术。第二，艺术具有教育作用。艺术是最好的交流方式，这种交流使教育潜移默化地发生作用。"正是通过交流，艺术变成了无可比拟的指导工具，但是，它所使用的方式与我们通常所理解的教育相距甚远，它将艺术远远地提升到我们所熟悉的指导性观念之上，从而使我们对任何将艺术与教学联系起来的提法都感到不愉快。但是，我们的反感实际上是对那些拘泥地排斥想象，并且不触及人的欲望与情感的教育方式的反思。"④ 艺术的教育要通过想象力获得

---

① ［美］约翰·杜威：《民主主义与教育》，王承绪译，人民教育出版社 1990 年版，第337 页。

② John Dewey, *Later Works*, *1925－1953*, Vol. 2, p. 113.

③ John Dewey, *How we Think*, D. C. Heath and Company, 1933, p. 202.

④ ［美］约翰·杜威：《艺术即经验》，高建平译，商务印书馆 2010 年版，第 401 页。

实现，艺术的教育方式是借助于想象进行交流，通过帮助个人分享生活艺术塑造生活中的价值观念。第三，"教学是一种艺术，真正的教师是艺术家。"① 杜威认为，教师在培养学生的过程中，要具有艺术家的态度。教师不仅要激发学生的热情，唤起学生的活力，还要将学生的热情转化为详细掌握知识与事物的有效力量；教师不仅要训练学生的技能与技术的精通，还要扩大学生理智的视野，提高学生价值的辨别力，增强学生对正确的观念与原则的接受。从这种意义上来说，教学不是普通的教授与训练，而是一种艺术，教师也应该成为艺术家，他必须对学生的动机、行为、情感的心理背景有充分的了解，从而对学生的成长起积极的引导作用。这样，杜威就将艺术与教育紧密联系起来，使之成为改造经验和扩展生存意义的有力工具。

除此之外，杜威认为，艺术与教育还可以结合成为审美教育，从而促进教育与艺术本身的共同发展。杜威极力使艺术教育成为教育的一个重要组成部分，通过将艺术的观念引进课堂中去，使审美教育或艺术教育在教育中获得发展。

杜威认为，艺术是审美教育的立足点。审美教育着重培养人的审美能力，包括创造力、想象力、洞察力和一般的艺术欣赏与批评能力，通俗地说，也就是教会人们怎样对特定的艺术类型作出恰当反应，让他们知道看什么和怎样看，也就是说，培养人们对细微差异的感受能力，使他们敏锐地感觉到艺术品的独特性质。例如，人们如何确定对一场音乐会的经验是审美经验？对于一个受过相关方面的培养和训练的人来说，它是审美经验；而对于门外汉来说，它仅仅是不同乐器的组合制造出的声响罢了，这个人显然不能体会到这场音乐会的真正价值。因此，审美教育必须首先注重艺术知觉与艺术经验的培养。正如本书前文所说的那样，艺术经验是一个时间性的过程，在这一过程中需要知识的积累和能力的培养，这些在很大程度上要依靠审美教育。艺术通过欣赏和批评培养人的知觉。"为了看某些清规戒律被遵守得如何好而去看一部艺术作品，就会使知觉变得贫乏。但是，如果努力注意某些条件被满足的方式，注意媒介是如何通过有机的手段得以表现和容纳一定的部分，或者注意充分的个性化问题是如何

---

① John Dewey, *How We Think*, D. C. Heath and Company, 1933, p. 288.

解决的，会使审美知觉变得敏锐，使这种知觉的质料变得丰富。"① 只有在具体而特殊的欣赏中才能发现评价的标准，鉴赏力和知觉的敏感正是借此而成的。因此，正是通过审美教育，艺术才能成为人们积累经验和丰富人生的有力工具。

在杜威看来，不仅在自由教育中需要审美教育，职业教育也应该渗透艺术的因素。这里的自由教育是指没有实际用途的教育，它致力于为知识而知识，注重知识的积累与智力的培养；职业教育是指实际的或有用的教育，它注重培养某种实际的技能而忽视理智与欣赏能力的获得。在人们的社会，由于大工业生产，所有的职业都变得过于专门化，排斥与之无关的一切因素，过度注重技巧和效率，职业教育成为教育的首要内容。但是，杜威认为，正是职业教育使教育牺牲了它本身的意义。教育严格地为预先设定的某种职业服务，就会使教育沦为纯粹的技能训练："这种训练，也许能培养呆板的机械的技能（就是培养这种技能也毫无把握，因为它使人感到枯燥无味，使人厌恶，使人漫不经心），但是，它将会牺牲使职业在理智上有益处的敏捷的观察和紧凑、机灵的计划等特性。"② 因此，这种做法损害了个人全面发展的可能性，实质上是削弱了对将来职业所需能力的培养。事实上，教育的目的不是仅仅为了某种职业技能，而是教育自身。真正的教育不是助长单一的职业教育，而恰恰是预防它。"如果教育并不提供健康的休闲活动的能力，那么被抑制的本能就要寻找各种不正当的出路，有时是公开的，有时局限于沉迷于想象。教育没有比适当提供休闲活动的享受更加严肃的责任；还不仅是为了眼前的健康，更重要的，如果可能，是为了对心灵习惯的永久的影响。艺术就是对这个需求的回答。"③ 因此，杜威认为，应该从初级教育开始就尽力避免直接的狭隘的职业训练，而代之以有利于生长和发展的教育。审美教育能够让工人在从事体力劳动之余，也能运用自己的理智和想象力，使他们自觉地利用所受的教育，开阔心理境界，开展内在的智力活动，在有用的活动中提高文化修养，增强社会责任感。

---

① ［美］约翰·杜威：《艺术即经验》，高建平译，商务印书馆 2005 年版，第 227 页。
② ［美］约翰·杜威：《民主主义与教育》，王承绪译，人民教育出版社 1990 年版，第 326 页。
③ 同上书，第 219 页。

　　因此，对杜威来说，审美教育既不是知识教育，也不是能力教育，而是态度教育，即以艺术的态度对待宇宙人生的教育。审美教育不是教给人们追求未来美好生活的知识技能，而是教人改变人生态度，在现实的、有限的人生中体验和创造美好生活。在审美教育中，艺术与审美不再在生活之外，而在生活之中，美好生活不再是可望而不可即的目标，只要人们注重艺术经验的培养，注重提高人的审美境界，人们就会改造普通经验，从而将日常生活提升为美好的艺术生活。正如杜威所说："艺术揭开了隐藏所经验事物之表现性的外衣。它催促我们不再处于日常的松弛状态，使我们在体验我们周围世界的多样性质与形式的快乐之中忘却自身。它截取在对象中所发现的每一片表现性的影子，并将它们安排进一个新的经验中。"①

　　杜威认为，艺术与教育具有一个共同的指向，它们都是指向社会改造的。改造后的社会是一种理想的社会："这种改造标志着一种社会，其中人人都应从事一种职业，使别人的生活更有价值，更能认识连接别人的纽带，打破人与人之间的隔阂。这种改造意味着一种事态，每个人对他的工作的兴趣不是勉强的，而是明智的，即每个人的工作都是和自己的能力倾向志趣相投的。"② 杜威希望通过艺术与教育来达到这个理想社会，因为艺术本身蕴含着理想社会基本条件的要求与把握，而教育是培养个人乃至社会品格的过程。因此，通过艺术进行教育，能使人们最广泛地参与到艺术中来，使人们拥有日益丰富而敏锐的感受力、想象力和创造力，使人们在相互交流的基础上获得理解与爱，这是不断接近理想社会的有效途径。

　　由此，人们进一步发现艺术自身的重要意义。艺术不是生活的装饰品，不是文明的美容院，艺术最大限度地显示了人类经验的圆满性和生活的理想性，它依赖于一种共同生活和一种共同的文化基础，科学、道德、宗教、教育也是如此。因此，它们能够统一起来结合进一个完整的、有意义的经验之中，为重建文化的统一性提供一种可行的方式。在一个统一的文化视野下，艺术与其他学科一样，能够促使人类产生对生命、生活、社会以及整个宇宙的热爱与激情，从而使人类不断朝更大的幸福与希望迈

---

　　① ［美］约翰·杜威：《艺术即经验》，高建平译，商务印书馆 2010 年版，第 120 页。
　　② ［美］约翰·杜威：《民主主义与教育》，王承绪译，人民教育出版社 1990 年版，第 332页。

进，正如杜威所说："在一个比我们所生活在其中的社会更好地组织起来的社会之中，一个比起现在来要大得不可比拟的幸福将会参与到所有的生产方式里。"① 这是杜威所设想的美好的生活和文化图景。

---

① ［美］约翰·杜威：《艺术即经验》，高建平译，商务印书馆 2005 年版，第 87 页。

第七章　艺术与杜威的改造策略

在杜威看来，艺术不是一个物态化的对象，也不是一个实体，它是经验的性质，体现了经验的积累与完满，它扩展了人们的生活经验，预示了生活经验无限丰富的可能性，构建了生活经验的理想和圆满的状态。因此，杜威的艺术不是那种由天才创造并由精英欣赏和消遣的审美对象，而是一种生命的活动，它既是日常生活的延伸，同时也体现了日常生活的完满状态。正是因为这种性质，艺术在杜威的传统哲学的改造与社会的改造中具有重要意义。可以说，哲学和社会的改造才是杜威研究美学的根本目的，同时也是他的美学他的哲学体系中所应承担的使命。

第一节　哲学的改造

杜威认为，传统哲学的弊病主要在于二元论，它限制了哲学的发展，使哲学成为与实际生活分离的超验活动，因而使哲学陷入了合法性危机。杜威认为，要想重建哲学的合法性就要对传统哲学进行彻底的改造，使它深深植根于人类经验之中。杜威对哲学的改造是与他的哲学观紧密联系在一起的，他在自己哲学观的基础上对传统哲学进行了分析和批判，并提出了自己的改造策略。

一　杜威的哲学观

杜威的哲学观首先体现在他对哲学起源的理解。关于哲学起源的说法在古希腊就已探讨，亚里士多德认为，哲学起源于"惊异"，"不论现在，还是最初，人都是由于好奇而开始哲学思考。"[1] 但是，杜威对这种说法

---

① 亚里士多德：《形而上学》，苗力田译，中国人民大学出版社2003年版，第5页。

并不认同。对杜威而言，哲学并不是处于人类生活之外的孤立的事物，它产生于特定的社会条件，是人类文明和文化史的一部分，哲学和人的生活、历史紧密相关。

在杜威看来，哲学的产生是生命体与环境相互作用的结果。作为环境一部分的生命体时刻要与环境的其他要素进行物质和能量的交换以获得生存，因而，环境是动态的、易变的、不稳定的。环境的不稳定性经常使人们处于某种危险之中，自然的变化和各种灾难不时地威胁到人们的安全，在这种情况下，人们就要采取某种行动来克服环境的危险性。当然，杜威也看到，环境中还是存在着相对稳定的因素的，世界并不是完全无序的，环境中的一些要素某种程度上具有规则性，因此，杜威的结论是："我们是生活在这样一个世界之中，它既有充沛、完整、条理、使得预见和控制成为可能的反复规律性，又有独特、模糊、不确定的可能性以及后果尚未决定的种种进程，而这两个方面（在这个世界中）乃是深刻地和不可抗拒地掺杂在一起的。"① 在杜威看来，环境的相对稳定性和规则性可以成为人们行动中可能借助的某种手段来对付环境中的不稳定因素，而哲学正是人们应对环境所使用的手段之一，"正是由于稳定性和不安定性两者不能分解地混合着，这样一个情景便产生了哲学，而且在它的一切重复提出的问题和争论中都把这个情景反映出来。"② 因此，在杜威看来，哲学产生于人生活在世界之中的内在需要，产生于生命体摆脱危险处境的策略之中。

人们通常认为哲学是一种理性的、孤立的思考，但在杜威看来，哲学是人类生活的一种文化样式，它产生于生命体对危险处境的一种回应。他说："哲学发源于对生活难局的一种深刻而广大的反应，但只有在资料具备，足令这种反应在实践上成为自觉的、明显的而且可以传布的时候，才能发荣增长。"③ 生命体要想在动荡不安的环境中生存，就必须进行某种行动以回应环境，"人生活在危险的世界之中，便不得不寻求安全。"④ 杜威认为，人们采取了两种方式来回应不安全和不稳定的世界，一种是祈祷、祭祀等与自然和解的方式，另一种是发明各种艺术以控制自然。早期

---

① ［美］约翰·杜威：《经验与自然》，傅统先译，江苏教育出版社2005年版，第32页。
② 同上书，第31页。
③ ［美］约翰·杜威：《哲学的改造》，许崇清译，商务印书馆2013年版，第32页。
④ ［美］约翰·杜威：《确定性的寻求》，傅统先译，上海人民出版社2004年版，第1页。

的人类由于控制艺术的缺乏，希望通过祈祷和祭祀获得安全。他们认为自然是由一些超自然的隐蔽力量控制的，这些隐蔽力量被想象为各种不同的神灵，而自然界的灾难如洪水、旱灾、疾病等都是人们触怒神灵的表现，通过某种宗教仪式和一些祭祀活动，人们就能够平息神灵的愤怒，获得神灵的保佑和怜悯，从而恢复环境的稳定和自然的秩序。这种通过改变自我与自然力量和解的方式主要以神话、祭祀和其他迷信活动表现出来，后来这种方式变得系统化和社会化了，"想象的一个永久的结构形成了。了解生活的一个共同方式长成了，个人由教育导入这个方式去。"① 同时，这种系统的结构"更由征服和政治的兼并促成并确立了其组织性和拘束力。"② 杜威进一步描述说："当政权的领域扩大时，它就有一个明确的动机，来组织和统一那些曾是自由而浮动的种种信仰。除由交际的事实和互相理解的必要而发生的自然调节和同化外，还常常有政治的要求，引导统治者集中各种传说和信仰，以扩张和巩固它的威势和权力。……人类的更博大的天地开辟论和宇宙论，以及更宏远的道德的传统，就是这样发生的。"③ 也就是说，一种文化传统的产生是与其早期的祈祷和祭祀活动联系在一起的，文化的发展又往往和政治的扩张活动相关，而一种文化结构的稳定又是以"习惯、风俗、公共机构、社会规范以及官方的行为准则的确立"为标准的，个人要融于这种文化结构。"一般而言，文化是以道德传统、我们在宇宙中的位置以及人类生命的意义和重要性为标志的。"④ 由此，人类形成了一定条件下的固定的文化传统。

但是，这种通过祈祷和祭祀依靠外在控制力量的恩赐的方式却并没有给人们带来真正的安全，即使是最虔诚的心灵、最完备的仪式也未能挡住灾难的侵袭，于是人们又发明了另一种方式来回应环境，即通过行动控制自然的方式，"他建筑房屋、缝织衣裳、利用火烧，不使为害、并养成共同生活的复杂艺术。"⑤ 人们通过作用于环境的一系列行为，发展了农业、狩猎、工具等各种各样的艺术或技术获得了控制自然的能力，各种技术越完备，人们对自然的控制能力就越高。随着人类控制能力的增强，一些常

---

① ［美］约翰·杜威：《哲学的改造》，许崇清译，商务印书馆2002年版，第5页。

② 同上。

③ 同上。

④ ［美］罗伯特·B. 塔利斯：《杜威》，彭国华译，中华书局2003年版，第25页。

⑤ ［美］约翰·杜威：《确定性的寻求》，傅统先译，上海人民出版社2004年版，第1页。

识性的观念被建立起来，人们发现"有些东西可以充食品，这些东西在一定的地方可以寻获，水能淹人，火能燃烧，尖端能刺亦能割，重的东西若不支撑着就会下坠，昼夜的交替、寒暑的往来、晴雨的变动，都有一定的规律性。"① 这样，一个关于日常知识的概括体系产生了，而这一知识体系的产生又促进了人类技术的发展。因为一种技术活动能否成为一种有力的控制力量，是与人们通过观察所获得的日常知识相关的。并且，人类的历史也表明，"技术和职业愈发达、愈精细，实证的和检验过的知识愈扩充，所观察的事件则愈复杂，而其范围也愈广。这种技术的知识产生科学所由发源的关于自然的常识。这种知识不但供给实际的事实，而且赋予运用材料和工具的技巧，如不泥守旧例，这种知识就能促进实验的习尚的发展。"② 因此，这种通过行为控制自然的方式最终促进了科学和科学思维的产生，同时，科学思维具有的经验积累特征也使人们关于自然和世界的日常知识的日渐增长，促进了科学技术的体系化和规模化。

杜威认为，在早期的所有文化中，人们都是采取宗教和艺术两种不同的模式来回应险境、获得安全的，而这两种不同的方式在人类的文化史催生了两种不同的精神产物：传统和科学。祈祷的模式导致了习俗、宗教和道德等文化传统的产生；艺术的模式导致了科学思维及科学知识的产生。但是随着科学思维的系统化和科学知识的增长，它与传统文化的信念与价值不断发生冲突，"然而实际知识终于增长到那样多和那样广，以致与传统的和架空的各种信念，不但在细目上，而且在精神和品质上，也发生了冲突。"③ 因此，人们还必须要回应一种新的险境，即消除传统的习俗、宗教、道德与科学思维、科学知识、科学态度之间的冲突，实现两者的和谐，"哲学的起源出自调和两种绝异的精神的产物的尝试"。④ 在杜威看来，人类历史上不同的哲学形式都始于人们解决传统与科学冲突问题的愿望，其中的具体问题又随着人类生活的改变而不同。虽然生活总体上是连续的，但有时也会产生危机，而这恰恰是历史的转折点，同时也是新哲学产生的原点。归根结底，哲学产生于人们在历史的不同阶段对人类所面临的难题与险境的回应，哲学在不同的历史时期承担着不同的社会使命。

----

① ［美］约翰·杜威：《哲学的改造》，许崇清译，商务印书馆 2002 年版，第 6 页。
② 同上书，第 7 页。
③ 同上。
④ 同上书，第 10 页。

二　对传统哲学的分析

杜威认为，哲学的产生必定与特定的社会条件相关，古希腊哲学起源于对当时希腊社会存在的传统习俗与科学知识的对立与冲突的调和。

在杜威看来，早期的古希腊社会，人们采取划分不同社会阶级的方式来缓解文化传统和科学技术的冲突。"这两种精神的产物，因为它们的所有者所属社会的阶级有别，往往是截然分开的。宗教的和富于诗意的信念，得到一定的社会的、政治的价值和功能，保持在和社会的支配者直接联系着的上层阶级手里。工人和工匠是平凡的实际知识的所有者，占着较低的社会地位。他们的这种知识为社会所轻蔑，因为社会藐视从事体力劳动的手工业者。"① 劳动者和上层地位的差异主要来自于古希腊人关于知识的观念。在古希腊人看来，科学主要是和工艺联系在一起的，而工艺不过是一种"末技"、一种"贱业"，鞋匠做鞋的技术根本无法和治国的权术相比，医生医治身体的技术和牧师医治灵魂的技术也不可同日而语。柏拉图在他的《对话篇》中就常常有这样的对比：靴匠虽能判定靴的好坏，但穿靴是好是坏以及什么时候穿靴才好，这些比较更重大的问题他却不能判定。医生虽然善于诊断健康，但对于活着或死了是好事还是坏事，他却不知道。关于纯粹技术方面的问题，工匠是内行，但是对于价值或道德等人生更重要的问题，他们却无法解决。所以工匠的知识本来就较低，要受一种启示人生目的的更高的知识所支配。

但是这种境况并没有持续多久，当科学知识发展到一定程度时，传统与科学冲突的解决就不能通过这种阶级划分的方式，由于科学方法在克服世界风险方面所取得的成就，以宗教、习俗、道德为核心的传统信念在日常经验的世界中日益失去它的权威性，因此，就需要一种新的方式为传统文化找到更牢固的基础。这种方式的核心是：发明一种合理的研究和证明的方法，将传统信念的本质要素置于一个不可动摇的基础上，发明一种思考和求知的方法，在扬弃传统的同时不仅要保存道德和社会价值，而且要增强它们的力量和权威。"简单地讲，就是使从来靠习惯维系下来的东西不复依靠过去的习惯，而以实在和宇宙的形而上学为基础，使它复兴。形而上学是代替习惯而为更高尚的道德的和社会的价值的泉源和保证——这

---

① ［美］约翰·杜威：《哲学的改造》，许崇清译，商务印书馆 2002 年版，第 7 页。

就是柏拉图和亚里士多德所发展的欧洲的古典哲学的主题，这是一种在中世纪欧洲基督教哲学重行论述和更新的哲学。"①

杜威认为，如此产生的哲学必须具备三个特性：首先，哲学的使命是保存传统的信念，即在合理的基础上为传统习惯和既有信念找到存在的理由；其次，既然要为传统的信念辩护，哲学就必须重视理由和证明，但传统本身不能依靠经验的证明使人信服，因此，理性的思索和精确的表达就成为它唯一的方式；再次，由于它所要辩护的传统是早已经发展成为具有权威性的传统信念体系，对社会的影响是普遍而广泛的，因此，哲学也必须要有圆满的体系、必然的正确性和普遍性。

鉴于这种理解，古希腊人采取了二元论的方式，即对存在的两个领域做了固定的、根本的区分：一个是人们传统的信仰里所涉及的那个宗教的、超自然的世界，这个世界经过了哲学的描绘，成了一个不变的、最高的、终极的实在，它是真理的最后根据，是一切社会制度与个人行为的唯一合理的法则，这是"本体的世界"，只有经过系统的哲学训练才能看到。而普通人所能认识的只是另外一个与"本体的世界"相对峙的"现象的世界"，它是我们的日常经验世界，是人间的实际事务的世界，是艺术和科学的世界，因为它是一个不完全的、变动不居的世界。因而也就不可能有确定性的知识。哲学继承了宗教所涉及的世界，只不过它采取了不同于宗教的、新的表达方式。传统的宗教信仰依靠想象和感情的方式使人们尊崇它，而哲学因为要为这种信仰作辩护，它就不能采用原来的方式，只能采用理性论辩的方式。"那些我所谓古典哲学的主要目标在于表明：作为最高超和最必要的知识对象的那些实在也都具有那些符合于我们最好的愿望、崇拜和赞许心理的价值。"②

柏拉图哲学是古希腊这种区分两个世界哲学理论的典型代表。柏拉图认为，人们现实的经验世界是变动的、动荡的，因而是低级的、腐朽的，由于它总是处于一种变易不居的状态，我们不可能获得关于它的确定的知识，所以它也是非理智的。于是，他便设计了一个不同于经验世界的"理念世界"，这个世界是永恒的、不变的、完美的，它不是由感官经验所把握的，而是由"理性"这一心灵的特殊能力所把握的。因而，要想

---

① ［美］约翰·杜威：《哲学的改造》，许崇清译，商务印书馆2002年版，第9页。
② ［美］约翰·杜威：《确定性的寻求》，傅统先译，上海人民出版社2004年版，第31页。

获得真正的知识，必须抛开经验世界的幻象，通过哲学的理性训练才能达到。杜威认为，通过引入二元论来为传统辩护是一切古典哲学所使用的策略，在柏拉图那里是理念世界和现实世界的二元论，在亚里士多德那里是形式与质料的二元论，在奥古斯丁那里是上帝之城和人类之城的二元论，在笛卡尔那里是心灵和肉体的二元论，在康德那里则是本体和现象的二元论。所有的二元论的一端都指向永恒不变的实体，它是知识的真正来源，另一端则指向日常经验的世界，它是变动的，是人们行动的处所，而传统哲学则无一例外地显示了对永恒实在的兴趣，同时不约而同地把"理性"作为认识永恒实在的唯一官能。"哲学妄自以为论证超越的、绝对的或更深奥的、实在的存在和启示这个究极的、至上的、实在的性质和特色为己任。所以它主张它有一个比实证的科学和日常实际经验所用的更为高尚的认识的官能，并主张这个官能独具优异的尊严和特殊的重要性。"①

如果二元论仅仅是作为理论上的一种选择而被引入的话本无可厚非，但是这种智力上的区分在人类历史上经常被转换为固定的、永恒的二元论的实践，在人们的现实生活中导致物质与意识、知识与行动、感性与理性、灵魂与肉体、目的与手段等的内在分裂，而这些分裂是造成当今哲学远离生活的最重要原因。

首先，传统哲学造成了认知与实践的分裂。杜威认为，早期的人类是通过宗教和艺术两种途径来应付险境的，但由于早期的艺术控制能力低下，人们普遍对艺术抱有不信任甚至是贬低的态度。他们认为，艺术是一种外在的行动，而构成了未来的不确定性的潜在根源，人们无法保证所采取的行动能够有效地应付自然，而且，行动总是将变数引入到当前的环境中来，这种变数给未来又将带来什么样的危险则是无法保证的。也就是说，行动本身不能保证绝对的安全，行动并不能完全有效地回应环境，如果行动不适当，很可能带来相反的结果，同时，行动也构成了未来的不确定性的潜在根源，某些行动可能缓解当前的危机，但在未来却可能产生更大的危机，因此，行动虽然是应付环境所必需的，但也是有风险的，这也是传统哲学回避行动的原因。相对来说，人们宁愿相信宗教，相信在内心的精神世界中更能找到应付变动的世界的方法，的确，富于诗意的、带有宗教意味的信仰是一种精神上的、内心的安慰，它可以使人们不依靠于行

---

① ［美］约翰·杜威：《哲学的改造》，许崇清译，商务印书馆2002年版，第12页。

动而给人们带来幸福，而且"这种幸福是完全的，不致陷入外表动作的不能逃避的危险。"① 传统哲学的产生将宗教与艺术的这种分化公式化，并通过哲学的解释将宗教境界变为形而上学的普遍的实有，将艺术世界扩大为人们所有的实践活动，固定了原本是特定条件下的抬高宗教、贬低艺术的倾向，并进一步将其发展为知与行的分裂。在哲学家们看来，普遍的实有由于是固定不变的，所以它也是先在于人们的任何实践活动的，而且也不受任何实践活动的影响，真正的知识是关于普遍的、固定不变的实有的知识，而行动或实践却总是在个别的或特定的情境中进行的，这些情境是永不重复的，赫拉克利特的"人不能两次踏入同一条河里"就说明了情境是不可能完全加以确定的，因而一切活动都是变化无常的，知识不能通过实践活动予以确定，那些关于实践活动或技艺活动的一些理论不是真正的知识，它只是"意见"，它是经验的、特殊的、偶然的和不确定的，真正的知识必须是真理性知识，必须具有理性的、必然的和不变的形式。这样，传统哲学就把知识和行动区分开来，这种区分使原有的轻视实践的观点具有了一种哲学上的或本体论上的理由。

　　由这样的知识观念导致的认知方式是一种纯粹理性的认知方式，因为理智活动是完备的、自我证实的，不需要有外在的表现，这样，它就与所有的偶然的、变化的情境无关，也与实践活动所导致的变数无关。因此，理智活动能够抓住不变的实有或真理，一切确定性的寻求就只能在纯粹的理智活动中实现。杜威认为，传统本体论影响下的认识论是一种"旁观者式的认识论"，也就是说，认知是在被知的对象之外的，不与被知的对象发生任何交互作用，在认识过程中，行动对认识对象也不发生任何改变，杜威对此进行了形象的描述："认识论是仿照假设中的视觉动作的模式而构成的。对象把光线反射到眼上，于是这个对象便被看见了。这使得眼睛和使得使用光学仪器的人发生了变化，但并不是使得被看见的事物发生任何变化。"② 因此，在传统哲学中，不仅知识与实践是无关的，而且认识活动也是与行动无关的。知识与行动的分裂造成了这样的恶果，即所谓的真理性知识不能指导人们的现实行动，人们改造世界的现实行动与哲学思想毫无关系，哲学远离了生活。

---

① ［美］约翰·杜威：《确定性的寻求》，傅统先译，上海人民出版社 2004 年版，第5页。
② 同上书，第21页。

　　其次，传统哲学造成了哲学与生活的分裂。在杜威看来，传统哲学的二元论造成的更大的不幸是哲学疏远了生活。传统哲学认为自己关注的是在超验的、不变的领域存在的终极真理，而这种真理只有通过纯粹的认知活动才能获得，与人们的现实生活无关。事实上，认知起源于现实生活本身，它与情感和想象是紧密联系在一起的。

　　杜威认为，在原始人那里，认知是陌生而遥远的事情，那时，人与低等生物最大的不同就在于人有记忆，人通过记忆保存和记录过去的经验。而人们回忆过去并不是为了获得知识，只是为了给当下的生活增添乐趣，"野蛮人想起昨日与野兽搏斗，不是为了要用科学的方法去研究动物的性质，也不是为了要筹划明天更好地作战，而是为了要再引动昨日的兴奋来排遣今日的寂寥。但记忆虽有战斗的兴奋，而无战斗的危险和忧惧。反复玩味它，即多添点与目前实际或过去均不相同的新意义给它。"[1] 因此，记忆中的事情是否还是原来事件的精确重现是无关紧要的，关键在于通过回忆给了人们情感上的满足。同时，原始人也经常通过过去的记忆进行经验上的联想，天上的一片云，可能被看作一头骆驼或一个人面，但是实际上的相似与否并不重要，原始人是用这样的一种暗示来满足他的情感需要。"人将他的过去经验复现于眼前，为的是要对现在的空闲加点兴趣，以免寂寞，记忆的生活原就是一种幻想和想象的生活，而非精确的回忆的生活。充其量不过是一段故事，一场戏剧。"[2] 这种记忆实际上已经开始有了认知的萌芽，但是，这种认知绝不是为了客观地认识世界，找到这个世界的真理，认知一开始就与幻想和想象密切联系在一起，"它是譬喻的、忧患和希望的象征，由想象和暗示所造成，并没有理智所面临的客观事实的世界意义。"[3] 因此，人类的认知在产生之初，它的目的不是为了探求世界的客观真理，而是为了丰富人们的生活经验，从而提高人们应对困难的能力。

　　但是，传统哲学家却忘记了认知的最初素质，一厢情愿地把探寻永恒真理当作认知的主要目的，同时，他们抛弃了认知所内蕴的想象与情感的特征，赋予认知以理性思索和逻辑论辩的特征，而哲学就与这样的认知方

---

① ［美］约翰·杜威：《哲学的改造》，许崇清译，商务印书馆 2013 年版，第 1—2 页。
② 同上书，第 2 页。
③ 同上书，第 5 页。

式结合在一起。这样，哲学便彻底地脱离了它的最初源头，成为一种冷静理性的、客观的和分析的事业。它庄严崇高，只在假想的高级领域中施展才能，对现实的经验世界极端蔑视，对经验生活中的各种技艺更是不屑一顾；它用逻辑演绎和严格推理的方式迫使人们相信它指给他们的世界。这是一个本质的世界，是一个超验的世界，是一个没有哲学的素养便无从谈论的世界。从此以后，普通人再也不敢涉及哲学，哲学也与普通的生活隔绝开来。

即使是现在，仍然存在这样的观念，即哲学家所从事的是与众不同的工作，他用一些技术性术语提出一些奇怪的问题，这类问题完全脱离了日常生活，只有哲学家才明白这些术语的含义和问题的意义，造成的结果就是，哲学圈以外的人根本不懂得哲学家到底在干什么。哲学本来是起源于对生活困境的一种回应，但是传统哲学的产生以及逐步发展却使哲学远离了生活。杜威认为，这违反了哲学的初衷，因此，必须对传统哲学进行彻底的改造，使它回归到生活经验中，承担起自己的社会使命。这样，杜威对哲学的改造不是囿于传统哲学的内部对其进行修补，而是站在传统的哲学体系之外，对整个西方哲学的体系进行重建，从而为哲学带来新的活力。

三　哲学与探究

在杜威看来，哲学起源于人们对险境的积极回应。在人类历史的不同阶段，哲学所要解决的社会问题和文化问题也是不同的：古希腊哲学所要解决的问题是知识与美德的矛盾，中世纪哲学所要解决的问题是知识与信仰的矛盾，近代哲学所要解决的问题是理性与经验的矛盾。传统哲学妄图用划分不同领域的二元论的方式一劳永逸地解决问题，从古希腊的真理与意见的二元对立、理论与实践的二元对立、共相与特殊的二元对立、必然性与偶然性的二元对立到中世纪的上帝与人类的对立、心灵与肉体的对立、唯实论与唯名论的二元对立直到近代的主体与客体的二元对立、理性与感性的二元对立、心灵与肉体的二元对立等都是这种二元论的表现形式。二元论将哲学固着于超验领域，不再关注现实生活，这与哲学本身所承担的使命相悖，也使哲学陷入合法性危机。要想摆脱这场危机，哲学必须改变二元论的思维方式，摆脱本体论、认识论这种哲学模式，直面当代社会中社会弊病与道德缺陷，反思这些弊病和缺陷的原因及性质，为建构一个健康合理的社会提供理性的智慧和实践的力量。

杜威认为，虽然在不同的历史阶段人们所面临的社会问题和文化问题是不同的，但是，所有的社会危机和文化危机从根本上来说又具有一致性，即以道德、宗教和习俗为代表的传统力量与以科学、技术和艺术为代表的新的知识之间的对立冲突，这一冲突在当代社会仍然存在，"科学的方法和结论无疑地已经侵犯了关于最为人们所宝贵的事物的许多倾心的信仰。这样所产生的冲突便构成了一个真正的文化危机。"① 因此，哲学在当代社会所起的作用仍然是作为这两种冲突的调节手段，也就是说，当代"哲学的中心问题是：由自然科学所产生的关于事物本性的信仰和我们关于价值的信仰之间存在着什么关系（在这里所谓价值一词是指一切被认为在指导行为中具有正当权威的东西）。"② 但是，与传统哲学通过二元论的方式划定科学和信仰各自不同的领域不同，哲学要通过一种新的方式实现科学与信仰、事实与价值的统一。这种采取新方式的哲学就是杜威所说的改造后的哲学，它将科学的方法运用于道德、宗教以至于哲学之中。

在杜威看来，科学方法体现为一种"理智"（intelligence）的探究活动，发生这种理智的探究活动则与人与环境的相互作用这个基本事实相关，环境中的各种要素的结合可以被称为"情境"（situation）。人们已经知道，人与环境中的既稳定又不稳定的因素之间的相互作用是经验产生的一个基础性的条件，而经验概念的内在结构体现为一种"做与经历"相结合的人与环境之间的相互调适的关系，对有机体来说，这种相互调适会逐渐形成一些稳定的行为方式，人们一般称为"习惯"，而这些行为方式在人们的意识中也会不断固定下来，形成各种各样的"信念"。在日常生活中，人们会不知不觉地养成许多习惯，而支撑这些习惯的就是信念，当人们在一定的环境中生存或生活的时候，人们总是依靠这些习惯和信念的帮助达到有机体与环境的某种相对平衡状态，它也保证了人们的生活有条不紊地按秩序进行。杜威认为，这些习惯和信念是先在于理智的反思活动的，并且，人们在很大程度上决定了理智活动的倾向，人们思考的方式和内容往往要受到习惯的影响，因而也就形成了各种不同的文化和文明

---

① ［美］约翰·杜威：《哲学的改造》，许崇清译，商务印书馆 2002 年版，第 44 页。

② ［美］约翰·杜威：《确定性的寻求》，傅统先译，上海人民出版社 2004 年版，第 258 页。

方式。

但是，一旦环境发生变化，即原来的"确定的情境"成为"问题情境"（problematic situation），或者说常规的生活方式或行为方式受到了阻碍而无法持续下去时，继续按照习惯或信念进行生活就会出现问题，这样，就需要理智来进行解释、判断和选择。也就是说，当问题情境发生时，我们必须在生活或经验之流中考察和探究，以期建立起新的习惯和信念而达到另一种相对平衡状态。当理智的探究活动将问题情境转换为一种新的确定的情境的时候，这种理智探究就为经验的进一步丰富和扩展提供了机会和可能。

在杜威看来，理智的探究活动主要是针对某一具体行为的"手段—结果"作出考察，对手段与结果关系的探究构成了反思活动的主要内容。"'手段—后果'构成了一个单一的不可分割的情境。结果，当思维和讨论参与其间时，当其中夹入了理论化的问题时，当在赤裸裸的直接享受和遭受以外还有了一些另外的东西时，我们便在考虑到这种'手段—后果'的关系。思维超过了直接存在而涉及它的关系，涉及表达它的媒介条件以及它又回过来做它们媒介的这些事物。而这样一个程序便是批评。"① 也就是说，一旦人们的行为受到阻碍，人们就必定要探究它的前因后果，这时，反思活动就超越了直接经验的方面，转而面向原因和结果的关系以及这种关系对当前情境的影响和意义，并以此为基础进行判断和选择，同时也为未来作出某种预设。这一程序就是批评活动。于是，人们发现，当产生了某种问题情境时，原来的直接经验所获得的内容就无法继续，理智的反思活动就要介入其中，正是它唤起了批评活动得以展开。从杜威对经验的区分来看，批评是在"原初经验"与"反思经验"二者的相互转化与衔接的地方，或者说，它表现了这两种经验在相互作用、相互转化的历程中获得新的经验的可能性，从这个意义上说，批评是一种创造性的表达。在杜威这里，理智的探究活动作为一种经验的表达，无论是它的基础，还是它的历程，一直到它最后的成果检验，都立足于经验之上，没有任何超越经验的因素存在，这表明了反思活动与生活的密切联系。

这种理智的探求活动还与杜威关于经验方法的理解联系在一起。在他

---

① ［美］约翰·杜威：《经验与自然》，傅统先译，江苏教育出版社 2005 年版，第 252 页。

看来，传统哲学由于采取非经验的方法，导致它缺乏一种检验的方式，于是在传统哲学的内部发生了所谓"家庭内部的争吵"，更严重的是，由于传统哲学总是从反省的结果出发，从而导致它与日常生活经验的隔离，哲学探究的结果很难深入到生活之中，无法使生活的意义因为哲学而得到拓展。杜威认为，要想使哲学作为理智活动的成果能够深入到日常生活，并通过哲学使生活的意义得到生长，就要摆脱传统哲学的"非经验方法"，而采取"经验方法"，它不再从反思的经验结果出发，而是从原初经验出发去发现问题，经过理智的探究活动寻求解决问题的具体途径，并且使它的成果重又返回到原初经验之中接受检验。也就是说，它立足于日常生活，并通过探究的过程使生活的意义不断丰富。

由于经验方法在科学实验中被经常应用，经验方法也被杜威称为"科学方法"或"实验方法"，很多人据此认为杜威是要在其哲学中实施科学领域中的实验性操作，或者要哲学直接去采用自然科学的研究成果。事实上，杜威的经验方法或科学方法并不涉及任何具体的科学研究手段，它强调的是哲学在生活中的意义生成结构。换句话说，经验方法是立足于生活本身对传统认识论的颠覆和新的认识论的表达，传统认识论的基础是二元论，是对确定不变的、永恒的知识的寻求，是一种远离生活的抽象表达，而新的认识论是建立在"生存论"基础上的认识论。生存论本身既是"认识论"的，同时也是"本体论"的，它体现为对人类具体的生存条件与成果的检验与考察，并通过它建立了一种蕴含于生活之中的探究活动。

在杜威看来，哲学完全可以将经验的探究活动作为自身的方法，因为这种方法中蕴含着对人类生活的指导力量，传统哲学的失败就是由于不信任经验中所固有的这种指导力量。用经验方法探求某一文化的合理性是一个价值判断问题，哲学就是一种价值判断。杜威将这种判断称为批评，"哲学实质上就是批评。一般地讲，它在各种不同的批评方式中是具有其显著地位的，似乎可以说，它是批评之批评。批评乃是具有鉴别作用的判断、审慎的评价，而只要是在鉴别的题材是有关于好或价值的地方，判断就被恰当地称为批评。"① 因此，哲学就是批评，而批评就是价值判断。杜威的对价值的理解与传统哲学不同，传统哲学认为价值是永恒的、绝对

---

① ［美］约翰·杜威：《经验与自然》，傅统先译，江苏教育出版社 2005 年版，第 252 页。

的东西，是人们对绝对的真、善、美的追求。杜威认为，价值不是对事物
或事件的先验设定，而是事物或事件的结果或效果的一种性质，当某一事
物或某一事件所产生的结果或效用在既能满足人的需求和欲望，又对事物
或事件的发展起促进和推动作用时，那么它就是有价值的。但是，杜威强
调："我们对于我们所爱好和所享受的事物的直接和原来的经验只是所要
达到价值的可能性；当我们发现了这种享受的出现所依赖的关系时，这种
享受就变成了一种价值。"① 也就是说，人们所爱好的和所享受的东西不
一定都有价值，只有探究享受本身的性质和意义时，享受才成为价值。因
此，理智的反思活动必须参与到价值判断中，"享受不再是一种直接所与
而变成一个问题了。作为一个问题，它就意味着我们对于一个'价值—
对象'的条件和后果进行理智的探索；那就是，批评。"② 从经验的角度
来说，即人们的原初经验认为好的或有价值的东西并不一定真有价值，只
有经过反省经验的反思之后才能判定其是否有价值。对杜威来说，价值形
成于直接性享受的原初经验与反思式探究的反省经验交替活动，反省经验
对原初经验的价值判定就是批评，"每一次理智的欣赏也就是对于这个具
有直接价值的事物所作的批评、判断。任何关于价值的理论势必进入批评
的领域之内。"③ 在杜威看来，反省经验必须发生在原初经验之后，即当
人们对某一事物的最初价值有了模糊的印象之后，因而价值判断具有普遍
性，任何一个对象，只要它在原初经验引起了人们喜爱或讨厌的情感，也
许这种情感只是偶然的、瞬间的，但是其中却包含着价值判断的萌芽。而
只要对价值进行理智的梳理，就会发生批评。"这两种感知方式的成节奏
的连续，暗示人们这种差别只是强调重点或程度上的不同。有批评性的欣
赏和带有欣赏性的、具有热烈情绪的批评，这在每一个成熟的、正常的经
验中都有发生。"④ 这样，批评就成为联系事实和价值之间的纽带，它在
原初经验中关系到事实，在原初经验与反省经验的关系中又包含着价值，
它不仅涉及反思式的理智性探究活动，同时又内在地包含着社会特定的价
值观念和道德风尚，并在最深层的生活经验中检验这些价值观念。

---

① ［美］约翰·杜威：《确定性的寻求》，傅统先译，上海人民出版社 2004 年版，第 261
页。

② ［美］约翰·杜威：《经验与自然》，傅统先译，商务印书馆 2014 年版，第 394 页。

③ 同上。

④ 同上书，第 396—397 页。

对杜威来说，哲学就是这样的一种批评形式，"道德中的良心、美术中的欣赏和信仰中的信念在无意之中转变而成为批评的判断，而后者又转变成为一种愈来愈概括的批评形式，即所谓哲学。"① 它将经验方法普遍用于自身，不仅直接面对原初经验，而且通过理智的探究活动对原初经验的结果进行考察。与自然科学不同的是，反思式的理智活动对直接经验的考察不再是只关乎事实的考察，而是对事实进行的价值判断，它站在比自然科学更深远和正确的立场上对自然科学所发现和描绘的自然存在与物理事实作出价值判定。通过这样一种批评功能，哲学不再在事实和道德之间进行区分，而是能够弥合事实与价值之间的裂痕，因为理智的探求活动不再将事实与价值分割为两个不同的领域，它们的差别只不过是经验内部的差别。事实与价值不仅蕴含于直接经验之中，同时也蕴含于理智的探究活动之中。价值不再具有永恒的意义，价值具有历史性，每一种特定的文化和社会都有其不同的价值观念，因为它本身就是动态的生活经验，是深入于日常经验中的具有的经验活动历程本身。

通过对事实与价值的弥合，杜威的哲学不再像传统哲学那样将事实划定在科学领域，而将价值划定在道德或精神领域。在其哲学批评中，科学不再具有纯粹的客观性或中立性，它必然伴随着某种情境之下的价值判断，即包含着道德和审美的因素；道德也不再是与事实无关的而只与人的意志与自由相关的超越之物，而是与理智的探究活动联系在一起的经验生活的一部分；审美更不是将这两个业已分裂的领域再联系起来的中介，而是弥漫于生活经验之中的普遍的质。这样，哲学就成为"通讯员和联络官"，它的意义在于努力在各门学科之间进行融合和沟通，以此来消解各门学科之间的坚固壁垒，"兴趣、职业和好的过于专门化的过分区别便产生了一种需要，要有一处相互沟通的概括媒介，要有一种互相批评的概括媒介，通过这个媒介把某一个分隔的经验领域全部翻译成为另一个经验领域。因此，作为一个批评工具的哲学其实就变成了一个通讯员、一个联络官，它使得各种的地方方言成为可以互相理解的，并且因而指导这些方言所具有意义加以扩大和修正了。"② 同时，作为一种价值判断（批评）的哲学也不再是超越于日常生活经验的某种价值体系，它因为事实与价值本

---

① ［美］约翰·杜威：《经验与自然》，傅统先译，江苏教育出版社 2014 年版，第 397 页。
② 同上书，第 405—406 页。

身的经验性而与日常生活紧密联系在一起。作为事实与价值之间联系的纽带，哲学批评只能产生于特定的生活情境中，不再具有超验的意义，它虽然不再能向人们提供永恒价值和绝对真理，但它能向人们提供对人们的生活更有意义的东西，"诗歌的意义、道德的意义、生活中的大部分的好都是有关于意义之丰满和自由的事情，而不是有关于真理的事情；我们生活的一大部分都是在一种和真假无关的意义领域中进行的。哲学的正当工作就是解放和澄清意义，包括在科学上已经证实的意义。"① 这样，哲学就成为内在于日常生活之中的经验活动，它的任务"就是为了某一个目的去接受和利用在它当时当地所可能得到的最好的知识。而这个目的就是对信仰、制度、习俗、政策就其对于好所发生的影响，来予以批评。"② 哲学要将人们经验中有价值的东西加以明确和推及，挖掘它在人类整体的经验活动中的价值，使其对后来的经验更具意义和效用，进而促进经验的生长，丰富人生的意义。

因此，杜威的哲学理想是要重建古希腊那种根植于生活之中的哲学。哲学与生活的分裂已经太久了，这种分裂使它将视野投向永恒的真理和存在，不再关注时代的问题、生活的问题以及人的问题。杜威要将哲学重新拉进生活之中，使其内在于生活。这样的哲学只能是批评式的，同时也具有改造作用，即它要消除生活的弊端，使其成为富有意义和具有生机勃勃的生长力量的人类的活动。这样，哲学由于内在于生活而获得意义，生活也由于哲学而充满了生长的可能性。

哲学作为一种理智的探究不仅意味着哲学的功能发生了转变，也意味哲学本身的变化。传统哲学，尤其是近代哲学是一种"旁观者的知识论"。在这种哲学中，知识主体是与对象完全分离的旁观者或观察者，知识就是客观对象对主体的呈现，主体越是不介入对象，越是与对象保持距离，他的知识就越客观、越正确。这种主客二分的知识论模式是传统哲学二元论在近代的延续，但并不符合近代以来科学认知的实际。杜威用科学实验式的探究改造了传统哲学的知识论。他把科学实验的探究分成这样几个步骤：第一，困惑或怀疑的情境出现，即问题的产生；第二，提出假设，即结合现在材料对这一情境做出某种解释；第三，进行实验，即对这

① ［美］约翰·杜威：《经验与自然》，傅统先译，江苏教育出版社2014年版，第406页。
② 同上书，第403页。

些解释进行实验、审查和分析；第四，提出理论，即用实验的结果对假设进行详尽的阐述；第五，指导实践，即将假设用于人们的实践活动以检验假设的正确性。这样的探究是从一个有问题的情境开始，而以这个情境或人的观念发生某种改变而终结。

哲学的探究也是这样一个过程。思想不是对客观对象的被动接受，相反，思想是积极的、主动的，是人对既变动又稳定的世界所作出的不同于其他事物的特殊的回应方式，思想的目的不是观察这个世界并作出解释，而是改造环境，这个环境不仅仅是自然环境，更重要的是社会环境或文化环境。这样，杜威提出了与科学实验的探究模式一致的实验主义的哲学探究理论：在哲学探究中，先要根据不确定的情境提出假设，然后开展实验性的操作，最终要通过实践行为来检验假设，抛弃或修改错误的假设，应用正确的假设，对下一步活动作出某种指导，或对未来的与之相似的活动作出某种预期。但即便是当前正确的假设也不会被确定为永恒的真理，它仍然是可错的，因为它可能在未来的探究活动中仍然被抛弃或修改。这样，哲学的知识论应该是一种"可错论"，它不是为了获得绝对真理，而是为了改变有问题的情境，并为进一步的行动提供某种指导。并且，因为在具体的情境中，问题总是特殊的、多种多样的，所以具体的操作以及探究的程序、方法也会随之变化。因此，探究从根本上来说是实践的，它不仅包含在可控制的行为中，而且其根本目的也指向人的行动。在真正的哲学知识论（可错论）中，核心的要素是实践，是行动。更明确地说，哲学探究是一种行动，它与科学活动一样是一种更基本的活动的延续，这种基本的活动就是艺术家的活动。

四　艺术的作用

从根本上说，哲学的探究活动与艺术家的活动是一致的，哲学的目的不是为了获得普遍的绝对真理，而是像制造工具改善环境的艺术行为一样，为了获得一种引导和控制环境的能力，因而哲学与艺术都具有技术性，它们都对有问题的现实存在进行重新计划和安排，使混乱的、令人困惑的环境发生了某些变化，并把不确定的情境变为相对稳定的、确定的情境。从这方面来说，哲学和艺术都是一种实践力量，是人们改造自然、改造世界的具体的实践方式，它们共同引导着、丰富着人类经验。

不仅如此，艺术在哲学的改造中也发挥了重要作用。在杜威看来，哲学的改造首先要改造传统哲学的独断论和二元论，而在这些方面，艺术起到了极其积极的作用。首先，艺术经验揭示了传统哲学的独断论的弊病。杜威认为，传统哲学总是想构建一个独立的、包罗万象的哲学体系，因而它总是预先设定一个"始基"或本原，然后以此为基础构成整个哲学的系统性。但是，传统哲学所设定的这个基础却不是来源于直接存在，而是理性反思的结果。换言之，就是传统哲学思考的世界的本原或基础不是从原初经验出发，而是从反省经验的某一结论出发，这就使这个本原在很大程度上具有独断的意味，基础的独断性导致了每一种传统哲学体系的独断性，不论是柏拉图的哲学还是康德的哲学，不论是亚里士多德的哲学还是黑格尔的哲学从根本上来说都是一种独断论。这种独断论产生的根源在于传统哲学不相信直接经验本身的指导力量，忽视感性本身的无限丰富性。在这方面，艺术经验作为最完美和最典型的经验揭示了经验的生长性和感性的无限丰富性。杜威认为，"任何测试也比不上对艺术与审美经验的处理那样可以明确地看出一种哲学的片面性。"① 因为，艺术是一种实践力量，是人与自然相互作用的结果，当这种相互作用呈现的秩序与节奏进入人的知觉时，审美就产生了。因此，审美经验或艺术经验与人的感觉相关，是人感受到自然和经验的秩序和节奏。杜威所理解的感觉不仅包含作为认知活动的感觉，而且还包括情感、感受、感动、敏感等其他含义，"'感觉'一词具有很宽泛的含义，如感受、感动、敏感、明智、感伤，以及感官。它几乎包括了从仅仅是身体与情感的冲击到感觉本身的一切——即呈现在直接经验前的事物的意义。"② 这样的感觉是经验活动的一种最直接、最明显的方式，它不再是被动地接受，而是在经验活动的"做与经历"的结构中形成的积极的、主动的、活跃的力量，并且在很大程度上决定了人的其他活动。哲学作为一种理智活动，其探究倾向和探究方法很大程度上来自于人的感觉。艺术经验作为一种完满的经验，通过感觉、情感和想象将它自身的所有要素统一起来形成整体的力量。艺术经验与其他经验不同之处在于，在其他经验中某一个要素可能被特殊强调，但在审美和艺术经验中，所有的要素和谐地统一，其中没有任何一个部分成为可以独立的成分，每一个部分都在直接经验被整体掩盖而彻底融合于整

---

① ［美］约翰·杜威：《艺术即经验》，高建平译，商务印书馆2005年版，第304页。
② 同上书，第22页。

体之中。艺术经验的这种特质如果被应用于哲学思考中，哲学家就会发现，选取任何一个要素作为本原都会影响对世界整体的揭示，而那些将某一个要素或成分作为其哲学核心而建构体系的哲学无不存在着片面性，从而放弃建构哲学体系的做法。

其次，艺术经验预示了统一性的力量。杜威认为，艺术经验作为一种典范式的经验蕴含着一种最理想的内在统一性，这种统一性表现为主体与客体、形式与内容、整体与部分、目的与手段、旧经验与新经验、材料与意志、感觉与意义的完美统一。在艺术经验中，传统哲学所区分的主体与客体彼此融合，自我与世界相互渗透，呈现了最为亲密的关系。"哲学上所区分的'主体'与'对象'（用更直接的来说，就是有机体与环境）两者之间的彻底的结合，是每一件艺术作品都具有的特征。这种结合的完善性是其审美地位的尺度。"① 这种亲密关系体现了作为经验活动自身原初意义上的统一。不仅如此，一件有价值的艺术作品必须做到整体与部分、形式与内容的高度统一，它的创作必须将艺术家的意志与自然的材料、将目的与手段统一于一个整体中，并且在创作的每一个环节都包含着并体现着这些统一性。在艺术经验中，所有的要素被有机地糅合于一个完整的经验中，并通过这种有机统一的实现使自身的意义得以彻底展示出来。在杜威看来，想象在艺术经验的统一性中发挥着巨大的力量，想象是所有经验的性质，它使经验的各个要素得以联结并形成整体。艺术经验中的想象性尤其能够激发感受性与创造性，在经验积累的基础上，想象通过对材料的控制，将艺术品的所有要素有机地结合起来，凝结为一个整体的、崭新的经验。因此，艺术经验中的想象不是幻想，而是结合了所有现实性和最丰富感受性的实在。从这种意义上说，艺术可以成为突破哲学形而上学性和二元论的榜样，当哲学为了追求超验的理想而不顾现实时，当哲学为了追求确定性而忽视生活经验的不确定性时，艺术活动所显示的一种作为整体性和统一性的经验提供了一种现实的掌控，它使哲学真正成为事实与价值、现实与理想、感性与理性的统一体。在杜威这里，艺术可以作为一种哲学表达，并且是一种最基本的表达，"归根结底，存在着两种哲学。其中的一种接受生活与经验的全部不确定、神秘、疑问，以及半知识，并转而将这种经验运用于自身，以深化和强化其自身的性质——转向

---

① ［美］约翰·杜威：《艺术即经验》，高建平译，商务印书馆 2005 年版，第 308 页。

想象和艺术。这就是莎士比亚和济慈的哲学。"① 但是，传统哲学却不相信这种哲学表达。并且，正是由于与艺术的脱离，传统哲学才长期地陷于二元论的困扰之中。哲学的改造就是哲学能够以艺术的方式和力量对文化的停滞与分裂进行批评，从而使文化或社会不断迈向完整与统一。

在杜威这里，艺术作为一个完满的经验对哲学具有积极的意义。一方面，艺术经验与普通经验没有质的区别，艺术与生活不可分割。正是通过艺术活动，自然界那些本来与人无关的、无生命的因素和材料的意义得到了阐发和澄明。艺术不仅创造了艺术品，而且创造了新的经验，并在动态的经验之流中呈现无限丰富的样态，它意味着人类生活的无限可能性，改造哲学就是要使哲学意识到生活的多样性和经验的丰富性，使哲学不再在超验的世界中呓语，而是在富有意义的生活世界中展示自身的活力。另一方面，与普通经验片面性和零散性不同，艺术经验具有深刻性和完满性，它体现了一种真正统一性的理想，是人类生活意义的最完整展开，因而艺术能够超越哲学的二元论，为哲学提供更完美的表达方式。

第二节　社会的改造

在哲学的改造中，杜威立足于生命活动本身作为其哲学的出发点，通过人与环境的相互作用、彼此维系的关系重新开辟了一个新的哲学视野。这样，对人和生活本身的研究成为哲学的主题，这样的一种哲学表达方式也体现在他的社会哲学与政治哲学中。也就是说，对杜威来说，哲学的改造必须作为一种实践方式得到确证，而社会的改造就是他哲学改造的最终指向。

一　民主共同体

在人们通常的观念中，"社会"被理解为人们为了各种各样的目的，以各种各样的方式进行的一种联合。于是，整体性或群体性就被看作社会的一个重要特征，人们也特别重视这种整体性所有的种种品质，比如值得称赞的目的和福利的共同性，忠实于公共目标，以及人与人相互之间的同情心等。但是，在传统的社会哲学或政治哲学理论中，社会的这种整体性

---

① ［美］约翰·杜威：《艺术即经验》，高建平译，商务印书馆2005年版，第36页。

却与每个个人的利益并不完全相容，这就导致了个人与社会的尖锐对立。可以说，在各种社会政治理论中，无论是强调整体的作用，还是强调个体的意义，或者是强调个体通过契约形式进行的联合，其本质与出发点都是基于"社会"与"个人"的二元对立这一基本的前提之下。在此基础上，传统的社会哲学认为，"社会"的存在是由于某种外在的必要性而形成的人为的联合，它表现为单个人以一种自足的存在方式同他人构成一定的社会关系。并且，"社会"对"个人"的影响并不具有根本意义上的塑造作用，或者说，"社会"对"人性"并无根本意义的影响。这种态度将"社会"与"个人"剥离开来，进一步激化了"社会"与"个人"的矛盾。

杜威认为，"个人"与"社会"的对立与人们通常观念中的"个体性"意识有关，人们一般认为，"一件事物"就是与其他事物相独立的那个"一"，并且由于传统知识论中的对空间概念的理解使"一"与其他进一步区分开来。"任何个体性的事物都作为单独整体而进行运动或实施行为，对于常识来说，一种特定的空间性的隔离是这一个体性的标志。"①但是，这种对立和分离从根本上说是传统的二元论思维方式的结果，或者说，"个人"与"社会"之间的对立是传统二元论哲学前提的一种表现方式。事实上，人们完全可以从另外一个角度来理解个人与社会之间的关系，即由于每个人都必须同时承担不同的社会角色，个体性就体现为每个人都由不同的社会关系交织而成，因此，各种不同的社会团体间的利益冲突就以不同形式体现在同一个人身上。也就是说，个人本身就包含着"社会"本性。于是，"个人"与"社会"的冲突就转变为由于个人在不同的群体中所承担的社会角色不同而造成的彼此之间的互相冲突。由此，杜威对"个人"的理解中本身就包含着社会性的因素，或者说，个人的本性中就包含着"联合"的特质，个人与社会具有内在统一性。

人们完全可以从杜威的哲学立场中找到个人与社会的这种内在统一性的基础。在杜威看来，"联合"的行为是生命活动的一种普遍的、基本的存在方式，正如人们前面所强调的，有机体不仅仅是生存在特定的环境中，而且是通过环境开展其生长历程的，它自身由此也成为环境的一部分，于是，人们发现，生命活动正是在一种普遍而基本的相互关系中获得

---

① John Dewey, *The Public and Its Problems. The Later Works of John Dewey* (1925 – 1953), Vol. 2, edited by Jo Ann Boydston, Southern Illinois University Press, 1988, p. 186.

其生长和发展的基本条件的。这种生命体与环境之间的相互内在、相互渗透的生存关系就是一种最基本的"联合"。因此，在杜威的思想中，并不是人类社会存在着"联合"，而且所有的生命活动都体现为一种"联合"，"联合"对生命体来说是最根本的。

因此，对杜威来说，并非"个人"是生命体的一成不变的内在本性，事实上，任何一个个人都是某种"联合"的一个方面，都是某种社会与文化因素的体现，个人是由不同的社会关系相互作用而形成的。"从某种角度来说，任何人都是一种联合，他以独特的行为方式同其他行为方式相互冲突，而不是一种独立于其他事物的自我封闭式的行为。"① 正是在这种意义上，杜威认为，"个人"与"社会"的区别是无意义的，真正的区别只存在于不同的联合方式之间，也就是对个体性发生塑造作用的不同群体之间的区别。也就是说，真正有意义的区别并不存在于个人与他所属的群体之间，而是个人在归属不同的群体时所具有的各不相同的行为样式，而这种不同的行为样式就是不同群体之间的差异。于是，"个人"与"社会"的关系并不在于个人应以何种方式去形成社会组织，相反，真正的问题在于特定的社会组织及构成方式对塑造特定的个人及其行为方式有何作用。

但是，对"个体性"中的"社会"因素的强调并不意味着个人主义的丧失，而只是强调个人主义的要素是来自于个体所在的社会与文化的生存境遇，他并不是抽象的个体。在杜威看来，"个人"的独特性与创造力是体现于他与其他行为方式的关联中，它们是在一种参与行为中展开的。"当我们集中于把人理解为独特的个人时，他实际上是由他的关系所支配、所规定的。他的行为和他行为的结果，或者他的经验所构成的，并不能被描述为，更不能被归因于一种孤立的状态。"② 于是，"个人"与"社会"的关系也可以归结为这样的问题，即如何能够形成一种卓有成效的社会联合，使每一个个人都能由此而展现自己的独特性和创造力。

通过这样一种"个人"与"社会"关系的设立，杜威认为，真正的"个体性"的建立必然与最广泛的社会问题具有不可分割的内在联系，并

① John Dewey, *The Public and Its Problems. The Later Works of John Dewey* (1925 – 1953), Vol. 2, edited by Jo Ann Boydston, Southern Illinois University Press, 1988, p. 188.

② Ibid..

且，正是通过建立一种真正意义的"联合"的经验，才能使"个体性"获得不断生长和丰富。这种真正意义上的"联合"就是所谓的"共同体"，而对"共同体"的理解则要与杜威的"民主理想"联系起来。杜威的社会哲学正是以"民主"和"民主共同体"为核心的，在此基础上，他阐述了一种全新的社会哲学与政治哲学思想。

人们通常认为民主是某种政府组织形式，通过这种形式，普通公众选举出他们的管理者。这种政府组织形式进而意味着一系列的程序与机构：定期公开选举、普选权、出版自由、政党等。也就是说，民主通常被等同于它的民主程序。事实上，人们仅仅把民主理解为一个政治概念，一种国家形式。在杜威看来，如果人们这样来理解民主的话，人们就误解了它的本质含义。"民主较一种特殊的政治形式要宽泛得多，它不只是通过普选和被选举的官员来治理政府、制定法律和执行行政管理的一种方法。它当然包括这些，但较之有更宽广、更深刻的意蕴。"① 杜威提出了一种更广泛和丰富的民主概念。根据这一概念，国家及与之相适应的工具不是民主的全部，民主的政治机构也不是最终的目的和价值，相反，它们是实现一种真正人道的生活方式的方法。也就是说，民主在本质上是一个社会概念，一种相互联系的生活方式。或者说，民主是一种共同体形式，一种生活方式，它是与一种共同体生活联系在一起的。因此，杜威说："关于共同体生活的明确意识，构成了民主概念的全部含义。"② 在这个意义上，民主是共同体生活本身。

在杜威看来，共同体不是简单的在物理上比邻而居的一群人，而是在目标、信念、渴望和知识等方面共享的一群人，他们协调性地参与群体的共同生活，他们有意识地分享经验。"从个体的立场上看，它表现为共享形成和引导人们所归属的群体之行为的能力，以及根据群体所坚持的价值的需要所进行的参与。从群体的立场来看，它要求解放群体成员的潜能以适应他们的共同利益和善。"③ 于是，民主共同体的本质就是个体对引导和形成共同体行为与价值的活动的参与。在这样的共同体中，作为过去的

① ［美］约翰·杜威：《新旧个人主义》，孙有中、蓝克林、裴雯译，上海社会科学出版社1997年版，第3页。

② John Dewey, *The Public and Its Problems. The Later Works of John Dewey* (1925 – 1953), Vol. 2, edited by Jo Ann Boydston, Southern Illinois University Press, 1988, p. 149.

③ Ibid. , p. 148.

过去与作为传统的传统没有最终的权威，民主共同体是持续地、协调地提炼其价值，并重新引导其习俗以提高成长程度的共同体。通过个体的参与，个体和共同体都得到了成长。人们可以共享更多的利益，人们所共同关注的领域更广了，个体能力也得到了解放。

杜威认为，民主不是从国家开始的，民主首先存在于最局部的人类联系之中。民主必须从家庭开始，家庭是互为邻居的共同体。或者说，民主并不存在于外在的程序之中，而是存在于人们在日常生活的所有事件与关系相互表现的态度之中。"只有当我们在思想与行为中都认识到，民主是个人生活中的一种私人性的生活方式；它意味着对特定态度的拥有和连续的运用，以此形成了个体的性格并且在所有的生活关系中决定了愿望与目标，我们才能避免对它的外在性的思考。"① 因此，民主是人类联系的一种形式，是一种生活方式，它的核心是个体对讨论、论辩以及政治活动的积极参与，它的表现可以是人们聚集在街头巷尾反复讨论所读到的未受检查的当日新闻，也可以是聚集在家里自由地相互反驳，它的本质是一种合作性的相互承诺以及在一定模式下确立的公共商谈。这种公共商谈主要是这样一种态度："决不轻信、大胆怀疑，直到得到真凭实据为止；宁愿向证据所指向的地方去寻求而不事先树立一个个人偏爱的结论；敢于把观念当作尚待解决的东西，当作尚待证实的假设来运用，而不当作一个武断来加以肯定；以及（可能是这一切中最突出的）醉心于新的探究领域和新的问题。"② 这种态度事实上是科学的实验方法在社会领域的体现。

在杜威看来，只有在所有的社会机构与社会联系中采用民主的态度与实验方法，民主的生活方式才能实现。当前，教条主义和权威主义统治着社会的各个方面，商品和市场浸入了人们的政治理念和社会理想中，这些问题都要依赖于发展民主才能解决。因此，对杜威来说，这样的民主理想并不是终极目的，而是作为"中介"存在于生活的各个环节之中，也就是说，在人们每时每刻的共同体的日常生活中都可以蕴含着民主的方式，它保证了民主作为一种生活方式在日常生活中的具体实现。在此基础上，杜威重新认识了传统的民主系统内的"自由"、"平等"和"博爱"概

---

① John Dewey, *Creative Democracy – The Task Before US*, The Later Works of John Dewey, Vol. 14, Southern Illinois University Press, 1988, p. 226.

② ［美］约翰·杜威：《自由与文化》，傅统先译，商务印书馆1964年版，第110页。

念："自由"就是每个人都能有效地以自己的独特性参与共同体的交往，并从这种交往中获得愉悦，从而能够成为真正的"个体性"自我；"平等"就是每个共同体成员都能毫无阻碍地享有共同体的成果，因而使每一个尽管在生理上或心理上存在不平等的个体都能够享有维护自己独特性的权利；"博爱"是被共同体成员共同地有意识地认可而欣赏的善或价值，它产生于共同的生活和相互关系，因而能够指引每一个共同体成员的行为。

杜威认为，为了进一步实现民主的设想，人们必须改造现有的社会条件：学校不应该成为供人们获得机械技能的职业培训中心，而应成为一种具有合作性和共享性的实验探究中心。工厂也必须从根据利益原则而建立的等级制的权力机构转变为能够进行合作和共享的工作场所。家庭也必须从传统的模式下解放出来而表现出民主共同体的性质。我们每一个个人都必须尽力将探究的方法应用于自己的生活以及所承担的义务和价值信念之中，必须以协商的精神来充实我们与他人的关系。

综上所述，杜威对社会的改造就是改造现实社会和社会理论中广泛存在的个人与社会的对立，更正人们在社会中的行为方式，而民主作为一种生活方式的含义在于将科学实验性的探究与合作性及批判性的公共商谈的方法应用于人类的联系之中。因此，民主和共同体作为社会改造的理想就是通过对社会机构的改造而促进每一个个体的成长，并赋予每一个个体智慧和经验的力量。

二　艺术与社会

在西方现代的美学理论中，因为艺术具有超越于生活的纯粹的审美性，因此，它能够作为现代不合理社会的否定性力量。法兰克福学派的批判理论集中体现了这一观念。法兰克福学派的许多美学家都将艺术与技术理性和工业文明对立起来，霍克海默认为，在艺术中，个体摆脱了他作为社会成员的现存的责任，并且依据人的自由本性设定了与现存的异化世界截然不同的理想境界，因此，艺术成为具有超越性与否定性的力量。在马尔库塞看来，在发达工业社会之前，艺术是一个自律的领域，显示了一种现实之外的理想性，这种理想性发挥了否定现实的力量，从而启发了一种重新创造现实的方式。但在发达工业社会中，艺术却受到商品拜物教的污染，日益呈现出商品化的特征，艺术失去了独特的超越性质。同样，在阿多诺看来，在文化工业的时代，艺术已经成为娱乐，成为整个社会所需要塑造的那种样子，它限制了人们认识现实和世界。在整个法兰克福学派的思想家的理论中，本质上具有否定力量的艺术由于脱离了原来的历史文化环境进入了发达工业社会的消费环境才使它的超越性发生了变化，艺术日益与生活结合起来，艺术的生活化、日常化、商品化就是艺术的世俗化，艺术的世俗化的最明显的体现是艺术向现实低头，与现实一体。而真正的艺术应该是自主的、真实的、独特的，它对现实社会采取否定和抗议的姿态，并因为反对古典艺术与大众艺术揭示出艺术的真正的自由本质。因此，真正的艺术既是一种自由的创造，也是一种变革现存的力量。正是在这样的理解之下，霍克海默、阿多诺把艺术视为审美的乌托邦和对现实社会的救赎的途径。马尔库塞也寄希望于艺术对现存社会实行彻底的否定和拒绝，要用"艺术的语言"来反抗现代工业社会对人的压抑。于是，人们发现，法兰克福学派的批判理论将改变现实的所有的希望都寄托在艺术身上，但艺术又是艺术家的自由创造的产物，它所代表的否定性和超越性的力量是艺术家通过艺术表现出来的内在情绪。这意味着他们是用少数人的内省方式来变革现实，这样的艺术在现实面前是苍白的、软弱无力的，而用艺术改造现实的观念也只不过是遥远的梦想而已。

　　杜威也清晰地看到了当代社会的弊病。在他看来，西方社会，特别是美国社会，是一种货币和商品主导的社会，它导致了各种形式的拜金主义、享乐主义及个体的个性压抑。并且，商品社会所带来的大工业时代，越来越把工人固着在机器之上，为了适应机器，工人在职业上进行了越来越严密细致的分工，分工破坏了人性内在的和谐，工人无法从他所从事的劳动中获得乐趣，对他所操作和制造的东西也不感兴趣。"在现代条件下，如果从事世间实用性工作的男女大众没有机会从生产过程行为中摆脱出来，不赋有丰富的欣赏集体劳动果实的能力，艺术本身就没有可靠保证。"[1] 这样，艺术就从工人的工作中分裂出来，其中一个最显著的表现就是工作与游戏的对立。在机器大生产中，工人的工作由于受到机器的束缚而毫无美感而言，他们是为了谋生而不是为了工作本身而工作，也就是说，工作是为了外在的目的，这样的工作是不自由的；而游戏是自由活动，它能够直接引起快感，具有能动性和创造性，因而很容易使人们对它

① ［美］约翰·杜威：《艺术即经验》，高建平译，商务印书馆2005年版，第382页。

产生兴趣。这样，游戏就不是外在的目的，它本身就是目的。

但是，杜威认为，工作和游戏目前的对立状态并不具有原初性的意义，恰恰相反，工作与游戏并不存在根本的不同，事实上，工作与游戏的对立是人们的社会处于混乱或不健康状态的表现。"从心理学上看，工作不过是一种活动，有意识地把顾到后果作为活动的一部分；当后果在活动以外，作为一种目的，活动只是达到目的的手段时，工作就变成强迫劳动。工作始终渗透着游戏态度。这种工作就是一种艺术——虽然习惯上不是这样称法，在性质上却是艺术。"① 杜威认为，那种繁重的、劳苦的、乏味而沉闷的工作并不是"工作"，而是"劳作"，任何活动当它仅仅作为保证一个结果的手段而需要忍受时，它就成了繁重的"劳作"，而当它受到一个明确的物质目的所指导时，它就是"工作"。并且，劳作与工作的这种区分能够建立一种工作向游戏转换的可能性。同时，游戏也具有"工作"的性质，当游戏的过程受到所要达到的结果的限制，游戏就产生了规则，规则使游戏有了经验的参与，并且在这种参与中增长了新的意义。在这种情况下，游戏也会成为工作，成为一个真正的系列活动。

从杜威对工作与游戏的理解中人们发现，杜威虽然与法兰克福学派一样看到了社会的弊病，但他并不像法兰克福学派那样悲观。在杜威看来，工业社会的大机器生产所带来的种种社会问题当然是存在的，但是，如果人们能换个角度思考，大机器生产也为社会带来了很多益处：机器在生产中的应用增加了工人的闲暇时间，减少了外部压力，增加了生产过程中的自由感与兴趣，也使大脑得到解放，可以从事一些更有价值的思考和经验。并且，工业的发展使新的材料、新的色彩得以产生，这有利于丰富人们的经验，提高人们的艺术感受力。对杜威来说，生活本身是鲜活而丰富的，充满了产生审美经验的可能性，只要人们善于发现并且改变那些不良的生活结构和生活方式，审美经验就会无处不在。事实上，大机器生产条件下产生了种种压抑和限制经验中的审美性质的力量的原因不是机器本身，而是为了私人收入对他人的劳动进行控制的不平等的社会现实。要根本改变这种状况，只能通过彻底的社会改造，通过改造社会结构及社会参与方式使生活中的审美经验呈现出来。这种改造就是民主共同体的建立。

---

① ［美］约翰·杜威：《民主主义与教育》，王承绪译，人民教育出版社1990年版，第219页。

在民主共同体这样的理想社会中，艺术具有重要的价值。在杜威的思想中，民主是人类的一种生活方式和交往方式，它需要个体参与到家庭、群体和社会活动中，通过发表自己负责任的言谈进行交流和合作。因而民主共同体的基础是人与人在平等基础上的相互交流与沟通。在杜威看来，艺术在文明中所起的最核心的作用就是实现文明的传承、促进文化的交流，"艺术作品是手段，借助于它们，通过它们所唤起的想象与情感，我们进入到我们自身以外的其他关系和参与形式中。"① 艺术是一种自由的交流方式，它能够冲破语言和环境的障碍，实现人与人之间真正的、更有效的交流，因此，杜威说："人们以多种方式形成联系。但是，真正的人的联系的唯一形式，不是为了温暖与保护而群居，也不仅仅是为了外在行动效率的设置，是对通过交流而形成的意义与善的参与……艺术打破了将人们分开的，在日常的联系中无法穿透的壁垒。这种艺术的力量在所有的艺术门类中普遍存在，而在文学中得到最完全的展现。"② 当人们通过艺术进行交流时，这种完满性的经验使人与人之间的情感得以沟通，由日常生活所造成的差异将会被忽略，人们交流会更加丰富而深入。并且，杜威认为，艺术品不仅是艺术家个人的创造，不仅展现了艺术家自身的个性，而且它是一个时代、一个民族、一个种族的整体性经验的凝结。因此，艺术不仅是在人与人之间建立交流和沟通，不同地域、不同文化，甚至是不同种族、不同民族之间也能通过艺术建立理解与合作，因而，艺术的交流具有普遍性与广泛性，它促进了民主生活方式的普遍生成。

艺术不仅是作为一种广泛而深入的交流方式促进了民主的生活方式，它所具有的感性表现力能够使社会生活中烦闷和琐碎的公共事务变得令人愉快和向往。在杜威看来，民主的生活方式不仅在于建立在平等基础上的广泛的交流，同时还在于人们自觉、自愿地参与到公共事务中来，艺术在这方面起到了积极的作用。艺术能够打破日常生活的常规意识，通过艺术表现力使枯燥的陈述和判断变得鲜活和生动起来。生活中的普通事件如果通过艺术来表现，会在无形之中获得公众的普遍关注；科学成果、道德观念如果应用了艺术的手段，则会不断扩大它的影响力；报纸、杂志如果没有通过艺术的方式，就只具有极其有限的传播力。因为艺术能够达到生活

---

① ［美］约翰·杜威：《艺术即经验》，高建平译，商务印书馆 2005 年版，第 370 页。
② 同上书，第 272 页。

的更为深刻的层次——自我与自然的彻底渗透，人与世界的最亲密关系——通过艺术的方式，生活中的普通事件能够作为人的愿望和需求而呈现，"艺术家往往是新闻的真正传播者，因为真正新鲜的并不是那些发生于外部的事件，而是通过情感、知觉与欣赏而照亮的意义。"①　杜威认为，民主共同体的实现有赖于人们对民主的意义的充分理解，而艺术的多样化表现在不知不觉中扩大了事件本身的意义，它使人们自愿参与到社会活动和政治活动中，进而在相互交流中将民主实现为一种生活方式。杜威坚信，总有一天，艺术的交往方式将取代机械的、程序性的政治交往，将一种活跃的力量贯彻于社会生活中，那时理想的社会将得以实现，"民主是一种自由而丰富的交往的名称。惠特曼在诗中早已证明，当自由的社会探究与全面而流动的交往艺术融为一体时，社会将趋向完美。"②　也就是说，真正的民主绝不是强制实施的方式，而是人们自愿和自由的选择，而艺术能够促使这种选择的生成。

在 19 世纪、20 世纪的美学中，美学家们对艺术的理解是：艺术是精英或天才的创造，是高于生活的空中楼阁，生活是平庸的，而艺术是高贵的；生活是功利的，而艺术是审美的。艺术是一种理想的乌托邦，它是社会的目标，因而它能够对当前的功利化的工具理性社会进行批判，但社会永远无法企及艺术，它只是向着这个目标不断迈进。但是，杜威却不仅将艺术当作目的，而且当作手段，使艺术成为社会改良的工具。很多美学家认为这种艺术观念会导致艺术理想性的丧失，艺术的高贵身份被褫夺。事实上，在杜威这里，艺术与生活本来就是具有连续性的整体，艺术虽然是完满的，是日常经验的榜样，但它作为经验与普通经验并没有质的区别，它只是一种普通经验的清晰而强化的形式而已。更重要的是，杜威从没有将艺术的目的性与手段相分离。在他看来，艺术是一种工具，它不仅是目的，而且也是手段，是手段和目的的统一。并且，将艺术作为工具并没有降低艺术的高贵地位，因为工具本身在人类文明中具有不可磨灭的功绩，将艺术作为工具，恰恰证明艺术与生活的亲密关系，也证明了艺术对生活、历史、文明所具有的价值和意义。同样，艺术作为社会改造的工具也

---

①　John Dewey, *The Public and Its Problems. The Later Works of John Dewey* (1925 – 1953), Vol. 2, edited by Jo Ann Boydston, Southern Illinois university Press, 1988, p. 184.

②　Ibid..

没有降低艺术的理想性，因为它不是作为单一的手段服务于道德、政治、社会的，而是作为一种完满的经验融入社会的。它通过对日常生活和普通经验的塑造而改造社会，其完满性仍然是普通经验的理想，是日常生活的目的。当它以这种方式作用于社会时，艺术依然是艺术。

杜威的艺术理论的最终指向是社会的改造，因此，必须将道德、政治、社会等方面的探究作为大的背景来理解杜威的美学思想。杜威认为，艺术是作为社会生活的参与者，而不是作为一个超越现实的实体而存在的。在当代，艺术与生活的分离在人们的社会中仍然处处可见。一方面，人们生活中的很多事物仍然是缺乏审美性的，杜威认为，日常生活缺乏审美性的原因在于资本主义的经济制度，由于要争取最大的利润，必然关注产品量的增长而忽视质的创造。另一方面，现代社会中艺术家的孤独化现象也很明显，艺术家们为了反对大工业生产，反对工具理性，同时也为了凸显自身，故意生产夸张的、怪异的、与众不同的东西，从而加剧了艺术与生活的分离。杜威认为，艺术构成了一个与生活相分离孤立的世界并不是艺术高贵性的表现，而是文明被阉割、文化被分裂的表现，"只要艺术是文明的美容院，不管是艺术，还是文明，都是不可靠的。"① 艺术既不是文明的装饰物，也不是社会奢侈品，它就是人们的文明和文化本身。艺术揭示了人类从现实世界走向理想世界的可能性，揭示了人类生活不断生长、不断创造意义的可能性，因而它具有改造社会、解放人类的巨大力量。

无论哲学的改造还是社会的改造，杜威的最终目标实现人和人的生活的不断完善，因而，发展个人的能力、丰富生活的意义是当代社会和文化的使命，"政府、实业、艺术、宗教和一切社会制度都有一个意义，一个目的。那个目的就是解放和发展个人的能力（不问其种族、性别、阶级或经济状况如何）。"② 在这一目标的实现过程中，艺术具有不可替代的价值和意义。作为一种统一性的理想，艺术深入于人类文化和生活的各个环节之中，在文化整合和社会改良方面发挥着重要作用，艺术的最终指向是人的解放与自我完善。这样的艺术是实践的艺术，是交往的艺术，更是生活的艺术。

---

① ［美］约翰·杜威：《艺术即经验》，高建平译，商务印书馆2005年版，第381页。
② ［美］约翰·杜威：《哲学的改造》，许崇清译，商务印书馆2002年版，第100页。

结语：美学与实践哲学

　　杜威的美学思想虽然以艺术为核心，但所探讨的就不仅仅是艺术本身的问题，而是走向了更为广阔的视野，即与生活有密切联系的实践哲学的视野。这里所说的实践哲学是指与一种传统的理论哲学相对的现代哲学思考方式，它把生活、行动与实践作为全部哲学的基本观点。实践哲学已经成为当代西方哲学的一个基本倾向。在实践哲学看来，理论不能从生活之外找到立足点，理论思维就是生活实践的一个构成部分。因此，从总体上来说，哲学不是为了寻求这个世界的真理，而是对生命意义的思考与追问，它与人们日常生活中思想与行为的基础与根本意义紧密联系在一起。这一崭新的哲学思考方式，与马克思对"实践"概念的重新理解以及与此相适应的实践哲学转向密切相关。

　　"实践"概念在西方哲学史上可谓源远流长，古希腊的亚里士多德认为实践是一种自身具有目的性的超功利活动，他将实践主要用于伦理学和政治领域之中，这种思想又被德国古典哲学家康德发扬；英国近代哲学家培根则把实践用于自然哲学的领域之中，使实践成为一种技术性活动，具有功利性的内涵，这种思想又被 18 世纪法国唯物主义发扬。但是，在马克思看来，西方哲学史上这些对"实践"概念的理解都是片面的，每一种理解都是完整的实践活动的一个方面。在此基础上，马克思提出了一个崭新的和完整的"实践"概念。

　　在《关于费尔巴哈的提纲》中，马克思说："从前的一切唯物主义（包括费尔巴哈的唯物主义）的主要缺点是：对对象、现实、感性只是从客体的或者直观的形式去理解，而不是把它们当作感性的人的活动，当作实践去理解，不是从主观方面去理解。因此，和唯物主义相反，能动的方面却被唯心主义抽象地发展了，当然唯心主义是不知道真正现实的、感性活动本身的。"① 在这里，马克思批判了以往的唯物主义和唯心主义哲学，认为它们都不能从人的感性活动——也就是实践——的角度去理解人与世界的统一关系。正因为如此，以往的哲学中充满了自然本体与精神本体、客体性原则与主体性原则的抽象对立。在马克思主义哲学看来，以往哲学中的种种矛盾，特别是人与世界的对立统一关系，只有落实到实践时才能得到具体解决。所谓实践，指的是人的本质的存在方式，是现实的、活生生的人的具体的感性活动。"整个人类世界就是实践活动的总体。作为人的本质的存在方式，实践既是主观性，又是客观性；同时，实践又以一种现实的感性活动，使自己成为一种物质的力量。就此而言，实践本身乃是一个大全，具有本体论意义。"② 在此意义上，马克思向人们展示了一种崭新的理解自我与世界的方式，即只有将自我与世界纳入实践中才能得到正确的理解。从实践的观点来看，世界不再是单纯的自在的客观世界，而是"人化了的自然""属人的自然"，是人类生活的历史文化世界，是人类生活的延伸。人不再是抽象的主体，而是"社会关系的总和"，是"在世界中的存在"。因此，在实践中，人与世界、主体与客体、物质与精神等，是具体地、现实地联系在一起的。以往的哲学之所以不能对人与世界作出正确的理解，一个重要的原因就是它们都忽略了人与世界的这种现实的、具体的联系。在《路德维希·费尔巴哈和德国古典哲学的终结》一书中，恩格斯曾经这样批评费尔巴哈："他紧紧地抓住自然界和人；但是，在他那里，自然界和人都只是空话。无论关于现实的自然界或关于现实的人，他都不能对我们说出任何确定的东西。但是，要从费尔巴哈的抽象的人转到现实的、活生生的人，就必须把这些人作为在历史中行动的人去考察。"③ 也就是说，当实践将自身的主观性与客观性融于现实的感性活动过程时，实践就成为一种现实的历史的运动，人类世界的分裂和统一就被实践带入到人类的历史进程之中。从这种意义上说，整个人类的现实世界都是由实践生成的。因此，我们可以说，马克思展示了一个理解人与世界的崭新的哲学角度，引起了一场哲学的真正革命。这一革命通常被人们称为"实践转向"。

---

① 《马克思恩格斯选集》（第一卷），人民出版社 1995 年版，第 54 页。
② 丁立群：《哲学·实践与终极关怀》，黑龙江人民出版社 2000 年版，第 253 页。
③ 《马克思恩格斯选集》（第四卷），人民出版社 1995 年版，第 240 页。

我们可以看到，在马克思的"实践转向"中，实践概念被赋予以下几个方面的含义。

第一，实践作为人的本质存在方式，是建立在感性活动基础上的。这里的"感性"不是囿于传统认识论中的被动的接受性，而是指人的现实的感性活动，因而具有其本质的特性。它具有生动的内涵，几乎涵盖了人类活动的一切方面。"人以一种全面的方式，就是说，作为一个总体的人，占有自己的全面的本质。人对世界的任何一种人的关系——视觉、听觉、嗅觉、味觉、触觉、思维、直观、情感、愿望、活动、爱——总之，他的个体的一切器官，正像在形式上直接是社会的器官的那些器官一样，是通过自己的对象性关系，即通过自己同对象的关系而对对象的占有，对人的现实的占有；这些器官同对象的关系，是人的现实的实现（因此，正像人的本质规定和活动是多种多样的一样，人的现实也是多种多样的），是人的能动和人的受动，因为按人的方式来理解的受动，是人的一种自我享受。"① 正是在这种意义上，实践拥有了本体论的意义。

第二，实践概念是一个具有历史性的概念。马克思继承了黑格尔哲学中的历史主义的观点，把世界看作一个辩证的历史发展过程，而这一过程是以实践为基础的，实践并不是一个盲目的自然过程，而是一个人类创造世界并创造自身的过程。"在这一实践的历史过程中，一方面，人的本质力量通过感性的物质活动而外化、对象化，创造人的现实世界；另一方面，人们又通过现实的感性活动，使自己获得确定性，扬弃自己的主观性。于是，人与自然、个人与社会、主观性与客观存在性、非理性与理性、理想与现实便在这一历史过程中获得了具体的，并趋向于最终统一的理想状态。"② 因此，实践概念是历史性概念，人类的全部活动以及由此而达到的自我实现与自我认识都是在实践中展开并丰富的。

第三，实践概念是一个总体性概念。实践虽然是建立在感性活动的基础上的，但是实践并不等于感性活动，而是通过它自身的历史生成过程克服了单纯的主观性和单纯的客观性，从而具有理想性和形而上学的特征。总体性意味着实践概念的完整性，这种完整性既体现了人类世界从分裂到统一的根本过程，也体现了个体人的全面发展，因此，实践是主体与客体

---

① ［德］马克思：《1844 年经济学哲学手稿》，人民出版社 2002 年版，第 85 页。

② 丁立群：《哲学·实践与终极关怀》，黑龙江人民出版社 2000 年版，第 256 页。

的统一，经验与超验的统一，理想与现实的统一，是不断走向至善的现实的历史过程，也是人的自由与解放的实现过程。

正是在马克思这种对实践概念的规定之下，实践哲学超越了传统哲学中的本体论和认识论的限制，实践成为一种永恒的超越和批判力量，是一种不断向善的运动，而这种不断生成的实践活动是现实世界的基础和根源，现实世界就是实践的总体过程。由此，以人类实践为基础的实践哲学也就成为本体论与认识论统一的哲学。我们可以说，马克思所开创的实践哲学带来了哲学上的一场深刻的变革：实践哲学不仅仅是一种形而上的诉求，它的核心是紧紧围绕人在现实生活中的行为和生存方式展开哲学思考，积极拓展哲学在人类生活中的实践意义。

从 19 世纪中叶开始，现代西方哲学也经历了由传统哲学向实践哲学的转向，这种转向是建立在由近代哲学所造成的文化危机的基础之上的。近代哲学继承了古希腊哲学的二元论传统，并在追求知识可靠性原则的作用下使主体成为这种可靠性的根基，因此，近代哲学的二元论主要表现为主客体的对立和分裂，这种对立和分裂进而导致了人类的各种文化分化。同时，传统哲学的形而上学关心的是超经验的世界和超感性的世界，关注的是根本的存在和实体。这种哲学诉求在近代哲学那里被继承下来，并在自然科学取得巨大进步的新的背景下形成了一种新的世界观和意识形态，科学理性成为解决终极实在问题的最终依据。人们逐渐相信，哲学对世界的解释最终可以由科学的解释来取代，哲学本身出现了合法性危机。

正是在这种危机的驱动下，现代西方哲学转变了传统的哲学观念，走上了一条不同于以往哲学的新路，它力图提供新的哲学观念、新的哲学术语以及一系列新的哲学问题。从柏格森开始，用实践哲学改造传统哲学开始成为现代西方哲学的一个重要路向。柏格森本人可能无意于建立一种实践哲学，但他哲学的基本倾向却是实践哲学。在他看来，人并不像传统哲学所理解的那样是理性的动物，而是一个社会动物，理智活动是社会交往活动所必需的，因此，理性本身是实践的，而不是思辨的。生命过程首先是生存的活动，它是一个实践的过程，是一个思考进入生活的统一体，在人的生命实践创造中，身体与意识原本是统一在一起的。这样的理论奠定了现代实践哲学的基本品格，即哲学要关注人的实践、人的生存和生活，要具有强烈的现实感和协调业已分裂的文化的力量。在这种哲学思想的引导下，许多现代西方哲学家都走上了实践哲学之路，并在实践中解决或消解了传统哲学的基本问题。如维特根斯坦从分析哲学走上了实践哲学之路，他认为哲学不是建构抽象的理论体系，而是一种实践，一种解开语言之结的活动，目的是解决人们生活中的实际问题；海德格尔则把存在建立在人的实践活动的基础之上，并把实践作为存在揭示自身的一种基本方式；伽达默尔从解释学走向了实践哲学，在他看来，真正的知识不是对客观事物的表象或反映，而是要改变事物本身，而哲学就是将追求能够指导人们行动的实践知识，这种知识并不具有数学那种永恒的和普遍有效的特性，而是将普遍的东西应用于具体；法兰克福学派更是将哲学作为批判工业社会的力量，力图用哲学的批判力量改变社会不合理的现状……由此，我们发现，实践转向是现代西方哲学不同于传统哲学的一个明显特点，也是现代西方哲学的一个基本倾向，它预示了实践哲学成为当代哲学的一个崭新的哲学观。

与现代西方哲学的许多理论一样，杜威的经验哲学也具有明显的实践哲学特征。在杜威看来，传统经验论的错误在于把经验只局限于认识论的领域中，从而忽视了经验本身无限丰富的样态。事实上，经验是与生活、自然、历史具有同样意义的概念，因此，人们必须从生活本身出发才能领会经验的内涵。杜威认为，经验是生活的基本单位，它包含着生活的一切内容，每一个经验都有其内在的完整性，它不仅包含着感性活动，也包含着理智活动，不仅包含着人的认识，而且包含着人的信仰、意志、价值等等一切有意义的东西。一句话，经验就是人类生活本身。同时，杜威也反对传统经验论把经验理解为主体对客体的认识，与达尔文进化论的观点相适应，杜威认为是有机体与环境的相互作用构成了生物的生存和世界的发展，而经验就是人与环境之间的相互作用，是人与物质环境和社会环境之间进行的一种交流活动，其中既包括主动的因素也包括被动的因素，二者是同时进行的统一体。更进一步说，经验是人这个有机体与环境之间进行互动的连续过程，在这一过程中，有机体和环境不是相互对立的关系，有机体本身就是环境的一部分，并通过环境造就其自身和行为，同时，环境也通过有机体的经验活动进行着自身的改造。因此，在杜威的哲学中，经验是作为人的生命活动的历程展现其自身的形态的，这一历程使人的情绪、情感、认识、道德、审美等成为包含于经验之中的相互联系、不可分割的环节，经验不再像传统经验论认为的那样是思维中的一系列图像，它是人们在具体环境下的生存活动，是人们现实生活中丰富多彩的实践活动本身。

　　经验的实践内涵也可以通过经验方法揭示出来。在杜威看来，经验方法和"经验"本身具有内在的不可分割性，正是通过"经验"的开展，人们获得了深入自然和生活的具体方法和途径，并且，"经验方法的全部意义与重要性，就是在于要从事物本身出发来研究它们，以求发现当事物被经验时所揭露出来的是什么。"① 所以，对于杜威来说，"经验"本身就是经验方法，而经验方法就是具体的"经验"。杜威认为，在科学研究中虽然普遍地运用了经验方法，即科学理论的探求是以直接经验到的材料为出发点和归结点的，却并没有发现"经验"本身。而在哲学中则普遍采用了非经验方法，它不是从"经验"本身出发，而是从反思的结果出发，但是恰恰是反思将"经验"这个统一体分裂了，因而传统哲学的错误就在于把反思的结果当作先于经验之前的存在，从而导致了主体和客体的分离和哲学上的独断论。经验方法则以一种开放的姿态接纳任何有益的经验或观点，排除了哲学上的独断论，它指出了哲学家设定某种实体为世界的本原事实上是他在经验中选择的结果，而这一选择还需要经验来证实是否对于人们的生活具有指导意义，但是传统哲学家却拒绝经验活动，从而使知识成为高高在上的、自足的东西，对生活经验不发生任何作用，当知识与生活、事物失去联系时，它就失去了意义。在杜威看来，与非经验方法不同，经验方法是这样一种方法：它承认在确定某一对象之前具有选择的行动；并将获得关于这一对象结论的进程摆放出来以期获得验证；最后将结论返回到日常生活中从而证实结论的有效性。在这样的一种方法下，哲学和科学都具有工具意义，它们是人们在现实生活中进行生存性活动的有用工具。也就是说，杜威的经验方法要求反省和探求的结论必须应用于现实经验之中，从而进一步开拓结论、知识、观念的意义，对现实生活给予有力的指导。因此，杜威的经验方法是一个具有实践意义的概念，这种方法不仅要求结论和产物要追溯到它在丰富复杂的经验中的来源，而且还要把这种结论和产物放到日常经验中来求得证实。更重要的是，在经验方法中，经验自身的意义也得到了拓展，情感、意志和认知都是经验全部内容的一个方面，它们是生活本身丰富性在展开过程中的一个个样态，经验成为活生生的生命的历程，经验就是生活。

　　杜威的经验论不再是认识论意义上的经验论，而是生存论意义上的经

_____

　　① ［美］约翰·杜威：《经验与自然》，傅统先译，江苏教育出版社 2005 年版，第 4 页。

验论，经验与人在现实生活中的行动以及行动的目的内在地统一在一起，经验使生命展现出生存的活力，不断拓展人们生存的智慧，从而不断增强人们改造自然、改造生活、改造自身的实践力量。因此，杜威的经验哲学从根本上来说是一种实践哲学，它克服了传统经验论造成的哲学与生活的分离，使哲学立足于经验，立足于生活，从而实现了人类生活世界的融贯统一。

在这种对经验的理解基础上，杜威重建了艺术理论。杜威认为，艺术并不像现代所理解的那样是在审美的领域之中，从根本上来说，艺术的产生与人类生活和文化密切相关，它是人类改造自然，使自然成为对人类来说有意义的存在的本质性力量，也就是说，艺术具有重要的工具价值，它使自然成为人类的自然，它使陌生的自然转化为与人类生活密切相关的存在。因此，艺术与经验是同义语，从更深的含义来说，它指的是日常生活中意义的实现。

杜威的艺术概念也与他对"感性"的理解相关，在杜威这里，感性的内涵十分丰富，它包括感受、感动、敏感、明智、感伤、感官等，几乎所有显现在经验中的事物的意义都在其中呈现。在杜威这里，感性是生命活动的最直接的方式，或者说，感性即生命活动本身，它克服了单纯的主观性和客观性，具有统一的特征，并且自身就拥有无限丰富的样态，这与马克思的感性活动具有一致性。同样，杜威的艺术概念也是一个历史性或时间性的概念，它是生命活动不断生长的过程，在这一过程中，整体与部分、内容与形式、手段与目的完美地统一。更重要的是，在艺术中，人们发现了经验是一个向"至善"不断发展的力量。在杜威看来，艺术是完满的经验，意味着经验的统一性与完整性，并且这种统一性与完整性不是一蹴而就的，在每一次对艺术作品的体验中，都使原来积累的经验进入一个新的情境中从而重建新的经验。因此，每一次艺术经验的过程都是一个创造完整的新经验的过程，它使经验向着更高的完满性不断地拓展，体现为一种真正统一性的理想。可以说，同马克思的实践概念一样，杜威的艺术所呈现的这种理想性是一种积极的超验性，它不是外在于生活的先验的东西，而是人类活动本身的完善与充实，是人类活动所具有的内在统一性的真正实现。

正是在这种意义上，杜威的经验、艺术概念成为建构杜威实践哲学的基础性概念，也使杜威的艺术哲学呈现实践哲学的特征。杜威的艺术哲学致力于使人的内在的生命活力得到张扬，使人的生命活动不断完善，并通过人类自由自觉的活动本身使人类不断拓展生存的意义，最终构建完整的人和统一的生活世界。这在很大程度上与马克思以及现代西方实践哲学的哲学观念不谋而合，这种观念就是哲学的核心思想，是研究人的生活世界，关注人的存在状态。同时，与其他现代西方哲学家的实践哲学一样，杜威的实践哲学比马克思的更具体、更完善、更富有现实性，可以这样说：马克思的实践哲学侧重于把实践作为人的现实世界生成、分裂和统一的根源，杜威的实践哲学则把视角转向人在世界中的具体的生存状态，致力于帮助人们获得实践智慧从而更好地行动和生活。因此，在杜威的艺术哲学中，人们可以找到对实践哲学的一种新的理解方式，从而进一步发扬马克思的哲学旨趣。

在美学没有成为独立的学科之前，美学主要是围绕"美是什么"这样关于美的本质问题来建立的，这种美学是传统哲学本质论在美学上的体现。18世纪，这种美学理论遭到了很多美学家的批判，因为无论是美在比例或美在效用还是美在多样性等曾经在美学史上奉为经典的美学定义，都能从经验上举出各种反例来证明其不可信。这样，从古希腊继承来的这种本质论的美学理论最终走向解体。18世纪，沙夫茨伯里等人从主观的审美经验来重建美学观念，这种审美经验的核心是审美态度，审美态度被认为是不受个人利益驱动的对客观对象的直接反应，这种审美态度要求人们将审美和艺术从各种实用的语境中孤立出来，将审美视为一种个人的意识活动，将艺术纯粹视为艺术本身，美学完全被视为培养审美趣味的学问。从德国浪漫派开始，美学开始走向个人内心的情感，强调以审美中的情感的独特性和复杂性对抗启蒙运动中普遍的理性主义。现代美学家对于美学的这种功能有更清楚的认识，海德格尔和阿多诺是这种美学传统的重要代表。但是，这种强调个人内心的重要性和主观情感的自由表达使审美和艺术成为与现实生活相对抗的力量，从某种程度上进一步推动了艺术与生活的分离。于是，在现代社会中，审美的价值和艺术的发展完全与现实生活无关，而只与它们自身相关，审美和艺术逐渐被现实生活消解，它们的发展历史走到了尽头。

当代美学几乎不再讨论传统美学的美的本质问题以及近代美学的审美态度问题，而是用审美价值取代了这些问题。在当代美学家看来，美只是众多审美价值中的一种，其他的审美价值还有崇高、丑、荒诞等，这些范畴可以适用于更广的范围和更准确的分析，包括艺术作品和自然物在内的所有事物。但是，审美价值的抽象程度比美的概念更高，在日常用语中几乎无法听到这一术语，这实际上进一步导致了美学与日常生活的分离。许多美学家认为，如果一种美学理论不是对艺术和批评具有某种意义的话，这种美学的前景就是晦暗的。因此，艺术哲学或批评理论应该成为当代关注的重要主题。

杜威对于美学的看法既不同于传统的美学理论，也不同于当代关于审美价值的理论。在他看来，美虽然是传统美学中的主题，但是在自己的理论中却并不占重要地位，因为"美"并不是一个特殊的客体，也不是能够用来分析或分类的概念，而是一个情感词汇，它不能单独用于构建一种理论，更不能成为某一理论唯一的研究对象。美可以作为经验的一种性质，也可以作为艺术的一种性质，因此，处理美的问题就是处理经验问题和艺术问题，这样才能显示作为一种性质的美是来源于何处和怎样发展的。正是在此意义上，杜威将传统的美学问题融合于以艺术和经验为核心的艺术哲学中，并且，杜威的艺术概念超越了美学领域，具有更广阔的内涵，这种对艺术的理解消解了以审美意识为核心的传统美学，当以"艺术哲学"而不是"美学"来研究艺术本身时，实际上意味着艺术不再局限于审美意识的狭小领域中，而是进入了生活的领域、实践的领域、文化的领域中，并在这种领域中建构新的艺术理论。

在杜威看来，审美是经验的一种性质，审美经验既不是感官的愉悦，也不是一种特殊的经验，而是经验的统一性、完整性和圆满性。审美经验与普通经验也不存在本质的区别，审美经验只不过是完整经验的审美性质的进一步强化而已。同时，艺术作品的价值也并不仅仅是与那种独特的审美经验相关，事实上，艺术作品的性质在其他经验材料中也存在，只不过在艺术作品中得到了最强烈的集中表现而已。并且，艺术作品也并不仅局限于审美的领域中，它与经验的其他层面，如科学、道德、理性等也有直接的关系。因此，人们对艺术的分析并不能仅仅立足于传统美学中的审美观照层面，审美观照意味着审美远离了经验、生活和情感。在杜威看来，艺术表现了观照与实践的统一，艺术家在观照中进行创造，在创造过程中也在对作品进行观照，同样，欣赏者在观照中也在进行着创造。

杜威关于艺术起源的观点与许多美学家相比具有独特性，他抛弃了现代关于艺术的种种观念，努力复兴古希腊时代的艺术概念，将艺术作为人类的实践活动放置于人类生活的经验背景中。他说："人类经验的历史就是一部艺术发展史。"① 原始艺术的产生与人们力图摆脱困境、增加生活经验的尝试具有直接关系，艺术是人将自然的材料和能量转化为自己生命的一部分，从而扩展自己生命和生活经验的结果。因此，创造艺术是人的本能和需要，这也是艺术一直存在并且不断获得发展的原因。而艺术作品也不是单单指由那些艺术家或天才创造出来的、普通人无法企及的高高在上的东西，它与我们普通人的需要息息相关，任何一个过程，只要其中有直接的经验、有感情的投入、有真诚的渴望、有理想的照耀，就是一种艺术生产过程，而它产生的结果，就是艺术作品。

　　杜威对艺术的理解还意味着艺术与生活的亲密联系。在他看来，艺术起源于生活，在生活之中就蕴含着富有创造力的艺术实践，或者说，艺术是在各种生活形式中发现意义的过程。艺术虽然起源于生活，但艺术并不等于生活本身，事实上，艺术是生活的理想，是生活所达到的完美状态，艺术作品必须对日常生活的材料进行处理和提炼，它探索日常生活各种各样的特征，传达了一种高度精练了的日常经验。因此，在杜威这里，艺术既是与生活联系在一起的，同时，艺术又具有高度的独特性，艺术不再是从人类的现实生活中分离出来的、与现实生活相对抗的力量，而是能够显示日常生活中人的活动是怎样在艺术中达到了圆满的实现和满足，艺术就是生活的完满极致。

　　于是，我们发现，杜威的艺术概念不是一个美学概念，而是一个指向生活、指向经验的概念，同时，又是一个具有自身统一性的概念，它是主体与客体的统一，现实与理想的统一，理智与行动的统一，同时又蕴含着价值、情感和意志的因素。艺术作为一种经验，是一个创造的过程，它不是在观照中产生的，而是在经验的积累与实践的进程中产生的。因此，杜威对艺术的理解超越了传统的美学领域，进入了实践哲学的领域之中，是他的实践哲学向美学领域的延伸。如果说，传统的美学理论是建立在传统理论哲学的本质论和二元论的基础之上的，那么杜威的艺术哲学理论虽然与美学相关，但却是立足于现代实践哲学的基础之上的，它使美学具有了新的内涵和新的主张，不仅建构了一种崭新的美学理论，而且暗示了未来美学发展的新方向。

---

　　① ［美］约翰·杜威：《艺术即经验》，高建平译，商务印书馆 2005 年版，第 311 页。

参考文献

一 中文文献

《马克思恩格斯选集》（第 1—4 卷），人民出版社 1995 年版。

［德］马克思：《1844 年经济学哲学手稿》，人民出版社 2002 年版。

［美］约翰·杜威：《经验与自然》，傅统先译，江苏教育出版社 2005 年版。

［美］约翰·杜威：《艺术即经验》，高建平译，商务印书馆 2005 年版。

［美］约翰·杜威：《确定性的寻求》，傅统先译，上海人民出版社 2004 年版。

［美］约翰·杜威：《哲学的改造》，许崇清译，商务印书馆 2002 年版。

［美］约翰·杜威：《人的问题》，傅统先、邱春译，上海人民出版社 2005 年版。

［美］约翰·杜威：《自由与文化》，傅统先译，商务印书馆 1964 年版。

［美］约翰·杜威：《民主主义与教育》，王承绪译，人民教育出版社 1990 年版。

［美］约翰·杜威：《新旧个人主义》，孙有中、蓝克林、裴雯译，上海社会科学院出版社 1997 年版。

［美］约翰·杜威：《杜威五大讲演》，胡适译，安徽教育出版社 2005 年版。

［美］约翰·杜威：《杜威文选》，涂纪亮译，社会科学文献出版社 2006 年版。

［美］约翰·杜威：《杜威教育论著选》，赵祥麟、王承绪译，华东师范大学出版社 1981 年版。

［美］约翰·杜威等：《实用主义》，田永胜等译，世界知识出版社 2007

年版。

［德］康德：《判断力批判》（上、下卷），宗白华译，商务印书馆2000年版。

［德］康德：《纯粹理性批判》，韦卓民译，华中师范大学出版社2000年版。

［德］黑格尔：《精神现象学》（上、下卷），贺麟、王玖兴译，商务印书馆1996年版。

［德］黑格尔：《小逻辑》，贺麟译，商务印书馆1995年版。

［德］黑格尔：《哲学史讲演录》（四卷本），贺麟、王太庆译，商务印书馆1981年版。

［德］黑格尔：《美学》（三卷本），朱光潜译，商务印书馆1981年版。

［美］威廉·詹姆士：《彻底的经验主义》，庞景仁译，上海人民出版社1965年版。

［美］威廉·詹姆士：《实用主义》，陈羽纶、孙瑞禾译，商务印书馆1995年版。

［美］威廉·詹姆士：《心理学原理》（一、二），郭宾译，九州出版社2007年版。

［德］加达默尔：《真理与方法》（上、下卷），洪汉鼎译，上海译文出版社2004年版。

［德］谢林：《艺术哲学》（上、下），魏庆征译，中国社会出版社1996年版。

［德］谢林：《先验唯心论体系》，梁志学、石泉译，商务印书馆1976年版。

［英］洛克：《人类理解论》，关文运译，商务印书馆1959年版。

［英］休谟：《人性论》，关文运译，商务印书馆1980年版。

［德］莱辛：《拉奥孔》，朱光潜译，人民文学出版社1979年版。

［德］席勒：《审美教育书简》，冯至、范大灿译，北京大学出版社1985年版。

［古希腊］亚里士多德：《形而上学》，苗力田译，中国人民大学出版社2003年版。

［古希腊］亚里士多德：《尼各马科伦理学》，苗力田译，中国人民大学出版社2003年版。

［古希腊］亚里士多德：《诗学》，陈中梅译，商务印书馆2003年版。

［古希腊］亚里士多德：《亚里士多德全集》（第一卷），苗力田译，中国人民大学出版社1990年版。

［古希腊］柏拉图：《文艺对话集》，朱光潜译，人民文学出版社1963年版。

［古希腊］色诺芬：《回忆苏格拉底》，吴永泉译，商务印书馆2002年版。

［美］理查德·罗蒂：《哲学与自然之镜》，李幼蒸译，商务印书馆2003年版。

［美］乔治·桑塔耶纳：《美感》，缪灵珠译，中国社会科学出版社1982年版。

［意］克罗齐：《美学原理》，朱光潜译，人民文学出版社1983年版。

［德］尼采：《悲剧的诞生》，周国平译，三联书店1986年版。

［德］尼采：《权力意志》，张念东、凌素心译，商务印书馆1998年版。

［德］马尔库塞：《爱欲与文明》，黄勇、薛民译，上海译文出版社1987年版。

［德］海德格尔：《诗·语言·思》，彭富春译，文化艺术出版社1991年版。

［德］海德格尔：《存在与时间》，陈嘉映、王庆节译，三联书店1987年版。

［德］海德格尔：《林中路》，孙周兴译，上海译文出版社1997年版。

［德］维特根斯坦：《哲学研究》，李步楼译，商务印书馆2000年版。

［德］哈贝马斯：《交往与社会进化》，张博树译，重庆出版社1989年版。

［德］李凯尔特：《文化科学与自然科学》，涂纪亮译，商务印书馆1996年版。

［法］格罗塞：《艺术的起源》，蔡慕晖译，商务印书馆1998年版。

［美］苏珊·朗格：《艺术问题》，滕守尧、朱疆源译，中国社会科学出版社1983年版。

［英］科林伍德：《艺术原理》，王至元、陈华中译，中国社会科学出版社1983年版。

［美］理查德·舒斯特曼：《实用主义美学》，彭锋译，商务印书馆2002年版。

［美］理查德·舒斯特曼：《哲学实践》，彭锋等译，北京出大学版社

2002 年版。

［美］迈克·费瑟斯通：《消费文化与后现代主义》，刘精明译，译林出版社 2000 年版。

［美］罗伯特·B. 塔利斯：《杜威》，彭国华译，中华书局 2003 年版。

［美］简·杜威：《杜威传》，单中惠译，安徽教育出版社 1987 年版。

［德］文德尔班：《哲学史教程》（上、下卷），罗达仁译，商务印书馆 1993 年版。

［美］梯利：《西方哲学史》，葛力译，商务印书馆 2000 年版。

［挪］希尔贝克、伊耶：《西方哲学史》，童世骏、郁振华、刘进译，上海译文出版社 2004 年版。

［德］鲍桑葵：《美学史》，张今译，商务印书馆 1985 年版。

［英］吉尔伯特、库恩：《美学史》，夏乾丰译，上海译文出版社 1989 年版。

［德］卡西勒：《启蒙哲学》，顾伟铭等译，山东人民出版社 1988 年版。

［美］海尔曼·萨特康普：《罗蒂和实用主义》，张国清译，商务印书馆 2003 年版。

朱光潜：《西方美学史》（上、下卷），人民文学出版社 1979 年版。

朱光潜：《文艺心理学》，安徽教育出版社 1996 年版。

李泽厚：《美学三书》，安徽文艺出版社 1999 年版。

蒋孔阳：《德国古典美学》，商务印书馆 1980 年版。

张法：《二十世纪西方美学史》，张法译，四川人民出版社 2003 年版。

吴琼：《西方美学史》，上海人民出版社 2000 年版。

朱狄：《当代西方美学》，武汉大学出版社 2007 年版。

郭小平：《杜威》，开明出版社 1997 年版。

高宣扬：《实用主义概论》，天地图书出版社 1984 年版。

涂纪亮：《从古典实用主义到新实用主义》，人民出版社 2006 年版。

陈亚军：《实用主义：从皮尔士到普特南》，湖南教育出版社 1999 年版。

王元明：《行动与效果：美国实用主义研究》，中国社会科学出版社 1998 年版。

衣俊卿：《现代化与日常生活批判》，黑龙江教育出版社 1994 年版。

丁立群：《哲学·实践与终极关怀》，黑龙江人民出版社 2000 年版。

陈嘉明：《现代性与后现代性十五讲》，北京大学出版社 2007 年版。

彭锋：《西方美学与艺术》，北京大学出版社 2005 年版。

刘悦笛：《生活美学与艺术经验》，南京出版社 2007 年版。

何平：《西方艺术简史》，四川文艺出版社 2006 年版。

杨祖陶、邓小芒：《康德三大批判精粹》，人民出版社 2003 年版。

程孟辉：《现代西方美学》，人民美术出版社 2001 年版。

北京大学哲学系：《西方美学家论美和美感》，商务印书馆 1980 年版。

章安祺编：《缪灵珠美学译文集》，中国人民大学出版社 1987 年版。

蒋孔阳、朱立元：《西方美学通史》（七卷本），上海文艺出版社 1999 年版。

二　英文文献

John Dewey, *The Influence of Darwin on Philosophy*, Indiana University Press Bloomington, 1965.

John Dewey, Human Nature and Conduct. *The Middle Works of John Dewey* (1899 – 1924), Vol. 14, edited by Jo Ann Boydston, Southern Illinois University Press, 1985.

John Dewey, *Art as Experience*, The Berkley Publishing Group, 1980.

John Dewey, The Public and Its Problems. *The Later Works of John Dewey* (1925 – 1953), Vol. 2, edited by Jo Ann Boydston, Southern Illinois University Press, 1988.

John Dewey, *Logic: The Theory of Inquiry*, Henry Holt and Company, 1938.

John Dewey, *Philosophy and Civilization*, Minton, Balch & Company, 1931.

John Dewey, *How We Think*, D. C. Heath and Company, 1933.

John Dewey, *A Common Faith*, New Haven. Yale University Press, 1934.

John Dewey, Affective Thought. *The Later Works of John Dewey* (1925 – 1953), Vol. 2, edited by Jo Ann Boydston, Southern Illinois University Press, 1988.

John J. McDemott (editor), *The Philosophy of John Dewey*, The University of Chicago and London, 1981.

Thomas M. Alexander, *John Dewey's Theory of Art*, *Experience*, *and Nature*, State University of New York Press, 1987.

R. W. Sleeper, *The Necessity of Pragmatism—John Dewey's Conception of Philosophy*, Yale University Press, 1986.

Sidney Hook, *John Dewey – An Intellectual Portrait*, Prometheus Book, 1995.

Larry A. Hickman (editor), *Reading Dewey: Interpretation for a Postmodern Generation*, Indiana University Press Bloomington and Indianapolis, 1998.

J. J. Chambliss, *The Influence of Plato and Aristotle on John Dewey's Philosophy*, The Edwin Mellen Press, 1929.

Philip W. Jackson, *John Dewey and the Lessons of Art* , Yale University Press, 1998.

John Blewett, S. J. (editor), *John Dewey: His Thought and Influence* , Fordham University Press, 1960.